JN297850

Design in Nature
How the Constructal Law Governs Evolution in
Biology, Physics, Technology, and Social Organization
Adrian Bejan & J. Peder Zane

# 流れとかたち

## 万物のデザインを決める
## 新たな物理法則

エイドリアン・ベジャン＆J・ペダー・ゼイン
柴田裕之＝訳
木村繁男＝解説

紀伊國屋書店

# Design in Nature

How the Constructal Law Governs Evolution
in Biology, Physics, Technology, and Social Organization

Copyright ©2012 by Adrian Bejan and J. Peder Zane
All rights reserved including the rights of reproduction
in whole or in part in any form.

Japanese translation rights arranged with
Adrian Bejan and J. Peder Zane c/o Janklow & Nesbit Associates
through Japan UNI Agency, Inc., Tokyo

# 流れとかたち
## ――万物のデザインを決める新たな物理法則　目次

【凡例】
〔　〕は訳者による注を示す。
＊は著者による注を示し、章ごとに番号を付し巻末に収録する。

ブックデザイン　鈴木成一デザイン室

# 流れとかたち

## ――万物のデザインを決める新たな物理法則

# 序

本書は、自然界のデザインを科学の一分野として扱う。その核を成すのが、デザインと進化の物理法則である「コンストラクタル法則（constructal law）」だ。この法則は、血管組織や移動、社会組織などを含め、生命を持たない河川から生き物のデザインまで、自然というモザイク全体に及ぶ〔本書で取り上げるコンストラクタル法則の要《かなめ》は、生物と無生物が自然界のデザインを共有する点であり、そのため、本書では無生物のものについても、普通なら生物にしか使わない概念や用語が使われることがある。人間も自然界の一部であり、自然の法則に支配されているため、人間の手になるもののデザインも、自然界のデザインと見なされる。また、後述のとおり、コンストラクタル法則はまだ新しい概念であるため、適切な用語の整備途上にあることを読者にお伝えするよう著者に依頼を受けたので、ここでお断りしておく。原語の「constructal」は著者の造語〕。

一九九五年九月下旬、フランスのナンシーを訪れたときには、自然界のデザインの統一法則を発見することなど、私の「すべきことのリスト」には入っていなかった。当時私は四七歳。デューク大学の機械工学教授で、熱力学に関する国際会議で講演をするための訪問だった。私が機械工学一筋だったことは、七冊目の著書『エントロピー生成の最小化（*Entropy Generation Minimization*）』出版の宣伝チラシを携えていたと言えばわかってもらえるだろう。

ところが、ベルギーのノーベル化学賞受賞者イリヤ・プリゴジンによる晩餐会前の講演によって、私の仕事は運命的な転換を遂げた。この高名な人物は科学界の定説に倣《なら》い、河川の流域や三角州、肺の気道、稲妻など、自然界に豊富に見られる樹状構造は「アレアトワール（サイコロを振った結果）」だと断言した。つまり、これらの類似したデザインの根底には何もなく、すべては単に壮大な偶然の一致だというのだ（図1）。

それを聞いた瞬間、頭の中で閃《ひらめ》くものがあった。私ははっと気づいた。プリゴジンも、他の

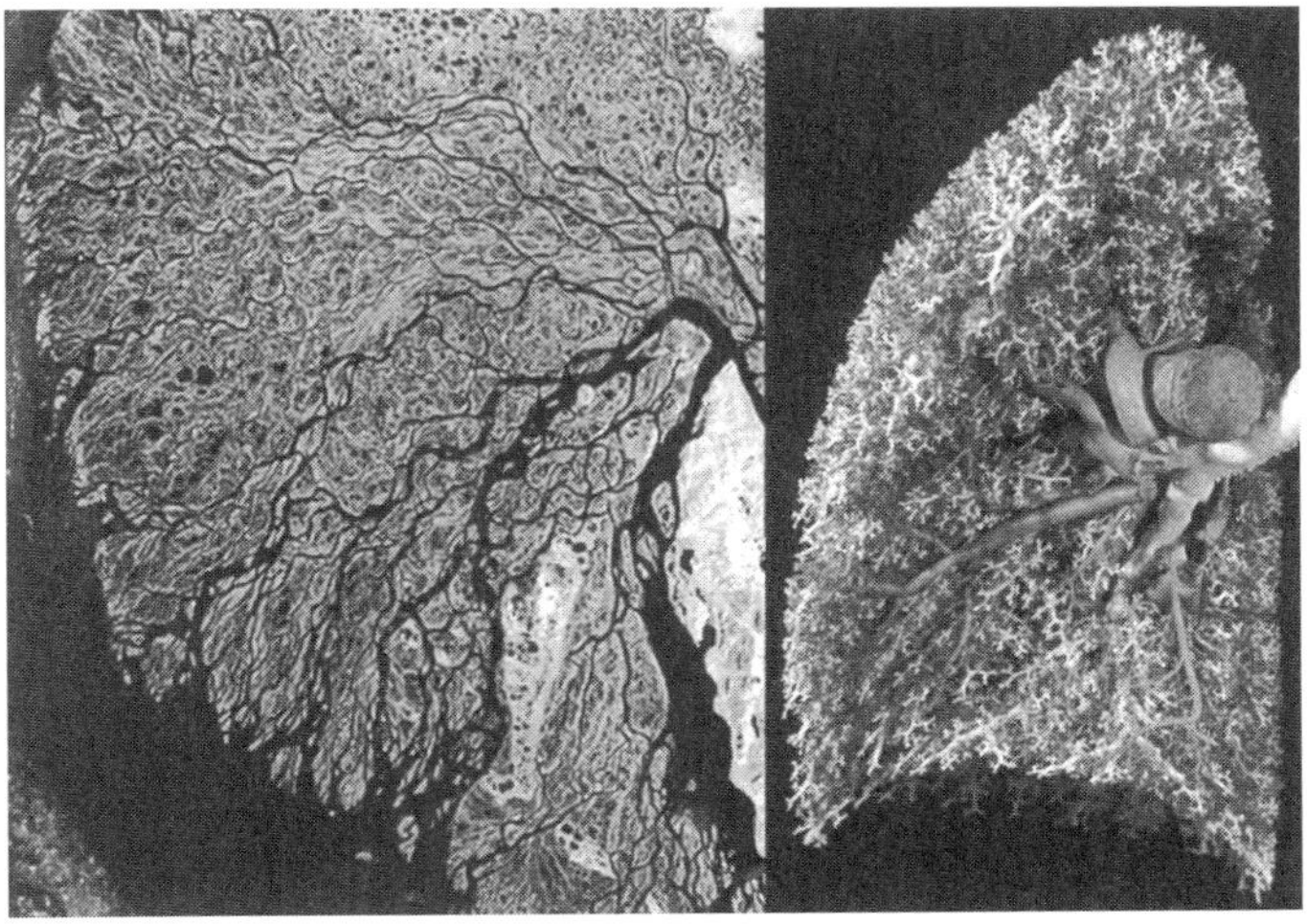

図1　自然界のデザインという現象は、無生物と生物を結びつける。左の写真は北シベリアのレナ川の三角州。右の写真は人間の肺の複製。

誰も彼もが間違っている！　彼らは目が見えないわけではなかった。こうした樹状構造のものどうしの類似は、肉眼でもはっきり見て取れる。彼らに見えなかったのは、こうした多様な事象のデザインを支配する科学の原理だ。私は一瞬にして悟った。世界は偶然や巡り合わせや運によって形作られているのではなく、目がくらむような多様性の背後には予測可能なパターンの途切れない流れがあるのだ、と。

こうした考えが頭の中で流れだし、私は前人未到の驚くほど刺激的な長い道を歩み始め、やがて見晴らしの良い新たな観点から世界を目にすることができた。あれからの一六年間に、私は人間を取り巻くもののいっさいのデザインをたった一つの物理法則が形作っていることを示した。そしてこの洞察によって、科学界の仲間たちが抱く数多くの信条の真偽を問うことになった。あなたや私のような生き物が、生命のない風や河川の世界や、工学技術で作られた航空機や船舶や自動車の世界とは違う原理に支配されているという根本的な信条もその一つだ。時がたつにつれ、私は進化の諸現象や自然界の統一性について新たな理解を深め、その結果、知的設計者《インテリジェント・デザイナー》なしにデザインが出現することが明らかになった。また、私は地球の歴史と、生きているというのは何を意味するかについての新しい理論も打ち出すことになった。

さらに、私をはじめ、世界中のしだいに多くの科学者が、暮らしをいっそう楽にする方法を新たに見つけ始めた。たとえば、道路や輸送システムを設計したり、文明や科学の進化、都市や大学、スポーツ、世界的なエネルギー利用などの進化を予測したりするための、より優れた方法だ。私たちは、エジプトのピラミッドの謎とエッフェル塔の非凡さを解明するとともに、統治機関が河川流域のようにデザインされていることや、企業どうしが森に生えている木々と同様に相互依存していることを立証できた。

だが、フランスからの帰りの飛行機に乗り込んだときには、これはすべて未来のことだった。大西洋のはるか上空で、私はノート（パソコンではなく、昔ながらの紙製のノート）を開いて、コンストラクタル法則を書き留めた。

有限大の流動系が時の流れの中で存続する（生きる）ためには、その系の配置は、中を通過する流れを良くするように進化しなくてはならない〔「配置」の原語は「configuration」。系（空間）の中に構成要素がどう配されているかを表す用語で、本書では一貫して「配置」という訳語を宛ててある〕。

私は科学の言語で書いていたが、基本的にはこういうことだ。生物・無生物の別なく、動くものはすべて流動系である。流動系はみな、抵抗（たとえば摩擦）に満ちた地表を通過することの動きを促進するために、時とともに形と構造を生み出す〔「地表」の原語は「landscape」。著者によれば「あなたや私の棲息する空間、地球、地球の表面、地上と水中・水上と空中の、往来がある場所。『人間圏』」のこと。

以下、本書では「地表」という言葉で表す）。自然界で目にするデザインは偶然の所産ではない。それは自然に自発的に現れる。そのデザインが、時とともに流れを良くするからだ。

## すべては流れを良くするために

流動系には二つの基本的な特徴（属性）がある。流れているもの（液体や気体、質量、熱、情報など）と、その流れが通過する道筋のデザインだ。たとえば稲妻は、雲が放電するための流動系だ。稲妻は文字どおり電光石火の早業で、まばゆい分枝《ぶんし》構造を生み出す。これは流れ（電気）を、一立体領域（雲）から一点（教会の尖塔、あるいは別の雲の一点）に移動する非常に効率的な方法だからだ。河川流域の進化も、似たような構造を生み出す。河川流域もまた、流れ（水）を一平面領域（平野）から一点（河口）へ運んでいるからだ。樹状構造は、気道（酸素の流動系）や、毛細血管（血液の流動系）、脳の神経細胞《ニューロン》の樹状突起（電気的な信号やイメージの流動系）にも見られる。この樹状パターンが自然界のいたるところで現れるのは、一点から一領域への流れや一領域から一点への流れを促進するためには、これが効果的なデザインだからだ。実際、そのような流れのある所には、必ず樹状構造が見つかる。

人間は自然の一部であり、自然の法則によって支配されているので、私たちが構成する一点から一領域への流れや一領域から一点への流れもまた、樹状構造を持つ傾向がある。そうした流れの一例が、職場への経路（人や物を動かすための流動系）で、それには多数の小さな私道や一般道や、それが流れ込む少数の大きな道路や高速道路が含まれる。また、私たちの職場を維持する情報や物資、従業員、顧客などの流れるネットワークも同様だ。移動しやすくなるように私たちが工学技術で作り上げた世界は、自然界のデザインのどこも真似してはいない。その世界は自然界のデザインの現れなのだ。とはいうものの、ひとたびその原理を知れば、私たちはそれを利用してデザインを改善することができる。

樹状構造は、自然界ではごくありふれたデザインではあるが、コンストラクタル法則の現れはほかにも多くある。簡単な例を挙げよう。湖面を漂う丸太や海に浮かぶ氷山は、動いている空気の塊から水の塊への運動の伝達を促進するために、風に垂直な向きをとる。さらに複雑な例に、動物のデザインがある。動物は地表でしだいにうまく質量を動かせるように（有効エネルギー〔外部に力学的な仕事として取り出せるエネルギーの最大値。エクセルギーとも呼ぶ〕の単位当たり、なるべく長い距離を動けるように）進化してきた。それには、見たところ「それ相応の」器官の大きさや骨の形、呼吸と搏動《はくどう》のリズム、あるいはくねくね動く尻尾や駆ける脚や羽ばたく翼のリズムといったものが含まれる。こうしたデザインが生じた——そして協働する——おかげで、動物は、河川流域に落ちた雨粒のように、地表を動きやすくなる（図2）。

コンストラクタル法則のおかげで、流動系は時がたつにつれて進化し、しだいに優れた配置をとり、その中を通る流れを良くすることになる。デザインの生成と進化は肉眼で見える物理現象で、自然に生じ、そこを通る流れをしだいに良くする。この原理は、あらゆる尺度で成り立つから素晴らしい。個々の細流や樹木、道路など、進化をしている流動系の中で、各構成要素も進化を続けるデザインを獲得し、流れを促進するのだ。こうした要素は一体化してますます大きな構造（進化を続ける河川流域、森林、輸送網）になり、さまざまな大きさの構成要素が協働するために、何もかもがいっそう流れやすくなる。これはたとえば、脳の神経ネットワークや肺の中の肺胞、人間の集落の形や構造に見られる。そして全体を眺めると、私たちを取り巻く最大の系、すなわち地球そのものの上で合わさり、形を変えていく流れは、地球全体の流れを良くするように進化する。「多から一へ《エ・プルリブス・ウヌム》」だ。

## 「生きている」とはどういうことか

コンストラクタル法則が革命的なのは、それが物理法則であり、単に生物学や水文《すいもん》学、地質学、地球物理学、あるいは工学に限られた法則ではないからだ。この法則は、いつであろうと、どこであろうと、どんな系をも支配し、無生物（河川や稲妻）、生物（樹木や動物）、工学技術で

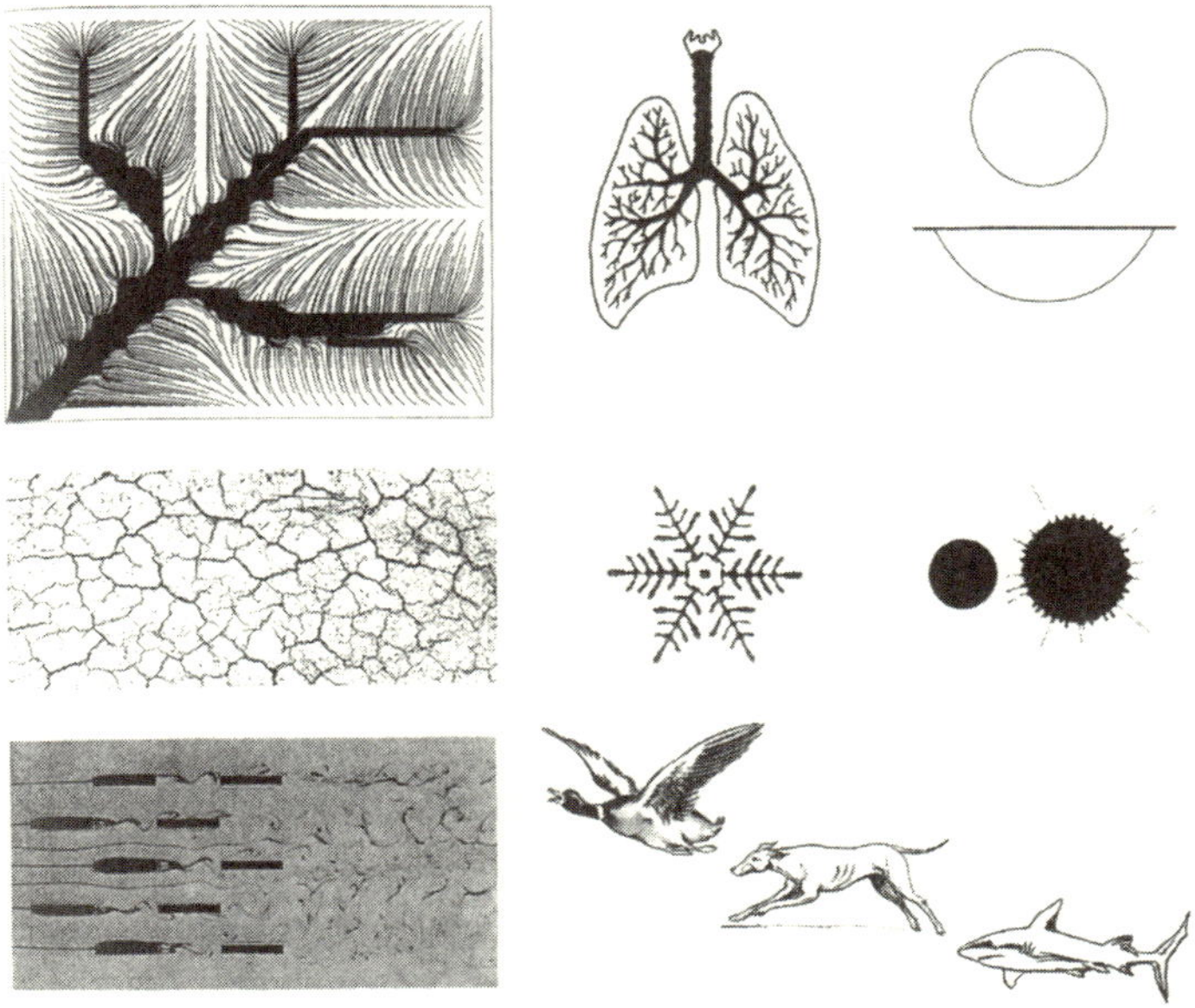

図2　自然界における流動生成の配置という、生物・無生物の現象。コンストラクタル法則に基づいてすでに予測されている。
上段――河川流域、気管支樹、円形ダクトと開水路の断面。
中段――収縮する固体に入ったひび、雪の結晶、液体が壁に当たったときにできる円形の染みと王冠状の染み。
下段――層流と乱流、動物の移動（飛ぶ、走る、泳ぐ）。

生み出された（科学技術の）事象、さらには、知識や言語や文化のような社会的構成物の、進化を続ける流れにも及ぶ。あらゆるデザインが、この同一の法則に従って生成し、進化する。

この法則は、生きているということの意味について新たな理解を提示し、それによって、科学のさまざまな分野を隔ててきた壁を取り壊す。生命は動きであり、この動きのデザインをたえず変形させることだ。生きているとはすなわち、流れ続けること、形を変え続けることなのだ。系は流動と変形をやめれば死ぬ。たとえば河川流域は、配置を変え続けながら、時の流れの中で生き永らえる。そして、流動し形を変えることをやめたときには、干上がって川床をさらす。つまり、かつての「生きていた」流動系が化石化した遺物となる。また、今日は地下で見つかる固体の樹状鉱脈は、流れ、渦巻き、蛇行していた流体が大昔に凝固したものの化石だ。生き物たちが生きているのも、彼らの流れ（血液、酸素、移動など）が止むまでのことだ。そのあとは、彼らもまた化石化した遺物となる。

このようにすべてを統一するかたちでの定義が可能になったのは、大きな進歩だ。なぜなら、それは生命の概念を生物学という専門領域から切り離すからだ。その定義によって、生命の概念は「死の状態」という物理学の概念と整合する（いや、「並び立つ」と言ったほうがなおいい）。死の状態は熱力学における「環境との平衡状態」を意味し、その状態にある系は、圧力や温度などが周囲と同じなので、中で動くものが何もない。コンストラクタル法則は、物理学の言葉で生命を定義し、生きている系の現象全般に当てはまるものだ。そして、この法則の観点に立つと、地球の生命が三五億年ほど前に原始的な種《しゅ》の発生から始まったという見方も変わる。これから見ていくように、「生命」の始まりはそれよりはるかに古く、太陽熱の流れや風の流れといった最初の無生物の系が、進化を続けるデザインを獲得したときだ。地球の大きな生命史の中では、無生物のデザインと、生物のデザインと、科学技術のデザインの出現と進化は、単一の筋書きを語っている。ダーウィンが生き物たちのつながりを示したのに対して、コンストラクタル法則は地球上のあらゆるものを結びつけるのだ。

コンストラクタル法則は、数学と物理学と工学の言語で表すことができる。私は学者仲間たちとともに、論文審査のある一流専門誌に何百もの論文を発表してきた。[*1] 専門家向けの拙著(『高等工業熱力学』『形状と構造——工学から自然まで』『コンストラクタル理論によるデザイン』など[*2])では、コンストラクタル法則を使ってデザインの配置(形、構造の生成)という事象を予測している。さらにパリ大学やローザンヌ大学から、上海大学、プレトリア大学に至るまで、さまざまな一流大学がコンストラクタル法則の国際会議や講座を主催してきた。

もっとも、コンストラクタル法則を理解するのに高等数学は必要ない。この法則は、物の見方でもあるのだ。私はコンストラクタル法則を発見して以来、高名な学者や専門の科学者から、デューク大学の教え子や私の訪れた高校の生徒まで、何千という人々が、ナンシーで私の遭遇したような発見の瞬間を経験するのを目撃してきた。彼らも、はっと思い当たった。悟った。理解したのだ。コンストラクタル法則が自分の周りの——そして自分の中の——ありとあらゆるものを形作っていることを、本書を通じてみなさんにも理解してもらえればと私は願っている。

## 流れがすべてをデザインする

コンストラクタル法則の視点から物を眺めるのは、三段階の過程と見なせる。第一段階は、「運動はあらゆる生命のもと」というレオナルド・ダ・ヴィンチの洞察から始まる。私はこの言葉がとても気に入っている。それが非常に包括的だからだ。とはいえ、レオナルドはこの洞察を目一杯応用せず、生物の範囲にとどまった。だが実際には動物だけでなく、河川や気象パターン、雪の結晶、企業、国家、科学、知識、文化をはじめ何もかもが、脈打ちながら運動している。

そこにあるだけに見えるものでさえ、じつは流動系だ。停滞の典型とも言える地面の水たまりを例にとろう。それはそこに、濁ったどろどろの状態で存在している。ところが、雨が止んで太陽が現れると、乾いた空気が水たまりから湿気を奪い始める。平衡状態（ここでは湿気と乾燥の間の平衡状態）へ向かう自然の傾向があるからだ。やがて、水たまりは消える。その後まもなく、地面から大気への湿気の流れを促進するために、土にはひびが入って、ひと目でそれとわかる樹状パターンができ始める。実際、その水たまりは活気に満ちた、形を変え続ける流動系だ。ムービーカメラを向けておけば、動きがたっぷり見て取れるだろう（図3）。

人間もまた流動系で、泥のひび割れに似ているが、ずっと複雑だ。体内では、血液の流れが血管の樹状ネットワークを通って、さまざまな器官へ酸素と栄養を運ぶ。そうした器官は、食物から取り出した有効エネルギーの単位当たりで最も効率的に私たちが動けるように、ちょうど良い大きさや形になっている。私たちの体のデザインは、サメからレイヨウ、オオアオサギ

図3　ザンビアのルアングワ河岸の泥に入ったひび。

まで、他のあらゆる動物のデザインと同じように、そしてまた高速道路を走るトラックのデザインと同じように、有効エネルギー（食物）の単位当たりで移動できる距離がなるべく大きくなるように進化してきた。そして私たちは森の木々のように、地球上の他のはるかに大きいさまざまな流動系の一部でもある。自動車に乗れば、私たちは交通の流れに入る。職場では、私たちの生み出す仕事は同僚の仕事とともに流れ、さまざまな流路を通って顧客に届く。スーパーマーケットでは、スリランカの農家と流通業者から流れてきた紅茶が、私たちの買い物籠《かご》に収まる。いずれ見るとおり、こうした一見すると無関係なデザインがすべて形を変え、合わさりながら、私たちの動きを促進している。

第二段階は、あらゆる流動系が、ある特徴を自らに与える傾向を持っているのを認識することだ。それはコンストラクタル法則が見出されるまで認識されていなかった特徴、すなわちデザインだ。このデザインという特性には、流動系の配置（構成や配列、形状、構造）と、そのリズム（脈動や動きの、予測可能な割合）が含まれている。

デザインは無秩序に現れるわけではない。ものが今のような外見を持つ理由を知るためには、まず何《ヽ》が《ヽ》それを通って流れるかを認識し、次にその流れを促進するにはどんな形と構造が現れるはずかを考えることだ。流動系の配置は、瑣末な特徴ではなく、その本質的な特徴だ。のちの数章でこれを説明するために、河川や魚、短距離走者、経済、大学、インターネットなど、見たところは異なるものの形と構造が、コンストラクタル法則で予測されることを示す。

第三段階では、私たちの描き出した図面が動画になる。デザインは進化するからだ。流動系は時の流れの中で配置を変え続ける。この進化は一方向にだけ起こる。すなわち、流動デザインははっきり向上し、可能ならば流れはより容易により遠くまで動くようになる。もちろん、障害にぶつかることも誤りを犯すこともある。どんな試みにも失敗はつきものだ。だがおおむね、明日の系は今日の系よりも流れが良くなるはずだ。

流動デザインの生成と絶え間ない変形と改善——これがコンストラクタル法則の及ぶ自然現象だ。そう悟れば、以下の事柄が認識できる。人間や鳥やその他の動物は、地球の表面上で質量を運ぶ流動系であること。樹木や泥のひび割れは、水分を大地から大気中へ移す流動系であること。大学や新聞や書物は、世界中に知識を広める流動系であること。そのすべてが、こうした流れを以前よりうまく促進するべく進化するはずのデザインを生み出す。この洞察のおかげで、長らく偶然として片づけられてきた諸現象に共通するパターンを認識することが可能になる。

## 雪、溶岩、滴

ここで雪について考えてみよう。雪の複雑な結晶には何の機能もないという見方が科学界では大勢を占める。だが、これは誤りだ。じつは雪の結晶の形状は、凍結するときに表面に生じる熱（凝固潜熱）を発散する流動デザインなのだ。水蒸気が凝結して凍るとき、余剰の熱が放出される。雪の結晶は、最初は球形をしている。そのほうが他の形よりも成長が速く、急速に結晶化が進むからだ。結晶が十分に大きくなると、針が現れ、球形よりも速く結晶化が進む（つまり、氷になる）。結晶化をさらに促進するために、大きな雪はさらに多くの針を持つ形に変わり、熱を発散する。複雑性は有限（ほどほど）で、コンストラクタル法則に基づいて現れるデザインの一部だ。この複雑な形状は結果であって、目的ではないし、芸術家の夢がかなったわけでもないし、フラクタル幾何学に基づく現在の定説に反しており、けっして「最大化されて」はいない。[*3]

今度は、火山の噴火という組織化された自然の猛威、すなわち溶岩の流動系をつぶさに見てみよう。溶岩の旅が始まって火口へ続く火道《かどう》を進むとき、溶融した岩石の混合物は密度の関係で、入れ子細工のような何層もの「鞘《さや》」を形成する。中心部には粘性の高い（流動性の低い）

溶岩が、外側には粘性の低い（流動性が比較的高い）溶岩が来る。固体の岩に触れている粘性の低い溶岩は、流れを良くする。さらに、溶岩が火山の外へ流れ出ると、別の驚くべき現象が起こる。溶岩は流動の二つの選択肢から一方を選ぶらしい。どんなときにも、移動しやすいほうを選ぶのだ。融けた岩石がゆっくり動いているときは、火山の外へじわじわと拡がる。速く動いているときは、多くの支流を持つ樹状構造という、異なる流動の配置が生成される。このほうが急速に移動できるからだ。そして、溶岩が拡がる領域の大きさがわかれば、でき上がる流路の数が予測できる。

このように、知性を持たない溶岩が、動きを容易にする流動パターンへと自己組織化する様子が見られる。この過程は、自然界のいたるところで起こる。たとえば滴《しずく》は大きさと速さ次第で、着地したときに円形に拡がることもあれば、王冠状に拡がることもある。小さくてゆっくり落ちた滴は円形の染みになり、大きくて速く落ちた滴は王冠状の染みを残すという現象は、しっかり実証されている。たとえばインクジェットプリンターはこの現象に頼っており、まさに適切な速さで特定の量のインクを噴出して、正確な画像を作り出す。テレビの犯罪番組でおなじみの、飛び散った血痕の科学捜査にしても同じだ。だがコンストラクタル法則が発見される前には、円形と王冠状の違いが出る理由は誰も知らなかった。[*4] のちの章で詳しく探るように、形を生み出すこれら二種類の流れ方――低速で近距離のものと、高速で遠距離のもの――は普遍的だ。現に、搏動や呼吸の一回一回も、コンピューターや脳を働かせる回路も含めて、ほとんどの系がこの二種類の流れの両方を使っている。両者を均衡させようとするのが、自然界のデザインの特質だ。

## 世界を動かすのは愛やお金ではない

コンストラクタル法則は、私たち自身の寿命をはじめ、あらゆる時間スケールで進化が観察できることも教えてくれる。河川や動物が進化して流れが良くなると言うときは、私たちは非常にゆっくりとした変化について語っている。だが、溶岩がデザインを生み出すときや、滴がしたたるとき、夏の暑さの中で稲妻が走るとき、冬空で雪の結晶ができるとき、私たちは進化を目の当たりにしているのだ。私たちは家の中でも進化が起こるところを目にできる。たとえば、鍋でお湯を沸騰させてリガトーニ〔外側に溝のある、太く短い筒型パスタ〕を入れると、無秩序に動き回るが、数分後、驚くべきことが起こる。横向きだったパスタが立ち上がりだし、煙突が並んだようなパターンを作って熱と蒸気の流れを助けるのだ。パスタよりお米が好きなら、ご飯を炊いてみよう。お湯が十分減ると、軟らかくなったお米全体から蒸気が逃げるように、均一な間隔を置いて煙突ができるだろう。円い縦穴の空いたミニ火山の見事なタペストリーは、煮えたぎるものから熱を逃がす最も簡便な手段で、この火山群は毎度決まって形成される（図4）。どちらの場合も、デザインの謎は、何が流れているのかを問うことで解決される。答えは、リガトーニや米ではなく、熱と蒸気だ。

まだある。トイレットペーパーを高い所から落とすと、蛇行する川のようにうねりながら落ちる（図5）。あるいは、黒ビールをグラスに注ぐと、グラスの縁に一定の間隔を置いて渦が現れる（図6）。どちらの場合も、デザインを生み出しているのはトイレットペーパーやビールではなく、これらの物体が落下するときに生じる運動量だ。自然には平衡状態に向かう傾向があるので、運動量（運動）は、乱流というデザインの現象を通して、周囲の静止した空気や水へ横方向に伝達される。どの例でも、デザイ

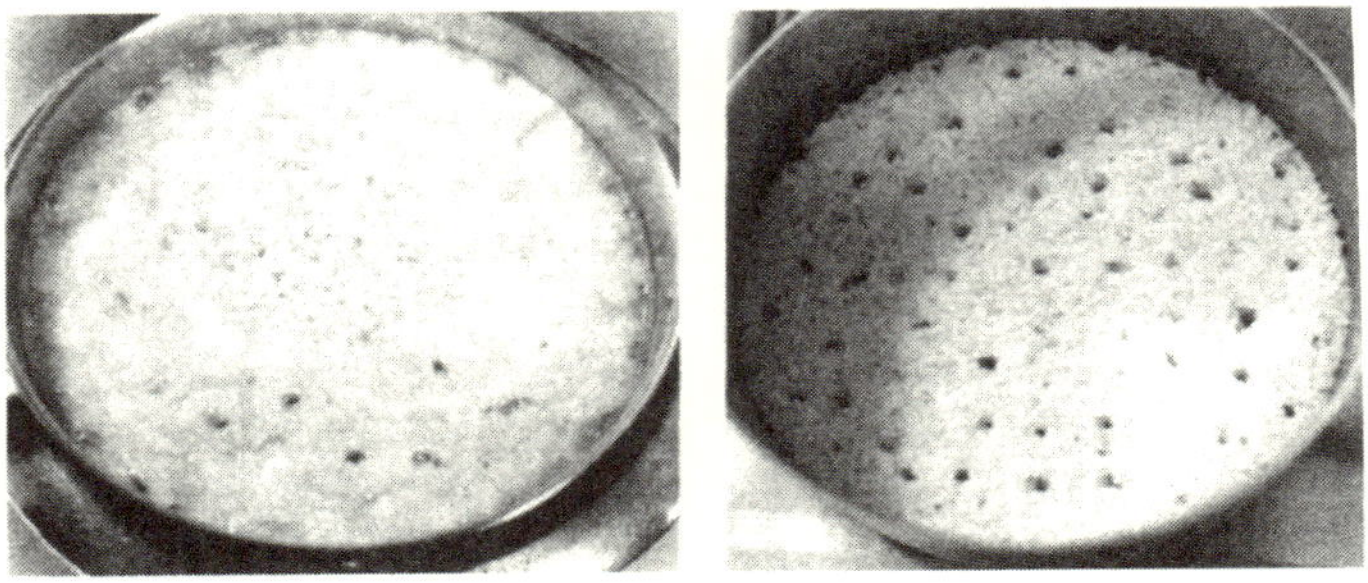

図4　ご飯の火山。ご飯を炊いていると、蒸気の流れによって垂直の排気孔が規則的に並んだパターンが構成される。

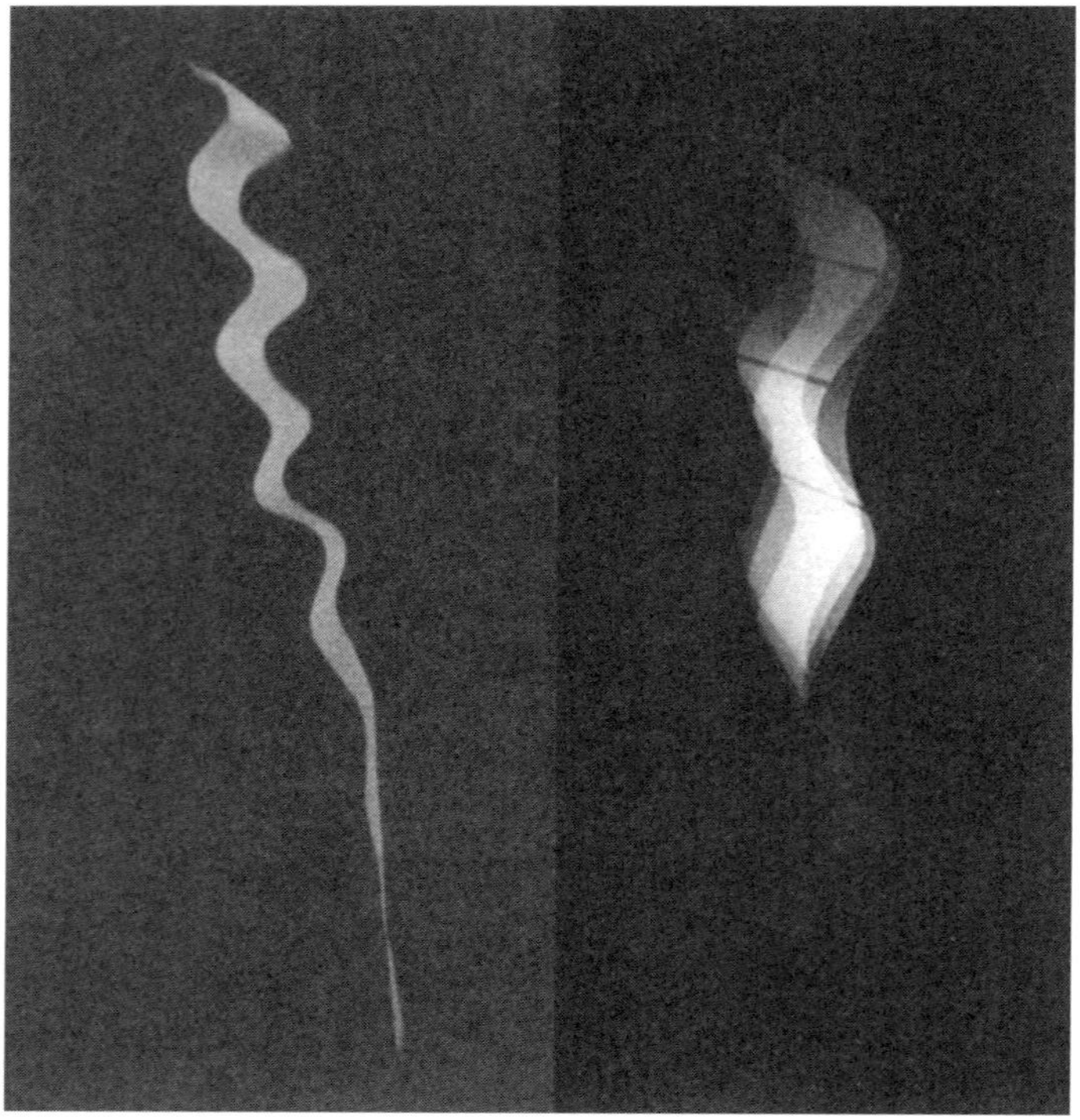

図5　トイレットペーパーを自由落下させると、コンストラクタル法則に基づいた乱流のデザイン現象が見て取れる。落下速度が十分大きくなると、空気の渦がトイレットペーパーの両側に形作られる。これが垂直運動（運動量）をトイレットペーパーから周囲の空気により効率的に伝達する方法だからだ。運動量は、下降する気流から遠ざかるように、横方向に伝わる。トイレットペーパーは非常に柔軟なので、回転競技のスキーヤーが旗門を迂回するように、乱流の渦を迂回し、そのような渦を可視化してくれる。

ンが現れるのは配置を伴うほうがものがうまく流れるからだ。

もちろん、これらのパターンの背後には意識を持った知性は存在しないし、見事な青写真を量産する、設計者たる神も存在しない。あらかじめ誤解を避けるために、これははっきりさせておきたい。コンストラクタル法則は、特殊創造説〔旧約聖書の「創世記」の記述どおりに神によって万物が創造されたとする説〕の主張に向かうものではないし、インテリジェント・デザイン〔知性を持つ存在によって生命や宇宙が設計されたという説。「ID説」ともいう〕という幻想を広める人々の言い分を支持するものでは断じてない。本書の一部を抜き取って、私が超自然的な「デザインドネス（意図的デザインを示唆する特性）」について語っているかのように言う人がいたら、それは不誠

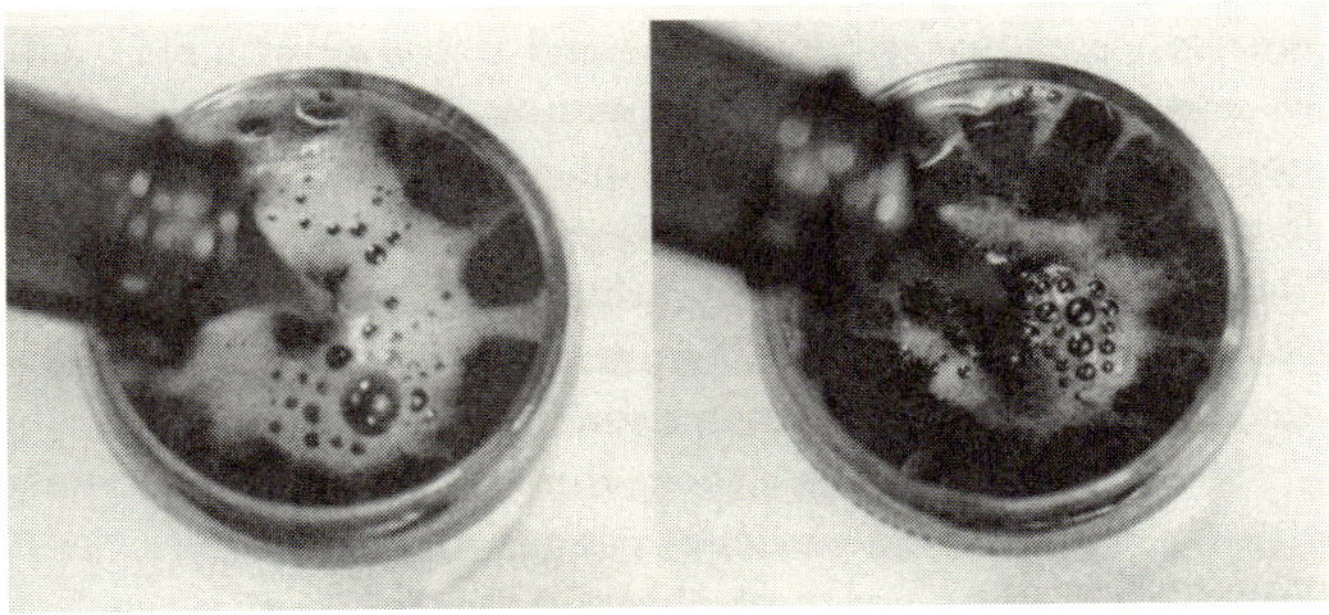

図6　コンストラクタル法則に基づいた乱流のデザインのさらなる例。黒ビールをグラスに注ぐときに見られる。落下する液体の運動量は、縁に沿って一定の間隔を置いて現れる渦のデザインによって、静止した液体へとより効果的に伝達される。泡は下向きの流れが起こっている領域の上部の表面にだけ集まる。

実な行為だ。

そういうことではなく、重力や液体の凝固点や熱力学のような、普遍的で自然に生じる他の現象によって、ものが一定のかたちで振る舞うのとまったく同じように、流動系はしだいに優れた流動デザインを生み出していくのだ。これまで、私たちはパターンを観察できるだけだった。だがコンストラクタル法則によって、こうしたパターンが生まれる理由がわかり、将来どのように変化するはずかが予測できるようになる。世界を動かすのは愛やお金ではなく、流れとデザインであることが明らかになる。

## コンストラクタル法則は第一原理である

そこで、なぜなのか、という疑問が湧く。何がコンストラクタル法則を働かせているのだろう。端的に言えば、わからない。コンストラクタル法則は、科学では第一原理と言われる類《たぐい》のもので、他の法則からたどり着いたり引き出したりすることはできない（それができるなら、第一原理ではなく定理になる）。ただそこに存在している――自然界において肉眼で見える形と構造の現れ方を支配する物理法則なのだ。それはあらゆる科学法則と同様、簡潔な要約であり、同種の自然現象の無数の観察結果を包含している。この法則は科学における最大の疑問のうち、次の二つに答える。すなわち、なぜ「デザインドネス」（配置、リズム、スケーリング則〔複数の数量の間に比例関係が存在し、それが異なるオーダー〔＝桁数〕の大きさの範囲でもおおよそ成り立つという法則〕）は、生物の系にも無生物の系にも同様にどこにでも生じるのか、そして、なぜデザイン生成の現象は時の流れの中で存続するのか、だ。

　コンストラクタル法則は声高にこう叫ぶ。流れるもの動くものはすべて、存在し続けるために（生きるために）進化するデザインを生み出す。これは願望でも目標でもなく、自然の傾向、つまりは物理的現象なのだ。

　コンストラクタル法則は第一原理である以上、観察からは始まらない。それは純粋理論であり、ものがどうあるはずかについての純粋に観念的な考察だ。私たちはあらゆる河川（あるいは鳥、樹木、稲妻など）を実際に測定してデータを集めることはない。そのかわりに、対象とするものを一つだけ頭の中で発見すれば、それで十分だ。そして、一つ見つけたが最後、私たちは夜の闇が訪れても眠ることができない。自然はこの第一原理が私たちのために頭の中に描いてくれたとおりになっていると、確信するまでは。簡潔に言うと、私たちは科学的方法を活用するにあたって次の三つの段階を踏む。

一、コンストラクタル法則を使い、自然界で起こるはずのこと——デザインは、時とともに現れて進化し、流れを良くするはずであること——を予測する。

二、紙と鉛筆だけを使い、経験に頼らず（つまり、窓の外は見ないで）、何であろうと流れているものにとってふさわしいデザインを特定する（予想する）。

三、そのあと、外の世界へ出て、私たちの予測を自然界に見られるものと比較する。

この理論の重要な利点を十分に理解するには、土壌学者ロバート・エルマー・ホートン（一八七五～一九四五）の研究を考えるといい。ホートンは抜群の業績を残したため、アメリカ地球物理学連合が水文学の分野で授与する最高勲章は、それを讃《たた》えて「ホートン・メダル」と命名されているほどだ。彼の業績の一つは、川の支流がそれより大きな支流に何本流れ込むかという研究だ。彼は仲間たちとともに、経験的データを何年もじっくり研究し、地図を調べ、河道《かどう》の数を数え、大きさが一段階上の支流に流れ込む支流の数が平均すると三～五本であることを突き止めた。

私は三人の研究仲間といっしょに、コンストラクタル法則に基づいて紙と鉛筆を使って計算し、同じスケーリング則を発見した。[*5] 私たちはごく単純な河川流域を想定し、特定の体積の割合で水の入力（支流）が領域（河川流域）にある場合、どんな流動構造（この場合は、流れ込む支流の数）であれば抵抗がしだいに少なくなるかを問うた。行き着いた答えは四だった。ホートンの経験的研究のおかげで、私たちの発見の立証が楽になったことは間違いない。だがホートンがコンストラクタル法則について知っていたら、同じ結論に至るために無数の測定をしないで済んだことだろう。

実際、自然界のデザインをコンストラクタル法則が支配していることにいったん気づけば、自分の頭を使うだけでありとあらゆる配置を予測できる。理論の力とはそれほど強大なのだ。

ナンシーでの会議から一六年になるが、その間、私も他の多くの研究者も、コンストラクタル法則で予測できない流動系には一つとしてお目にかかったためしがない。専門家たちはこの法則を使って、言語学と社会学、放射性物質の除染、国際化[*6]、金融、戦争[*7]、居住地分離のパターン、人間の死亡率[*8]など、じつにさまざまなテーマを解明している。応用できるものがあまりに多いため、コンストラクタル法則はまだその揺籃《ようらん》期《き》にある。親愛なる読者のみなさんは、この地上を、そして書物へと、流れ始めたばかりの真新しい考え方の最先端に立っているわけだ。

## 自由を与えられれば

もしコンストラクタル法則にひと言付け加えるとするなら、それは「自由を与えられれば」だろう。この世には制約が満ちあふれており、より効率的なかたちでものが自己組織化するのを阻《はば》んでいる。たとえば、ダムは川の流れを堰《せ》き止める。お粗末な思想は人間の繁栄を妨げる。私は一九五〇〜六〇年代にルーマニアで育ったので、それが身に沁《し》みてわかっている。当時、ルーマニアはソ連に押しつけられた政府に支配されていた。ソ連はろくでもない制度で運営されており、その制度を近隣の、自由でもっと進んだ国々に強いていた。あらゆる領域同様、ルーマニアという国も、商業やアイデアなど、多くのもののための流動系だ。共産主義政府は何十年にもわたってこうした流れを妨げていたので、私の母国は破綻した。旧チェコスロヴァキアの民衆蜂起は一九六八年のプラハの春につながり、束縛がある程度緩められた。そのころルーマニアは数学の競技会を開催し、全国で六人の勝者が国外留学を許されることになった。私はその催しで最高得点を取り、その後、アメリカのマサチューセッツ工科大学に入学を許可され、工学の学位はすべてそこで取得した。こうして自由へのささやかなアクセスを得たおかげで、自分を作り直す、つまりこの地球上での自分の動きをデザインし直すことができた（私も地表の流動系なのだ）。

変化する能力を欠いた融通の利かない統治機関は、流れを妨げる避けようもない抵抗形態の一つの現れにすぎない。独裁者や全体主義政府の下で苦労するかわりに、流動の配置は時とともに一方向、すなわち、流れを妨げるような摩擦をはじめとする「ブレーキ」の影響を減らす方向に進化する。抵抗は必然的で避けようがない。だからこそこの世界はけっして完全な場所にはならないし、流動系にしてみれば、前より良くなり続けること、つまり、不完全性の程度を減らし続けることがせいぜいなのだ。それでも、コンストラクタル法則は進歩という概念を示し、希望を与えてくれる。自由さえ与えられれば、流動系はしだいに優れた配置を生み出し、流れやすくなる。

私は自分の学究生活を通じて、この現象とはとりわけなじみが深かった（そして、他の人が見過ごしていたものを目にすることができた）。まったくの偶然から、デューク大学の工学教授として、また産業界と政府のコンサルタントとして、研究を通して、河川や樹木が直面するのと同じ流れの問題に取り組んできたからだ。私たち技術者は洒落た存在《クールな》とはあまり思われていないが、私の専門は、電子機器の冷却用《クーリング》の、より小型で効率的なシステムをデザインをすることだ。一般に、演算能力を上げれば上げるほど多くの熱が出る。ノートパソコンの下側やプラズマテレビの画面を撫でるとわかるだろうが、目玉焼きが作れそうなほど熱い。私は何十年にもわたって数学と物理法則を使い、その熱が本体の内部を通って外部に出るように導くための、より優れたデザインを開発してきた。

私は自分が生み出している図面が自然界に見られる樹状の流動構造と一致することに気づきはしたものの、別段気にも留めなかった。一九九五年にプリゴジンの講演を聴くまで、両者のつながりを見破って、母なる自然と自分が同じような答えにたどり着く理由を普遍的な原理が説明できるということに気がつかなかった。だが、あの晩に経験した閃きのせいで、私はいやおうなしに自分の仕事から目を上げ、身の周りのありとあらゆるものの形と構造を考えることになった。そして、こう問わざるをえなかった。いったい何が、これらいっさいの配置を生み出しているのか。いったいなぜ、このような幾何学的特性が現れるのか。

こうした疑問を投げかけたのは私が最初ではない。科学で、「わかった《ユリイカ》」という発見の瞬間よりも唯一稀《まれ》なものがあるとすれば、それは、ただ一人の科学者が完全に独自で何かを発見することだ。たとえばダーウィン以外にも、種の進化を探究している科学者は大勢いた。だが、ダーウィンは動植物相の中で進化が起こる自然選択のような仕組みを思いついた点が非凡だった。とはいえ、知識は不変ではない。人間の頭脳は古くからの疑問に対するより良い答えを執拗に追い求め、情報の流れを促進するために理解を深めようとするのだ。

## 自然界のデザインを説明する法則

自然界のデザインは今日、地球物理学や生物学から社会動学や工学まで、科学の全領域で興奮の渦を巻き起こしている。この興味をかき立てる潮流が二つある。

一、厖大《ぼうだい》な知識が集積され、人間の頭脳がデザイン（配置、リズム、スケーリング則）として認識するさまざまな特徴が自然界のあらゆる流動系に存在することを、その知識が示している。

二、デザイン現象は既存の物理法則の適用範囲内にはない。

経験的知識は、それを支えるのに必要な理論的枠組みをはるかに凌いでしまった。この種の食い違いは、科学上の大革命の起爆剤であり引き金だ。進化を続ける動物のデザインに科学をなぞらえるなら、この動物はあまりに重くなり、自らを支えるためにさらに大きな骨格を発達させる以外に道はなくなったというところだろう。

経験的なものと理論的なものがこのように乖離《かいり》し、そこからより良い科学が生まれ、自然界のデザインと進化の現象のいっさいを支える法則を含む、より大きな骨格が得られる。自然界のデザインの謎については、他にも多くの科学者が自分の洞察を提供してきた。[*9] それらはフラクタル幾何学、複雑性理論、ネットワーク理論、カオス理論、冪《べき》乗則（相対成長スケーリング則）、その他の「一般モデル」と最適性ステートメント（最小、最大、最適）[*10]、さらには多大な影響力を持ったチャールズ・ダーウィンの研究や、ダーシー・トムソンの重要な著作『生物のかたち』（柳田友道他抄訳、東京大学出版会）の内容を、程度の差こそあれ含んでいる。

私の研究は、彼らの取り組みに対する応答でも批判でもない。じつは、これらの厖大な文献について知るようになったのは、一九九五年にコンストラクタル法則を発見したあとにすぎない。当初知っていたのは熱力学という、熱を仕事に変え、仕事を熱に変える方法についての科学だ。仕事とは、抵抗する力に対する運動と流れを表す。熱力学は二つの法則に基づいており、[*11]それはともに第一原理で、第一の法則はエネルギーの保存を定め、第二の法則は温度や圧力などが「高」から「低」へ向かうという、あらゆる流れが持つ傾向を要約している。これら二つの法則は、最も一般的な意味で言う「系」に関するものだ。この場合の系とは、形も構造もないブラックボックスと見なされる。

当時は認識されていなかったが、熱力学のこれら二つの法則は、自然の完全な説明にはなっていない。自然はブラックボックスからできてはいないのだ。自然界の「箱《ボックス》」はみな、配置で満ちている。それに（河川、血管などの）名がついていること自体が、外見、パターン、あるいはデザインがある証拠にほかならない。熱力学の第二法則はものが「高」から「低」へ流れるはずであるとしているのに対して、コンストラクタル法則は時がたつにつれて流れやすくなるような配置で流れるはずであるとしている。

もし物理学が自然を網羅するのであれば、いたるところであらゆるものの中に見られるデザインの生成と進化の現象を説明する、さらなる第一原理を与えてやる必要があることに私は気づいた。そして、コンストラクタル法則こそがその新たな第一原理だ。

自然界のデザインを説明するためにこれまでなされた試みは、経験に基づいている。まず観察し、そのあと考え、説明するという手順だ。そうした試みはすべて、集積されて一連の知識を成すに至った観察結果について結論を述べる。だから後ろ向きなもので、観察に基づいており、説明的で、予測には向いていない。たとえばダーウィンは生き物の進化について自分が観察した結果をすべてまとめ、そうした既知の事実に合致する、説得力のある物語を創り出し、その物語が正しいことはその後のさまざまな発見によって実証された。同様に、フラクタル幾何学は観察に基づくものであって、予測には向いていない。フラクタル幾何学の支持者は数学的アルゴリズムを創り出して、雪の結晶や稲妻、樹木のような自然の事象に似た画像を作る。そうした画像を描くために彼らが考案するアルゴリズムは、原理から演繹されるのではなく、思考錯誤から引き出される。庭木を描くために数学者が選ぶアルゴリズムは、同じものを描くために画家が選ぶ筆と絵の具のようなものだ。数学者は、うまくいったアルゴリズムや絵だけを示し、木にはとても見えない失敗作は見せてくれない。画家にしても同じことだ。

コンストラクタル法則は、自然界で見られるデザインを説明するだけでなく、それよりはるかに多くのことができる。なぜ(傍点)デザインが現れるかを理解し、将来そのデザインがどう進化するかを予測するのに使える法則を、はっきりと示すものだからだ。

## ダーウィンの説に足りないもの

近年、科学界の多くの人が、ダーウィンの研究の限定性に疑問を呈し始め、生物学者のJ・スコット・ターナーが二〇〇七年刊の著書『自己デザインする生命』[*12]で「都合の良い仮定が、疑問の余地なく受け入れられる定説になってしまう有害な傾向」と呼んだものと闘っている。

驚くまでもないが、自然界のデザインについての証拠はこの骨の折れる探究を活気づけてきた。イギリスの古生物学者サイモン・コンウェイ・モリスは二〇〇七年、名高いギフォード講義をエディンバラ大学で行なったとき、進化は薄気味悪いほどの予測可能性を示していると主張し、進化はそのときどきの状況が持つ偶然性に支配されていると断言する現在の通念に、真っ向から反することになった。

またターナーは、「生物が物事を成し遂げるために作り上げる、さまざまな仕組みの構造と機能の奇妙な調和」を見て取った。彼はこう続ける。自然選択はこれを十分には説明できない。なぜなら自然選択は「過去次第で決まるのに、未来の展望をまったく持たず、この過程を導く明確な目的性も知性も断じて伴わない」からだ。

二〇〇八年にボストンで開かれたアメリカ科学振興協会のシンポジウムへの参加を前に、ブラウン大学でのインタビューで、同大学の生物学者ケネス・ミラーは次のように語った。「自然界には『デザイン』があるという考えは非常に魅力的だ。人間は、生命は無目的でもランダムでもないと信じたがっている。だからインテリジェント・デザインを信奉する運動は、科学的な裏付けを完全に欠いているのにもかかわらず、支持者を集める感情的な闘いで勝利を収めるのだ。それに反撃するには、科学者は『デザイン』という言葉や、自然に対する科学的理解に本来備わっている目的と価値の感覚を取り戻す必要がある。……事実、生命にはデザイン――進化のデザイン――が存在する。私たちの体の中の構造は、時がたつにつれて変化してきたし、その機能にしても同様だ。科学者はこの『デザイン』の概念を受け入れ、そうすることで、自然界には秩序ある合理性が存在するという感覚を、科学のためにわがものとする権利を主張しなければいけない。反進化運動は、久しくその感覚に訴えてきたのだから[*13]」

ターナー、モリス、ミラーらの勘は正しかった。自然界のデザインは偶然現れるものではない。彼らの言葉は、根本的な前提の正当性が問われる大変革の時代に私たちが生きている事実を際立たせてくれる。だが、定説に異を唱えるといっても、たいていは限度がある。彼らはダーウィンとその信奉者の説の一部を疑問視しながらも、生物はその他いっさいのものとは異なるという考えにこだわっている。科学の分野の名高い著述家リチャード・ドーキンスは、絶賛を浴びた著書『盲目の時計職人――自然淘汰は偶然か?』でこの見方を明確に打ち出した。彼は、

「[複雑な事物が]どのようにして存在するに至り、それらはなぜそれほど複雑なのか」と問い、「その説明は……宇宙のどこの複雑なものに対してもおおむね同じである可能性が高い。私たちについてであろうと、チンパンジーやミミズ、オークの木、地球外の怪物だろうと変わりない」。だが、普遍的な見解を提示しそうに思えたまさにその瞬間、彼は心変わりする。「とはいえ、岩や雲、河川、銀河、クオークといった『単純な』もの……にはそれは当てはまらないだろう。これらは物理学で扱うものであり、チンパンジー、犬、コウモリ、ゴキブリ、そして人間は……生物学の範疇に収まるものだからだ[*14]」

物理学と生物学の間にあるこの根本的な隔たりは、まがいものだ。それは、この世界がどう機能するかという広い展望に由来するものではなく、「あなたの答えの良し悪しは、あなたの問いの根底を成す前提次第」という古来の金言の好例と言える。ダーウィンとその信奉者は勇敢にも、科学の方程式から神を取り除くのを助けた。そして、この世での自らの地位に関する人間の思い上がりを打ち砕いて、多くの人を嘆かせた。だが、彼らは完全に過去と訣別することはできず、生き物は特別であるという考え方の先までは思いが至らなかった。

理解を妨げてきたのは、この古い世界観の遺物だけではない。科学は本領を発揮すれば、すべてを取り込み、ありとあらゆるものの合理的な基盤を提供しようとする。ところが、過去二〇〇年はとりわけそうなのだが、科学の実践者たちは宇宙を極小までどんどん細切れにしていく傾向を見せた。岩石を研究する人もいれば、鳥類に目を向ける人もいるし、宇宙を観察する学者や人間に焦点を絞る学者もいる。医学の助けを借りようとするときに、みなさんも同じ現象に気づいたかもしれない。腎臓の専門医もいれば、大腸の専門医や心臓の専門医もいる。一人にすべての面倒を見てもらうわけにはいかない。

科学者はますます小さな疑問や、ますます小さな次元に集中して研究してきたせいで、そのほとんどが全体像を見失ってしまった。そのため、自然界のデザインが持つ網羅的な傾向に気づいている人たちでさえ、想像力を羽ばたかせることができず、生き物に見られる広い進化の傾向が、ランダムな突然変異にさらされるＤＮＡを持たない、無生物の事象（河川や地球規模の気象パターンをはじめ、動くものすべて）も形作っていることがわからないのだ。

だが私は、一九九六年にその壁を破った。国際的な専門誌に、コンストラクタル法則に関する二つ目の論文を書いているときに、私はこう記した。

自然選択と、熱力学的効率が生存に与える影響については、多くの事柄が書かれてきた。生体を複雑な動力装置と呼ぶのが慣例となっているほどだ。だが、生き物があらゆる基本構成要素に至るまで最適化し、そうした要素の最適な結合を育む傾向は、まだ説明されておらず、生物の遺伝コードに刻み込まれているという概念で片づけられてきた。

もしそれが正しければ、河川や稲妻のような無生物の系で、それに匹敵する構造を発達させるのは、いったいどんな遺伝子コードだというのだろう。……私たちを結びつける社会の「木」や、すべての電子回路、電話線、航空路線、組み立てライン、路地、街路、高速道路、高層ビルのエレベーターシャフトは、誰の遺伝子コードが生み出しているというのか。[*15]

私はなにも、種の起原における遺伝子の役割に異論を差し挟んでいるわけではない。もちろん、河川流域の形成における土壌浸蝕の決定的な役割を割り引いたりもしない。だが、仕組みは法則ではない。仕組みは何が起こったかを説明できても、なぜそれが起こるはずなのかは説明できない。それどころか、コンストラクタル法則を考慮すると、仕組みの探究が、自然界のデザインの理解にとって途方もなく不毛だったことがわかる。河川流域や生物のデザインを生み出す単独の仕組みなどは存在しない。土地の浸蝕や遺伝現象がデザインを生み出す動きを支配する、単一の物理的原理があるだけだ。ある段階では、これら二つの現象は似ても似つかないが、両者とも、流れを促進する形と構造を生み出す。自然選択やランダムな突然変異、土壌浸蝕はどれも最終段階ではない。自然界に私たちが見出す多くの変形のメカニズムの三つにすぎず、あらゆる進化現象の統一原理であるコンストラクタル法則に従う。

コンストラクタル法則は、ダーウィン以来定説になっている別の考えにも異を唱える。それは、進化には網羅的な方向性がないというものだ。この見方の支持者は、適応によって種はいっそう良く生存できるようになると主張するが、なぜそうした変化が起こるかや、「いっそう良く」とは何を指すのかはけっして説明しない。「いっそう良い」変化は生存を助ける、生存を助ける変化ならばどれも「いっそう良い」ものであるという、堂々巡りの主張をするのがせいぜいだ。これとは対照的にコンストラクタル法則は、すべての流動系はその中を通る流れのために、しだいに良いデザインを生み出す傾向があるから進化が起こることを予測する。そして、「より良い」の意味を一点の曖昧さもない物理学の言葉で表現する。すなわち、より速く、より容易な運動を促進する変化だ。あとで見るように、河川流域や森林だけが時とともに進歩するのではなく、生き物も向上する。単細胞生物から魚類、鳥類、人類まで、さまざまな種が現れるというのも、地表で動物の質量をより良く、より効率的に流動させる物語だ。大きな歴史の中では、これらいっさいのデザインが現れたのは、それが地球上でのエネルギーと質量の、運動と混合と攪拌《かくはん》の効率を高めるからだ。

## 流れに身を任せよ

自然の理解はたえず深まり続ける。コンストラクタル法則は、その最新の成果だ。とはいえ私の研究は、根本的なところでは、身の周りで流動する世界を説明しようとしてきた科学という分野の内外の先人たちとつながっている。たとえば小説家のウィリアム・フォークナーは、『生きること』は運動であり、『運動』は変化や修正であり、したがって、運動の反対は非運動、静止状態、死……」と書いたとき[*16]、生命についての私の新しい定義を先取りしていたと言える。

フォークナーは河川ではなく人間について語っていたのだが、「流れに身を任せる」「最も楽な道をとる」「最小限の努力で最大限の成果をあげる」といった、古くからの言い回しにすでに取り込まれているコンストラクタル法則の基本的真理を、人間はずっと以前から理解していたことが、この引用文からうかがえる。アメリカの超越主義者ヘンリー・デイヴィッド・ソローは、一八五三年に「自分の人生が流れる河道の可能なかぎり近くに住まえ」と書き[*17]、同じ真理を人生哲学として表現した。一九世紀のアメリカの経済学者ヘンリー・ジョージも、この原理をはっきり言い表している。「人間の行動の根本原理は……最小の努力で自らの欲望を充足しようとすることだ[*18]」

自然はより容易に動けるように自己組織化するという考えは、科学の分野でも長い系譜を持っている。一世紀にはアレクサンドリアのヘロンが、鏡に反射して二点間を移動する光線が最短経路をたどることを直観した。そしてこの直観に基づき、光線の反射の形（つまり入射角は反射角と等しいはずであること）を予測した。一七世紀にはピエール・フェルマーもこれと似た、最短所要時間の概念を思いつき、屈折した光の道筋（空気中から水中へ光が進むときの曲がった道筋）を予測した。

今から三世紀前に力学と微積分法を打ち立てた偉大な科学者たち（ニュートン、ライプニッツ、オイラー、ベルヌーイ兄弟・親子、モーペルテュイ、ラグランジュ）は、自然は物事を最適化すると考えることで、自然界のデザインを検討し始めた。変分法は「最適の」道筋――制約（別名、現実）も考慮に入れたとき特定の目標を満たすよう「運命づけられた」究極の図面――を割り出すために登場した。これは良い線まで行っているのだが、あと一歩だった。自然は最適のものも「最終デザイン」も「運命」も生み出さない。自然は時とともに不完全性を減らすように進化する形やデザインを生み出す傾向に支配されている。デザインの進化に終わりはない。

コンストラクタル法則は運命（あるいは最適、最大、最小、最多、最少、最善、最悪など）についてのものではない。とはいえ、一八世紀のさまざまな洞察がコンストラクタル法則の力の一つを示唆している。この法則は、身の周りのあらゆるものの進化には時間的な方向性がある、目的がある、身の周りで起こっているあらゆることには流動性能向上を目指す方向性があるという私たちの直観に、科学的な裏付け、すなわち合理的で試験可能な基盤を与えてくれるのだ。

コンストラクタル法則はまた、人間がやはりずっと以前から直観的に知っていた事実、すなわち自然界には調和があることを明らかにしてくれる。河川が美しいのにはいくつも理由があるが、その一つは、河川がコンストラクタル法則によって予測される幾何学的規則に従うことだ。河川の深さは幅と比例しており、大きな流れは幅も深さもあって、小さな流れは狭く浅い。これはもちろん、水の流れにとって良い。これをはじめ、自然界に見られる無数のスケーリング則は、はるかに深い調和の表面的な反映にすぎない。あとで見るように、美という私たちの概念は、スケーリング則が頻繁に自然のデザインに反映されているのを理解したときに実際的な形態をとる。

コンストラクタル法則は、孤立して機能するものなど一つもないことを教えてくれる。どの流動系も、さらに大きな流動系の一部であり、その周りの世界によって、そしてまた、その世界の助けになるように、形作られている。私たちが「木」と呼ぶ流動系も、いっそう大きな流動系（河川や気象パターンも含む）の一部であり、それは、局地的にも地球規模でも水分の平衡状態を達成するために、水を大地から大気へ移動させるようになっている。けっきょく、樹木は他のあらゆる流動系と同じで、配置を伴って流れるという自然の傾向を促進するために存在している。樹木の形と構造は、これを効率的に行なうデザインを生み出す傾向を反映している。熱力学とコンストラクタル法則から生まれたこの相互依存性は、自然界の調和と均衡と統一性の真の源だ。

私は専門家の立場から、コンストラクタル法則を強力な科学の道具と見ている。一人の人間としては、この法則の持つ形而上の意味合いも認識している。詩人は昔から、世界の均衡と調和や、自然の統一性を讃えてきた。だが、それらを合理的に証明するのは難しかった。これまでは。生物の世界と無生物の世界をつなぎ、河川の流れを都市の流れや金銭の流れに、人間の肺や血管のデザインを樹木や稲妻にそれぞれ結びつける原理の存在を明らかにすることで、コンストラクタル法則は科学を詩歌と同列のものにする。それは、私たちの深遠な結びつきを白日のもとにさらす。そして、動くものすべてをひとまとめにする傾向を浮かび上がらせてくれる。

# 第一章　流れの誕生

ルーマニア語を勉強する外国人はあまりいないので、この言葉を母語とする人間は、それを国境の外で使う機会がほとんどない。だが良い面もある。ルーマニア語は非常に特殊なロマンス語で（おおもとのラテン語の特徴を色濃く残している）、イタリア語にとてもよく似ている。そのおかげと、長い年月の間にルーマニアに入り込んでは去っていった多くの侵略者たちによってこの言語がギリシア語やスラヴ語、ゲルマン語、アジア系の非インド・ヨーロッパ言語（順に、ハンガリー語、タタール語、トルコ語）にさらされたおかげで、ルーマニア人は多くの現代言語を理解しやすくなった。たとえば私はフランス語がそこそこわかるので、あの日フランスでイリヤ・プリゴジンの講演も理解でき、自然界のいたるところで見られる樹状構造は偶然の所産だという主張も聞き取れた。

英語を母語として育っていたら、プリゴジンが何を言っているかわからなかったかもしれない。それ以上に確かなことがある。アメリカに帰化していなかったら——そして、アメリカがもたらしてくれる、人や場所やアイデアへの自由なアクセスがなかったら——コンストラクタル法則を発見することはけっしてなかったはずだ。そもそもプリゴジンが講演していた会場に居合わせる機会はなかっただろうから。

マサチューセッツ工科大学で学ぶために一九六九年二月にアメリカに着いたとき、私は英語がほとんどわからなかった。そこでたいていの移民と同様、大急ぎで英語を習得した。ルーマニア人として生まれたせいだろうか、私は単語の歴史と厳密な意味に、いつも特別に注意を払ってきた。厳密さは言語と科学の両方の土台だ。単語の定義は熱力学系の境界と同じで、それが何であり、何ではないかを厳密に規定する。科学と言語は、過去、つまり歴史と地理の両方に根差している。歴史も地理も静的ではないし、無から忽然と現れたりしない。ともに、それ以前に現れたもののいっさいに基づいて、どこかから現れ、時とともに進化し、河川流域の流路のように、そこを通る流れを良くする。

素人の私が言語に対して抱いていた興味は、一六年前、ナンシーでの発見のあと、もっとはっきりした目的を持つようになった。それまでは、機械工学の教授としての私の仕事は、熱力学と力学の法則や熱と流体の流動の法則を、熱伝達と冷却の実際的な問題に応用することだった。いっそう優れたコンピューターや冷蔵庫や動力装置を作りたい人の相談に乗るのが、私の役目だった。

自分が生み出しているシステムが自然界に見られるシステムに驚くほど似ていること、そしてそのデザインがコンストラクタル法則という、単一の物理的原理に基づいていることに気づいたとき、私は奇妙で異論だらけの世界に放り込まれた。バベルの塔を連想させるこの科学界で知ったのだが、私が自分の発見を説明するのに使ったありふれた単語（とくに、「進化」「方向性」「目的」「デザイン」）は歴史を背負っており、議論の余地がたっぷりあるのだ。私にはコンピューターではなく辞書が必要だった。

## 「デザイン」とは何か

「デザイン」という単語から始めよう。その意味は簡単そのものに思える。特定の目的を持って材料を配置したり、変化させたり、組み立てたりすること、つまり、今日何かを持ってきて、明日には何か別のものになるように、意図的に変えることだ。これは私たちの知っているごく明白で確固たる概念の一つだ。現代世界は、金属や鉱物、植物や動物といった原料を役に立つものに変えるという単純な過程によって築かれている。自分の家を見回すといい。建物自体から、流しに水を運んでくれるパイプや、キッチンのカウンターに並んでいる器具、手元の貨幣に至るまで何もかもが、誰かのデザインしたものだ。あなたが着ている服も、壁にかかった絵もそうだ。何十億もの人が、デザインを生み出したり、それに基づいてものを作ったりして生計を立てている。

デザインは人工の世界の土台かもしれないが、話が自然界に及ぶと途端に、この言葉は忌み嫌われる。生物学と物理学の世界では禁句になっているのだ。科学者で満席の講演会場に戦慄を走らせたければ、自然界のデザインにひと言触れるだけでいい。河川や樹木、あるいは雪の結晶がデザインを反映していると主張すれば、当然のように疑問が起こる。誰が、何のためにデザインしたのか。何千年にもわたって、さまざまな信仰を抱く人たちがやすやすとこの問いに答えてきた。神の力が、自然界の形やパターンを創り出したというのだ。時代や信仰体系次第で神は単数の場合も複数の場合もあるが、いずれにしても神こそが全宇宙の創造主だった。

ルネッサンスが花開き、やがて啓蒙運動が全盛期を迎えるなか、合理的な人々はこの主張を裏付ける証拠を探し求めた。特殊創造説の信奉者や、今では「インテリジェント・デザイン」と呼ばれるものの擁護者は、決定的な証拠を示さなかった。そして、自然のデザインはあまりに複雑で入り組んでおり、あれほどの秩序と方向性を見せるのだから、目的のない力が働いた結果であるはずがないと言い張った。この「目的論的証明」をはっきりと言葉にした作品として最も有名なのが、イギリスの思想家ウィリアム・ペイリーが一八〇二年に著した『自然神学——あるいは、神の存在と属性の証拠（*Natural Theology: or, Evidences of the Existence and Attributes of the Deity*）』で、その中で彼は神を時計職人になぞらえている。

荒れ野を歩いているときに、石につまずき、なぜそこにその石があったのかと訊かれたとしよう。おそらく、そこにずっとあったのだ、と答えることもできるが、この答えが馬鹿げたものであるのを示すのはおよそ簡単ではないかもしれない。だが、地面に腕時計が落ちているのを見つけて、なぜそこにその時計があったか訊かれたとしよう。その場合には、前のような、もしかしたらその腕時計は前からずっとそこにあったかもしれないという答えは、まず頭に浮かばないはずだ。とはいえ、この答えはいったいなぜ石には通用しても腕時計には通用しないのか。なぜ前者の場合のように後者の場合でも容認できないのか。それはほかならぬこの理由から、すなわち、腕時計を点検する段になったら、（石では見て取れることはないのに）その部品がある目的を持って組み立てられたり組み合わされたりしていることがわかるからだ。……この仕組みに気づけば……その腕時計には作り手がいたに違いないと推測するのは必至だろう。ある時点に、いずれかの場所に、単数あるいは複数の作り手がいたに違いない。その作り手が目的を持って作ったのであり、それがその目的に現に応じるものであることが私たちにはわかる。その作り手は、その構成を理解し、その使用法をデザインしたのだ。

およそ半世紀ののち、チャールズ・ダーウィンはこのような考え方にとどめを刺したようだ。彼はあくまで生物学の範囲内で、複雑な生物に見られるデザインと思しきものは神の意図を反映してはいないと主張した。じつはそれは、自然選択による進化という知性とは無縁の過程、彼の言葉を借りれば「個々のわずかな［形質の］変異が、有益なものであれば維持されるという原理」の結果なのだ。たとえば鳥は腕時計のように、各部品が他のすべての部品に対してまさに適切な場所に配置されるかたちで、一気に組み立てられるわけではない。そうではなく、これといった方向性や目的もない進化の過程を通して現れ出てきた。何らかの利点を与えてくれる小さな適応のおかげで、特定の種が他の種より生き延びたり繁殖したりするのにより適したものになる。美味しい種子が少し届きづらい環境で生きるフィンチは、嘴《くちばし》が長いほうがうまくいく。長い嘴を持ったフィンチは生き延びてその形質を子孫に伝え、その子孫が進化を続ける。

フィンチは自らの意志の力で嘴を伸ばすことはできない。嘴が伸びた仕組みは長らく謎だったが、オーストリアの修道士グレゴール・メンデルが、エンドウ豆を使った有名な実験で、形質がどのように遺伝するかをついに明らかにした。彼の研究が現代の遺伝学につながり、ランダムな遺伝子の突然変異が異なる形質を生み出すと今では信じられている。この過程はたえず起こっている。そうした変化は有益な結果をもたらすこともあるが、そうでないことも多い。一般に、有益な変異が現れるとそれが定着する傾向にあるというのが定説だ。

ダーウィンやメンデルらが途方もない洞察を提供してくれたので、私たちは無数の恩恵を被ることができた。彼らは単なる科学的な勘だけではなく、古い考え方との闘いから生まれた世界観を与えてくれ、その世界観はしっかり根づいた。おそらく本書の読者の大半は、その世界観を叩き込まれ、その意味するところを受け入れており、その言語を話すのだろう。私は自分の研究をしている間、彼らの研究にはせいぜい漠然となじみがあった程度だ。だが、コンストラクタル法則の研究をしているときにも、その世界観ほど私の頭から縁遠いものはなかった。だから、自然界のデザインや、進化の諸現象の方向性や目的について語り始めると、長年くすぶり続けてきた論争に巻き込まれる羽目になった。みんな私に古い言語を使って新しい理解の仕方を説明してもらいたがっているように思えた。もっとも、どのみち私には他に選択肢がなかった。新しい発見は言語に先んずるものだ。言語が進化して新しい発想の流れを促進できるようになるまでには時間がかかる。つまり、私は既存の用語を使って自分の研究を説明するしかなかったのだ。

## 物理法則が支配する世界

こうして手短に過去を振り返ったのは、私が入り込んだものの、まったくかかわりたくない議論の用語がこのような経緯で決まったからだ。だがコンストラクタル法則は、これまでの定説への応答ではなく、その議論が喚起する概念を定義し、理解する別の道筋なのだ。

コンストラクタル法則は、単にこう言っているにすぎない。すなわち、動くものはすべて、時がたつにつれて進化する流動系であり、デザインの生成と進化は普遍的な現象であるということだ。動物や植物、河川、ご飯を炊いている鍋に見て取れる変化は、それまで流動していた配置の明らかな改善を体現している。これが進化の方向性であり、もっと容易に動く流れや、良く動く流れ、遠くまで動く流れなどを生み出す。自然界に見られるデザイン（河川、動物、都市などの形と構造）は、流れを促進する形と構造を生み出す、自然界のこの傾向の現れだ。

この方向性と進化は、意図を伴わない。流動系はもっと容易に動くことを望むわけではなく、その中を通る流れのために、流れやすさを追求するわけでもない。流動系の流れが良くなるのは、単にコンストラクタル法則が記述する物理的原理に支配されているからだ。この考えが理解しづらいことは承知している――デザイナー抜きのデザインなどという考えが。だが、重力という、別の法則を考えるとわかりやすくなるだろう。建物の屋上に上がって石を落とせば、石はしだいに速度を増しながら落下する。石が落ちたがっているなどと言う人はいないが、石は落ちる。落ちざるをえない。

科学は、根本的にはそのような法則（普遍的で予測可能な自然界の傾向を簡潔かつ効率的に言い表したもの）の探求だ。科学の知識があれば、私たちは魔術師や予言者になって、もしXが起こればYが発生するというように、確信を持って未来を語れる。たとえば、水は特定の温度になると沸騰するし、鋼鉄の棒は十分な圧力を加えれば曲がるし、私は水中は泳げるが空中は泳げない。そのどれも、意図とは関係ない。これは決まり事であり、従うしかない。自然界に予測可能性も秩序もなかったらどうなるか、想像してほしい。水の沸点が予測可能ではなく、でたらめに決まるとしたら、お湯を沸かすのに一秒あれば済むかもしれないし、一時間かかるかもしれないし、いつまでたっても沸かないかもしれない。もし鋼鉄に破壊点がなければ、安全な家も自動車もけっして作れない。物理学の法則が当てにできなかったら、今のような暮らしは不可能だ。

コンストラクタル法則は、宇宙そのものと同じだけ古いのにもかかわらず今まで認識されていなかった現象の存在を明らかにする。コンストラクタル法則の力と正しさを支えているのは、この法則があらゆる流動系の進化を単に記述するだけではなく、予測することを可能にするという事実だ。コンストラクタル法則を使えば、自然界で何の観察も行なわないうちから予測ができる。もし時がたつにつれて流れやすくなるように変化する自由があれば、肺や血管、樹木、河川、稲妻がどのような外見になるはずかが推測できるのだ。そして、私たちが描き出した図面を、実世界に見られるものと比べると、両者は一致する。

コンストラクタル法則によれば、以下のことが予測される。河川がより効率的に流れるためには、幅は深さと比例していなければならない。人体の循環系は、水分や酸素、有効エネルギーをすべての細胞に送り届けるために、少数の本流（動脈と静脈）と無数の支流（毛細血管）という、断面が円形の管から成る樹状構造になるはずだ。また、私たちの心臓は断続的な搏動（ドキッ、休止、ドキッ、休止）をすることになる。生体に酸素などの物質を送り届けるためには、それが効率的な方法だからだ。

## 人間の呼吸器系

その仕組みを知るために、人間の呼吸器系を詳しく見てみよう。呼吸器系の最も重要な機能は、息を吸い込んで空気から酸素を取り出し、肺の微小な肺胞の中で血液にその酸素を供給し、二酸化炭素を抜き取り、それから息を吐いて体外へ出すことだ。自然界に見られる呼吸器系を調べるかわりに、コンストラクタル法則を使って推測してみよう。すべて限られた空間の中で、低い物質移動抵抗と流体流動抵抗のもと、こうした機能を果たすとすれば、理論上の流体流動構造はどのようなものになるはずか（これはまた、難しい言葉が並んでしまった。コンストラクタル法則を書いたときに、そのことを考え、「有限大の」系内のあらゆる構成要素がより優れた「流れ」を得られる方向へのデザインと進化という言い表し方に、すべて凝縮した）。この場合、外の空気へのアクセスを促進し、同時に肺の隅々まで酸素を行き渡らせようとすれば、どんなデザインに行き着くかを問う。

ポルトガルのエヴォラ大学のエイトル・レイス教授らは、紙と鉛筆とコンストラクタル法則を使い、肺胞の組織へ酸素を送り込む最善のアクセスは、二三段階の分岐を持つ管から成る（つまり、分岐しては管の数を倍増させることを繰り返す）、樹状の流動構造によって与えられることを立証した。この構造が肺胞嚢に到達し、そこから酸素が周囲の組織に拡散していく。[*1] 人間より小さい動物、たとえばマウスの肺には、九段階の分岐があるはずだ（実際にある）。

レイスらは肺胞の大きさと総表面積なども割り出したが、とくに重要なのは、分岐する気道（もとの気道から分かれた二つの気道）のそれぞれの長さが、もとの気道の直径の二乗と長さの比率によって決まるときに、流れが良くなるのを突き止めたことだ。

彼らが計算結果を実際の人間の呼吸器系と比べると、形と構造を正しく予測していたことがわかった。二三段階の分岐があり、もとの気道の長さと分かれたあとの気道の長さの比率が一定していたのだ。

私自身は、呼吸のリズムという呼吸器系の別の側面に挑み、酸素を送り届けて二酸化炭素を取り除くのにふさわしいのは、どういう呼気と吸気の割合なのかを問うた。すると、呼気と吸気には一定の長さがあり、その間隔が動物の質量（*M*）の〇・二四乗に比例するときに抵抗が減ることがわかった。つまり、小さな動物は大きな動物よりも頻繁に呼吸するということであり、これは厖大な数の経験的観察結果と合致している。

生理学者は呼吸のリズムに的《まと》を絞る傾向があり、大きな動物は呼吸頻度が低いという観察結果を定量的に要約する経験的モデルを、彼らの多くが提案してきた。私はコンストラクタル法則から始めて、あまりに明白だったのでそれまで誰一人検討したことのない特徴を他に三つ発見した。

一、肺の流動構造はどんなデザインもとりうるはずだが、樹木のような形をしている。これは重要だ。今日、肺をはじめとする器官は、肺の気道が木に似ているのでフラクタルのようなデザインを前提としてモデル化するのが通例になっているからだ。本来なら、なぜ樹状になっていなくてはいけないのか、なぜ、太い気道が一本通っているだけではないのか、と問うべきだったのだ。

二、呼吸はどんなデザインもとりうるはずだ。実際、いちばん骨が折れないのは、一生の間、途切れなく吸いながら吐くデザインだろう。だが、呼吸は吸っては吐いてを繰り返す周期的な流動だ。したがって、空気の流れは時とともにどう変わらなければならないかと問うべきだった。(吸って、吐いてという)周期的流動の概念は、この疑問を提起してそれに答えないうちは理論上存在しない。

三、動物の大きさにかかわらず、吸気の時間スケールは呼気の時間スケールと等しくなくてはならない。マウスは吸気も呼気も同じように所要時間が短い。牛は吸気にも呼気にも同じだけ長い時間がかかる。人間も、椅子に座って比較的ゆっくり呼吸していようと、体を動かしながらせっせと呼吸をしていようと、同じことだ。

もちろん、たいていの現象は肺の構造の持つこれほど見事な予測可能性は示さない。自然界のデザインは寸分も違わぬほど厳密なわけではない。そうでなければ、木という木が、みな同じ形になってしまう。私たちが目にする多様性は途方もない。系統学(さまざまな生物集団の間の、進化上の関係性を研究する学問)から明らかなように、系統発生の生み出す遺伝的構造は、川の中の岩さながら、なかなか消滅しない。したがって、動物のデザインに関して生物学者が指摘する「誤り」（もっと短い経路のほうが好都合だろうに、長い曲がりくねった道筋をたどる哺乳類の反回神経もその一例だ）は、進化史の制約の中で、より良い流れへ向かう動きを反映しているのだ。無生物の世界では、生態学的な変化がまた別の種類の例外につながる。複数の要因がデザインを形作る。たとえば、たえず強風にさらされ、周囲の堆積物が運び込まれ、違う形の河川流域が進化する場合がそうだが、その過程を検討するときに、通常私たちは、特異な変化を生み出す風やその他の要因の網羅的なリストを考慮に入れない。

## 熱力学

コンストラクタル法則が捉えているのは、自然界の中核を成す傾向だ。地球上のあらゆる河川、あらゆる樹木、あらゆる動物を含めた全体像の中では、流れるものすべての進化の陰にある原動力は、動きやすくなるための形と構造の生成だ。だからこそ、意図を持たないこの傾向には目的があると言うことができる。気流や河川、樹木から、魚や人間、鳥、科学技術まで、地球上のあらゆる流動デザインは、動きを良くするために現れ、進化し、自らを構成する。この傾向には方向性と目的があるからこそ、ものが将来どう進化するはずか予測できるのだ。

コンストラクタル法則を使えば、生物の進化を、より良いデザインを生み出す動的な過程として捉え直すことができる。そこには、特異な変化ばかりでなく、厖大な数の不完全性（遺伝的浮動、連鎖した対立遺伝子の選択、絶滅、分散限界、時間と空間における環境の不均一性など）もある。だが、中核を成す傾向は、流れを楽にする特徴の選択だ。そのおかげで動植物は自らの単位質量当たりの流れ（運動）を増やし、その運動を達成するのに必要な有効エネルギーの消費を抑えることができる。生物学者がまとめた進化史（彼らが詳述した一連の適応）は、すべてコンストラクタル法則の現れだ。それと同じ傾向が無生物の系の進化も支配している。可能なかぎりの配置のうち、存続するのは流れを促進するものだ。このように、生物も無生物も、生物学の自然選択という考え方と一致するかたちで流動の配置を発達させることが、コンストラクタル法則からわかる。河系《かけい》〔河川の本流と支流の総称〕のような無生物のものの動的な過程と特徴は、コンストラクタル法則を通して、あなたと私を含めた生物の進化の本質である動的な特徴と結びつけることができる。

私がコンストラクタル法則を発見できたのは、一つには、ダーウィン説の用語と歴史に染まっていなかったからだ。私の専門分野は熱力学で、私の言葉と洞察はそこに由来する。自然界のデザインを生み出すこの原理を、私は熱力学を通して見出した。

私たちは、会話をするためには同じ言語を話す必要がある。そうでなければ意思の疎通は果たせない。だから、基本的な用語を定義したり、コンストラクタル法則が提起するうちでもとりわけ深遠な疑問（流動系とは何か、なぜものは流れるのか、なぜものは進化するのか、神あるいは人間に導かれることなしに、どうして方向性や目的やデザインが存在しうるのか）に取り組んだりするために、熱力学に頼ることにする。

熱力学は産業革命のおかげで誕生した。この学問はフランスの偉大な科学者で発明家のドゥニー・パパン（一六四七～一七一二）とともに始まったと言える。火と水に魅了されていた彼の最初期の発明には、本人が「蒸解釜、あるいは骨を軟らかくするための装置」と呼ぶものがある。この釜内部の圧力を他の用途に利用できることを見て取ったパパンは、ピストンとシリンダーから成る仕組みの第一号を考案し、このデザインは今もなお、エンジンに動力を供給している。彼の原始的ではあるものの実用的な装置では、閉鎖空間で水を熱して高圧蒸気を生み出す。その蒸気が、反発しようとするピストンを押しのける。これは、蒸気がピストンに対して仕事をするということだ。現代のタービンでは、ずらっと並んで回転する動翼と、やはりずらっと並んだ静翼との間に、そのような閉鎖空間が繰り返し生じ、蒸気（あるいは、何か別の高温の気体）がそこに一時的に閉じ込められて膨張する（図7）。

ようするに、私たちは熱から仕事を生み出すのであり、一九世紀のスコットランドの物理学者ウィリアム・トムソン（のちのケルヴィン卿）の造語である「熱力学」がそれを物語っている。熱を利用すれば、ものを動かすのに動物も奴隷もいらない。これ以上に賢い発想があるだろう

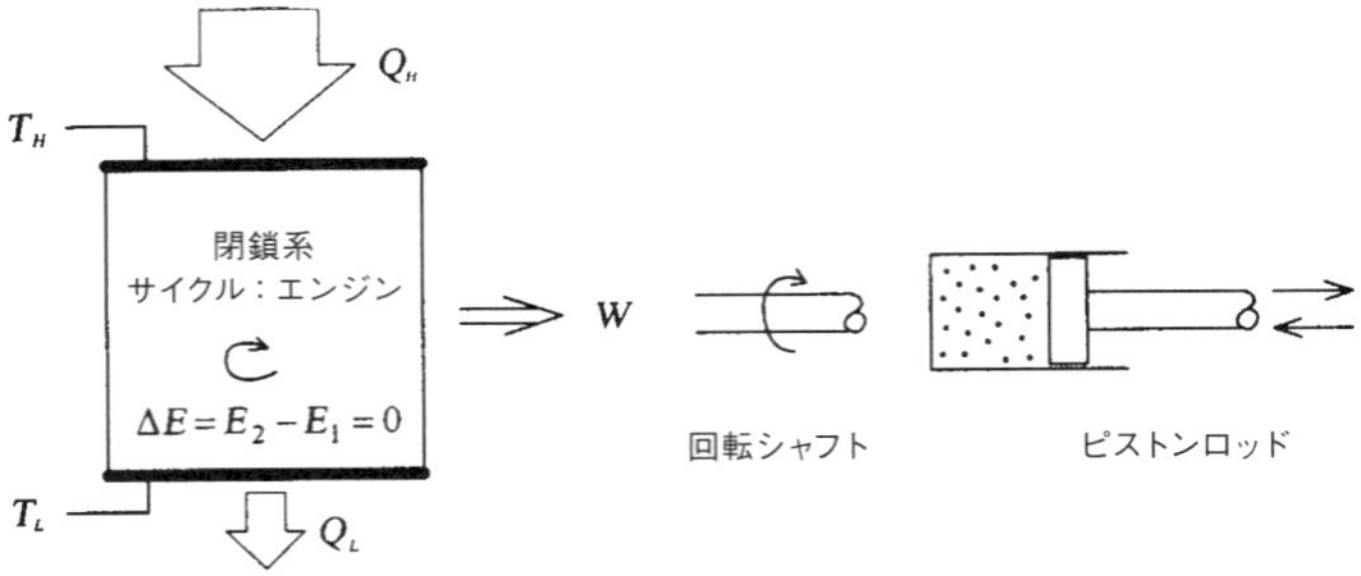


図7　閉鎖系が高温貯留層（$T_H$）から熱（$Q_H$）を受け取り、低温貯留槽（$T_L$）に熱（$Q_L$）を排出し、仕事量（$W$）を生み出す。系のエネルギー量（$E$）は$E_1$から$E_2$に変わる。熱力学の第一法則により、エネルギーは保存されるから、流れ込むエネルギー（$Q_H$）と流れ出るエネルギー（$W+Q_L$）の差は、系の内部に蓄えられたエネルギーの量に等しい［$E_2-E_1=Q_H-(W+Q_L)$］。もし系がサイクル過程を実行していれば、各サイクルのあと、系の属性はすべて初期値に戻る。たとえば、$E_2=E_1$となる。本物のエンジンには常に改善の余地がある。なぜなら、仕事量の出力（$W$）は理論上の最大値（$W_{rev}$）よりも必ず小さいからだ。最大値は可逆的操作の理論的限界で生じる。カルノーが想定したこの理論的限界では、エンジン系の流れと運動はすべて、摩擦のような抵抗や熱の漏れがない条件で起こる。本物のエンジンはどれも、最大の仕事量（$W_{rev}$）を生み出し、その仕事量の一部（$W_{diss}$）をブレーキに消失させる理想のエンジンと、完全に等しい。理想のエンジンのシャフトはブレーキの抵抗を受けるが、その抵抗はほんの部分的なものと思えばいい。$W_{rev}$の一部（すなわち$W$）は最終的には環境に伝達されるからだ。仕事量（$W$）を受け取るユーザーが環境に存在しない限界状態では、エンジンが生み出した仕事量はすべてブレーキの中に散逸する。この限界状態は、地球上を流れるもの、動くもののいっさいのデザインを表している（この自然のデザインには、図57と59で戻ってくる）。

か。そしてこれ以上に人道的なアイデアがあるだろうか。

熱力学の法則は地球上のあらゆるものに当てはまる。自然のデザインはすべて、太陽に由来する有効エネルギーが駆動する（熱や流体や質量の）エンジンだ。人間も他の生き物も含め、流れるものはすべて、消費される有効エネルギーの単位当たりで、より多くの流れをより遠くまで動かすことを可能にするように進化を続けるデザインを獲得する。

今日、熱力学の射程は、冷却（環境よりも低温の系から熱を取り除くこと）や、発電所の操業から光合成まで、物質のさまざまな属性と力の生産の間の関係を含め、エネルギーとその変換のあらゆる側面に及んでいる。

## 「系」の定義

熱力学の研究が発展するにつれ、その専門家は自らが語っていることについて正確に知ることができるような語彙を発達させた。ごく基本的な用語の一つが「系《システム》」という単語で、これは観察者が分析と検討のために任意に選んだ、空間領域あるいは物質の集合を意味する。樹木は研究対象となりうる系だが、その樹木が一部を成す森林もまた系だ。「系」をどう定義するかは人それぞれだが、何をもって系とするかは明確に提示する必要がある。私たちは当該の存在の周りに、はっきりと厳密に境界を描くことで系を定義する（図8）。

境界の内側は、私たちが眺めてみることにした系（樹木、森林、流れ、河川流域など）だ。境界の外側には、それ以外、つまり残りの世界のいっさいがある。熱力学におけるこの「残りの系」は「環境」あるいは「外界」と呼ばれる。パパンの原始的なシリンダー内部の水は、蒸気を生み出すための系だった。河川流域は、その中を水が流れる系、鳥は自らの質量を地球上で動かす系だ。

境界は特別な特徴を持つことがあり、その特徴によって、その系には特別な名前がつく。境界が質量の流れを通さなければ、その系は「閉鎖系」と呼ばれ、仮にその状態、その「あり方」が不安定でも、その総質量は不変だ。ものを通

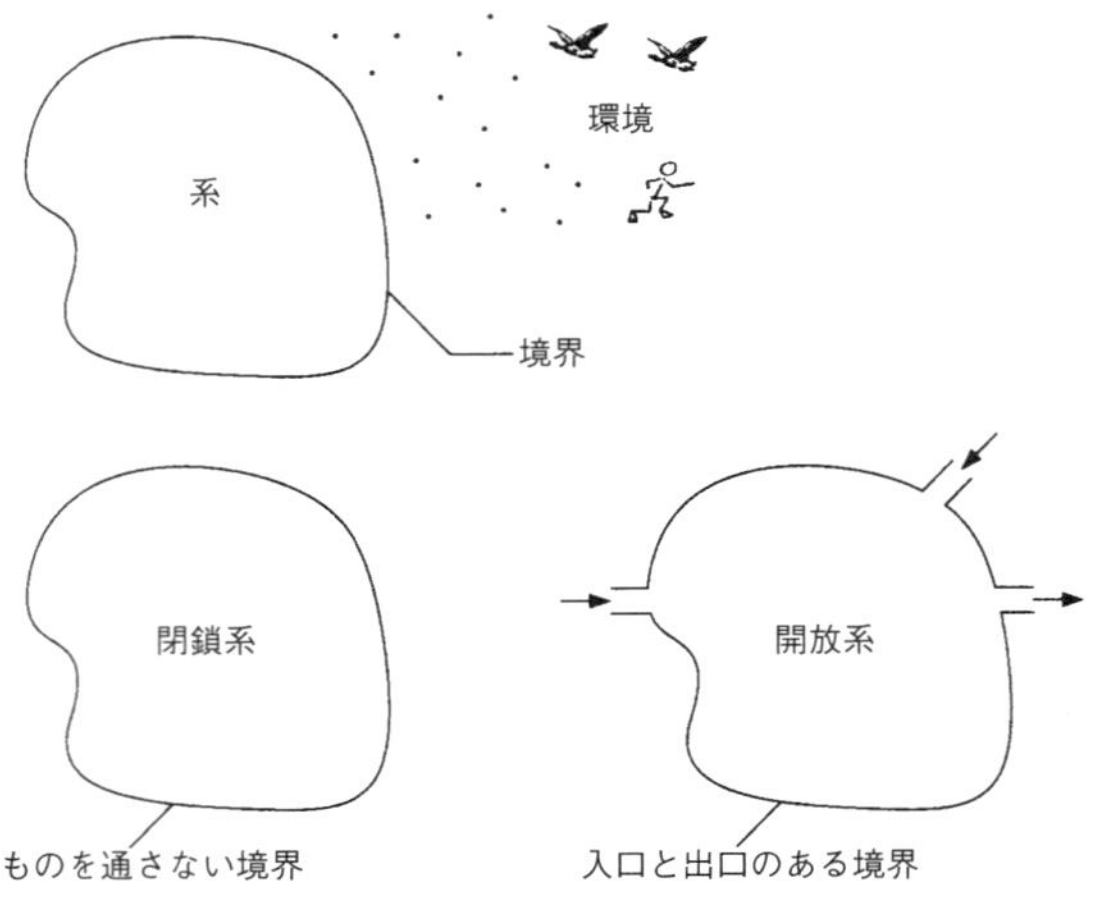


図8　境界は厚みを持たない架空の面で、系とそれ以外の世界とを隔てている。

さない風船の中の空気から成る系を考えてみよう。風船から環境へ漏れる空気がないので、系の中に蓄えられた空気の量は不変だ。

もし質量が境界を越えるなら、その系は「開放系」と呼ばれる。熱力学の観点に立つと、あなたの体は開放系だ。系の境界はあなたの皮膚を覆う架空の面になる。殺人現場で刑事がチョークで引く輪郭線の立体版と思えばいい。この境界には入口（口と鼻）があって、そこから物質が系の中に取り入れられるし、出口（口や鼻など）や毛穴その他の器官があって、物質が環境へ排出される。

開放系には質量が出入りし、系自体も空間を移動できる（たとえば鳥や乗り物）。肝心なのは、質量が保存される点で、入力と出力の差が、系の内部に蓄えられる（蓄積される）質量だ。今説明したのは、開放系だろうと閉鎖系だろうと、あらゆる系が従う法則で、質量保存の法則といい、全体の質量は各部の質量の総和に等しくなくてはならないというものだ。この法則は一八世紀にアントワーヌ・ラヴォアジエによって発見されたが、古代ギリシアの哲学者エピクロスはすでにこの考えに行き着き、「ものの総和はこれまで常に今のとおりだったし、今後も永遠に今のままであり続ける」[*2]と主張している。

## エネルギー

同様の法則がエネルギーにも当てはまる。エネルギーも、系の内部では生み出したり失ったりできず、総和は維持される。このエネルギー保存の法則は、熱力学の第一法則として知られ、スコットランドのウィリアム・マクオーン・ランキンとウィリアム・トムソン（のちのケルヴィン卿）、ドイツのルドルフ・クラウジウスの三人によって、（このあと取り上げる第二法則と同時に）一八五一年から五二年にかけて明確に表現された。科学は、孤高の天才のロマンティックな夢が実現するよりも、こうしたかたちで進展することのほうが普通だ。自然についてもっとうまく語る方法があるという漠然とした思いが生まれ、それに駆り立てられた研究者たちが（しばしば競争を繰り広げながら）それを発見してはっきり言い表そうとする。科学一般の歴史に、そしてとりわけコンストラクタル法則の歴史にも、この現象が繰り返し見られる。初期の専門家たちはある現象を観察するが、それを予測する知識がない。ダーウィンの時代には、生物学的な進化の仕組みを発見しようとしていた人は他にもいた。今日では、本書で探究する現象、すなわち自然界のデザインを調べている人が他にも大勢いる。

フランスのサディ・カルノー（一七九六〜一八三二）が示した先見の明のある考えを土台に、

ランキンとケルヴィンとクラウジウスは、系はエネルギーを生み出せないものの、エネルギーを保存して変換できることを観察した。自動車はガソリンの有効エネルギーを熱に変換してエンジンを駆動する。エンジンはその熱の一部を仕事に変え、自動車に路上を走らせる。私たちの体は食物から得たエネルギーを変えて動力源とする。動力装置はある種類のエネルギー（熱）を別の種類のエネルギー（仕事）に変える。私たちはどんな系を調べるときにも、次のように問う。この系はどれぐらいうまく機能しているか。利用可能な有効エネルギーをどれだけ効率的に使っているか。熱力学でこれを測定するには、エンジンの「エネルギー変換効率」を求めるのが常套手段だ。優れたデザインほど効率が良く、より多くの仕事をより少ない有効エネルギーでやってのける。

　この概念は、流れと流動系を語るときにカギを握っている。流れは、あるものが別のもの（背景）に対して相対的に（流路の中を）どう動いているかを表している。流れを記述するには、その流れが運ぶもの（流体、熱、質量、情報など）やその量（質量流量、熱流量、交通量など）、流れの場所を語る。流動系は、一つあるいは複数の点から生じ、別の点へのより良いアクセスを見つけ出さなければならない一つ以上の流れと定義される。

## 摩擦という不完全性の働き

コンストラクタル法則は、時がたつにつれて流動系が進歩するはずであることを予測する。そこで疑問が出てくる。何に関して良くなるのか。系の進歩をどう測定するのか。答えは、流動系が熱力学的に不完全である点に見出せる。その不完全性は、どの流動系にも克服しなければならない抵抗があることに由来する。抵抗とは、運動を妨げる現象で、最もよく知られているのが摩擦だ。摩擦があるために、たとえば、人間や動物や原動機が乗り物を水平方向に動かすためには、水平方向の力を加えなければならない。流体摩擦もやはり動きを妨げる方向に働く。長いパイプの中の水を動かすためには、ポンプはパイプの入口で十分高い圧力を維持しなければならない。熱流が出くわして克服する「摩擦」ははるかにわかりづらい。熱が流れるためには、有限の温度差によって「駆り立てられ」なければならない。熱流に伴うこの種の抵抗は、熱力学的に見て、力学的摩擦に相当する。

不完全性は避けられない。それどころか、必要でさえある。不完全性（摩擦）がなければ、流動系は絶え間なく加速を続け、ついには制御不能に陥るだろう。したがって、不完全性（摩擦、熱の漏出など）は流れを駆り立てるエンジン（デザイン）に対するブレーキとして働く。私は自分の仕事からそれを直接知っている。技術者なら誰でもそうだが、私も装置やシステムのデザインに取りかかるときには、それが果たす機能と、それを阻む障害を理解しなければならない。部品の形状を整えてうまく組み立て、不完全性が可能なかぎり小さくなるかたちでシステム全体が機能するようにする。デザイナーとしての私の苦労には終わりがない。

自然界のあらゆるデザインについても同じだ。自然界のデザインも関門や隘路《あいろ》、摩擦、空気抵抗、断熱物など、さまざまな抵抗に出遭う。わかりやすい例を一つ挙げよう。テムズ川の岸に立っているところを想像してほしい。上着をお忘れなく。イングランドの典型的な春の日で、空はどんよりと曇り、じめじめしていて肌寒いから。それでも、あたりの空気には興奮が満ちている。そう、今日はレガッタ対抗戦の日だ。ケンブリッジの漕ぎ手が宿敵オックスフォードとの一戦を待ち受けている。筋骨隆々の選手たちがボートに収まり、相手を打ち負かそうと満を持しているように見えるが、真の敵は水にほかならない。ケンブリッジの往年の名選手スティーヴ・フェアベアンは、「競漕選手の歌」と題する詩で、彼らの力強い動きを不滅のものとした。

両の手がしなやかに動き
後方で水が沸き立つ

バネさながらに体が弾け、鋼のように櫂が舞い
ボートは飛ぶがごとく水面《みなも》を進む

この描写に比べると、漕ぎ手たちの働きについての私の分析はいささか生気を欠くが、優雅さの不足は正確さで埋め合わせるように努力するつもりだ。ボートを進めるには、オールを引っ張る漕ぎ手が仕事（$W$）をする必要がある。この仕事は二つの現象から生じる摩擦力（$F$）を克服するのに使われる。一方はボートが水の上を滑り、ある距離（$L$）を進む現象、もう一方は、水を持ち上げて、進路から取り除く現象だ。二つ目の現象は波という形で目に見える。費やされる仕事は抵抗力に移動距離を掛けたものに等しい（$W=FL$）。同じ距離を進むときにも、抵抗力が強いほど多くの仕事が必要とされる。だから、先行するボートは競争相手のコースに可能なかぎり接近する。漕ぎ手が後ろに押しやる水の運動量は、競争相手が克服しなければならない抵抗をさらに大きくするので、相手は同じ距離を進むのにさらに多くの仕事をする羽目になる。また、今日の漕ぎ手が使うボートが、一八二九年に最初のレガッタで先輩たちが使ったものとは違う理由も、これで説明できる。長い年月の間に、職人たちが摩擦の影響を最小限に抑えようと、ますます流体力学の理にかなったボートを作ってきたからだ。デザインの進歩は効率の向上につながり、動きが容易になる。これは自然界におけるあらゆるデザイン進化の雛《ひな》

型《がた》のカギだ。

## 自由はデザインにとって善である

魚も陸棲動物も鳥も（つまり、泳ぐもの、走るもの、飛ぶもののいっさいは）、地球上で質量（自分自身）を動かす流動系だ。そして、彼らの摂取する食べ物が、地表を移動することを可能にする有効エネルギーを提供する。彼らは移動するために二つの障害を克服しなければならない。重力による下向きの力と、水や地面や空気の摩擦だ。第三章で見るように、彼らの体のデザイン（内臓の形や構造から、体の全質量や、尾、脚、あるいは翼のリズミカルな動きまで、ありとあらゆるものを含む）は、運動を阻む環境で彼らがなるべく容易かつ効率的に動けるように進化してきた。

最後に、楓《かえで》の木を考えてほしい。楓はロマンティックなピクニックにふさわしい木陰の提供者であるだけではなく、大地から大気中へ水を移動させる流動系でもある。楓は重力や摩擦と闘い、水を末端まで運びつつ、風が引き起こす抵抗に対して自らを安定させる必要もある。そうしなければ、枝をもがれ、ひっくり返されてしまう。コンストラクタル法則の観点に立つと、楓の中の二つの流動系（水の流動系と応力の流動系）を認識すれば、デザインの全特徴（根や幹、枝、葉の形）が予測できることがわかる。地面に立つ楓は、第五章で見るように、地上での水と質量の動きを促進しているのだ。

これはあらゆる流動系に見られる。より良い流れへと続く道は、不完全性のそれぞれの要素を、他の要素とどう均衡させるかにかかっている。系の全構成要素が協力し、いっしょになって働き、時とともにしだいに不完全性が減るような全体を生み出す。複雑な流動系全体での、不完全性の分配と再分配は、流動構造を変えることで成し遂げられる。これは、木の枝の位置から、河川流域の流路や、ノートパソコンの中の電子部品の配置まで、生物のデザインにも無生物のデザインにもすべて当てはまる。

だとすれば、流動系が自由に形を変えられることがその前提条件となる。そこから出現する流動構造は、制約のもとで流動系がその目的を達するための手段だ。自由はデザインにとって善である。[*3]

## なぜ流動するのか

この熱力学の考察を離れる前に、流動に関係する非常に重要な点をもう一つ調べておかなければならない。いったいなぜ、ものは流動したりするのか。なぜ動くのか。この動きの源泉は何なのか。人間が作るものについては単純な答えがある。私たちが燃料（すなわち有効エネルギー、エクセルギー）を提供して、自分が作った装置やシステムの動力源とするからだ。だが、それ以外のものはどうなのだろう。明確な答えの一つは重力だ。重力は水を山頂から平地に引きずり降ろし、川伝いにどっと流す。とはいえ、そもそもどうやって水は山頂に行き着いたのか。

答えを見つけるために、カルノーの研究に戻ろう。若くしてコレラに斃《たお》れた軍事工学者のカルノーは、名高い理工系のエリート養成機関エコール・ポリテクニークの出身で、のちに、パパンの像を擁するパリの国立工芸院（ＣＮＡＭ）というりっぱな学校でも時を過ごしている。彼は一九世紀の初めにＣＮＡＭにやってきて、当時ヨーロッパを一変させていた蒸気機関について学んだ。蒸気機関はなぜあれほど人気があったのか。それが人々の生活にとても良い影響を与えるものだったからだ。その影響は劇的だった。蒸気機関は人々に新しい能力を与えていた。地上での人とものの動きを促進していたのだ。

　カルノーは続々と登場する機械についてじっくり考えているうちに、すべてが同じ方向、つまり「高」から「低」へと流れていることに気づいた。水は自ずと高圧から低圧へと流れる。水は水車に当たりながら落ち（そして水車を回しながら）、「高」から「低」へと流れる。続いてカルノーは、熱も自然に高温から低温へ流れるだろうと推論した。熱も同様に機関の中を落下し（そして機関を回しながら）、高温から低温（外界）へと流れる。この「一方向の流動」原理は、今日、熱力学の第二法則[*4]や、不可逆性、散逸、非効率、「取り返しのつかないこと」などとして知られている。カルノーは機械の稼働ぶりを見ることで、自然法則を発見したわけだ。

第二法則はいくつか他のかたちでも言い表されている。たとえば、ある系が孤立している（何とも接していない）なら——これは大きな仮定なのだが——自然は差異を消し去り、均一性を生み出す傾向がある。ごく単純な例は、グラスに入れてキッチンのテーブルにひと晩放置された氷水だ（この場合、氷水の入ったグラスを含めた部屋全体が「孤立した系」に該当する）。朝には水は室温になっているだろう。さらに、グラスの水は減っているはずだ。水分の少ない部屋の空気が蒸気圧の均衡に達するために、ずっとグラスから水分を取り除いてきたからだ。

この動きを地球規模で見るために、赤道に近い、もっと暑い地域に旅することにしよう。そこでの加熱作用が強烈なのは、太陽光線が地表に対してほとんど垂直に降り注ぐからだ。日光を矢の束と考えればいい。両極の近くでは、矢はほとんど真横から飛んでくるので、単位面積当たり、地面に刺さる数はとても少ない。このように、地球の加熱作用にはむらがあるので、海流や地球規模の気象パターンが始動する。温かい水と空気は両極に向かい、均一性を生み出すためにそこで冷たい水や空気と混ざり合う。だが、けっして到達できないこの均一性に向かう道は、不動の環境とははっきりと一線を画す激しい流れや川、風といった、不均一性だらけだ。この不均一性が地球規模の流れを促進しているのであり、万一、太陽が消えてなくなれば、地球という系は均一性（死）へ向かって突き進むだろう。

だが、当面は太陽は消えたりはしないので、地球は孤立系にはならない。ごく単純に言えば、私たちの惑星は閉鎖系だ。太陽が地球を熱し、海流と気流をたえず流動させる。そして、不均一性を存続させる。流れそのものを使い（動くものは動かないものとはっきり異なる）、不均一性がさまざまなパターンや配置やリズムとして支配していることを私たち全員に見せつける。系が流動を強いられ、平衡状態にはほど遠ければ、たっぷり差異を生み出す。つまり不均質性が全立体領域（あるいは平面領域）に流路とインタースティス（隙間）として分配される。（川の水のように）流路の流れは速く、円滑で、（地面から川へ染み出す水のように）隙間の流れは遅く、難儀だ。

## 水の流れ

それでは、海の中に入って、デザインが自ずと生じているさらなる証拠を見つけ、流体力学にまつわる難題の一つを解決しよう。昔から科学者が知っているとおり、滑らかな層流から、渦巻く乱流へ、そしてその逆へと、流動様式は変化する。だが、コンストラクタル法則が発見されるまで、その理由はわからなかった。

日光が照りつけると、水面が温まる。温かい水は冷たい水より軽い。温かい水は水平方向に動いて冷たい水の上に乗り上げ、冷たい水は温かい水の下に潜り込むかたちになる。上側の層は水平方向の運動量（文字どおり、動き）を持っているが、下側の層は持っていない〔下側の冷たい水の層は上側の温かい層と比べてはるかに厚みがあるので、速度が著しく低く、淀んでいるのに等しい〕。上側の層は下に手を伸ばし、冷たい水をつかみ、引きずっていく。速度の大きい表面の水は、速度の小さい水面下の水を引きずっていくので、両者はほぼ同じ速度で流れがちだ。物理学では、この連行現象は、速いものから緩慢なものへと動き（運動量）を伝達して一種の平衡状態を達成する過程として説明される。これが起こるのは、熱いものと冷たいものだけでなく、遅いものと速いものも平衡状態にする傾向が自然界にあるからだ。平衡状態とは、すべての面での均一性を意味する。

肉眼では水が流れているように見えるかもしれないが、本当は、速く動く流塊（流体の一群《パケット》）から遅く動くパケットへと、運動量（動き）が流れているのだ。自然界のデザインに関する疑問は、この運動量がどう伝達されるかを問うたときに現れる。デザインの選択肢は二つある。平行で滑らかな複数の流体の薄片《はくへん》がすべて前へ進み、それぞれ隣接する薄片とこすれ合いながら滑っていくことでできる上がる層流と、進行方向と垂直の動き（つまり、うねり）を伴い、渦を巻きながら（混沌として）前方へ進む動きを特徴とする乱流だ。層流と乱流の両方で、運動量は垂直に下方へ、つまり、水の水平方向の運動に対して垂直に伝えられる。

これと同じ現象は、発電所の煙突からもくもくと立ち昇る煙を見れば観察できる。この場合、速い流体（気体）は上に向かい、煙は細い逆円錐形の柱となって素早く上昇していく。そして、運動量を横向きに伝達するにつれ、煙は水平方向に拡がり、周囲の空気をしだいに多く取り込む。煙はますます多くの空気を持ち上げながら太くなる。煙草やロウソクに火を点けたときにも、同じことが起こる。最初、周りの空気よりも温かくて軽い煙は、真っ直ぐな柱となってゆっくり上昇する。やがて速度が上がってくると、流れが変わり、渦（フランス語では「tourbillons」といい、そこから英語の「turbulence（乱流）」や「turbine（タービン）」という単語が生まれた）ができる。煙草の煙は、図5に示した落下するトイレットペーパーによって下向きに引きずられる気流を逆さまにした形だ。

どの時点であれ、動きをより良くするデザインを流れが選び取ることが、コンストラクタル法則からわかる。そして、この法則のおかげで、運動量の流れを促進するために層流と乱流の移り変わりがどの時点で起こるはずかが予測できる。

あらゆる流体は、運動量を拡散させるのに層状の動きのほうがふさわしいときには、「層流」と呼ばれるこの動きを見せることがわかっている。これは、流れが十分薄く／細く、速度も十分遅いときの流動のデザインだ。だが、流れが十分厚く／太く、速くなると、デザインは乱流に変わる。

私は本書を通じて、「十分遅い」流れとか「十分速く、厚い/太い」流れといった言い回しを使うが、こうした言い方はどうしても曖昧になってしまう。多様な環境を動く、じつにさまざまな現象を網羅するからだ（特定のデザインが流動に「良い」と私が言うのも同じ理由による）。どの流れも独特だ。ある種の流れにとって速くて厚い／太いものは、他の流れにとっては十分遅いこともありうる。どの場合にも、特定の基準に達すると流れがより良いデザインへと（ぱっと）変わるというのが、普遍的な原理だ。

とはいえ、これから示すように、私はコンストラクタル法則を使って架空の流れでその変化がいつ起こるはずかを予想してきた。私は本書で数学をなるべく使わないようにしてきたが、ここと他の数箇所では、私の結論の背後にある計算をぜひとも紹介しなくてはならない。運動量が一つの流れから別の流れへとより容易に伝わるような流動の配置を自然が選ぶ傾向を、図9に示す。

図10には、同じ流体（a）の速い領域と遅い領域との間の剪断《せんだん》流を示してある。流れが層流から乱流に変わる境は、それぞれの流動系のレイノルズ数[*5]により決まる。剪断流が薄くて遅く、レイノルズ数が$10^2$未満だと、粘性剪断（層流）のほうが効果的なデザインだ。剪断流が厚く速く、レイノルズ数が$10^2$を超えると、渦形成《うずけいせい》（乱流）のほうが効果的なデザインとなる。

レイノルズ数が$10^2$になると、最初のごく小さな渦が生まれる。この渦発生の必然性を予測し

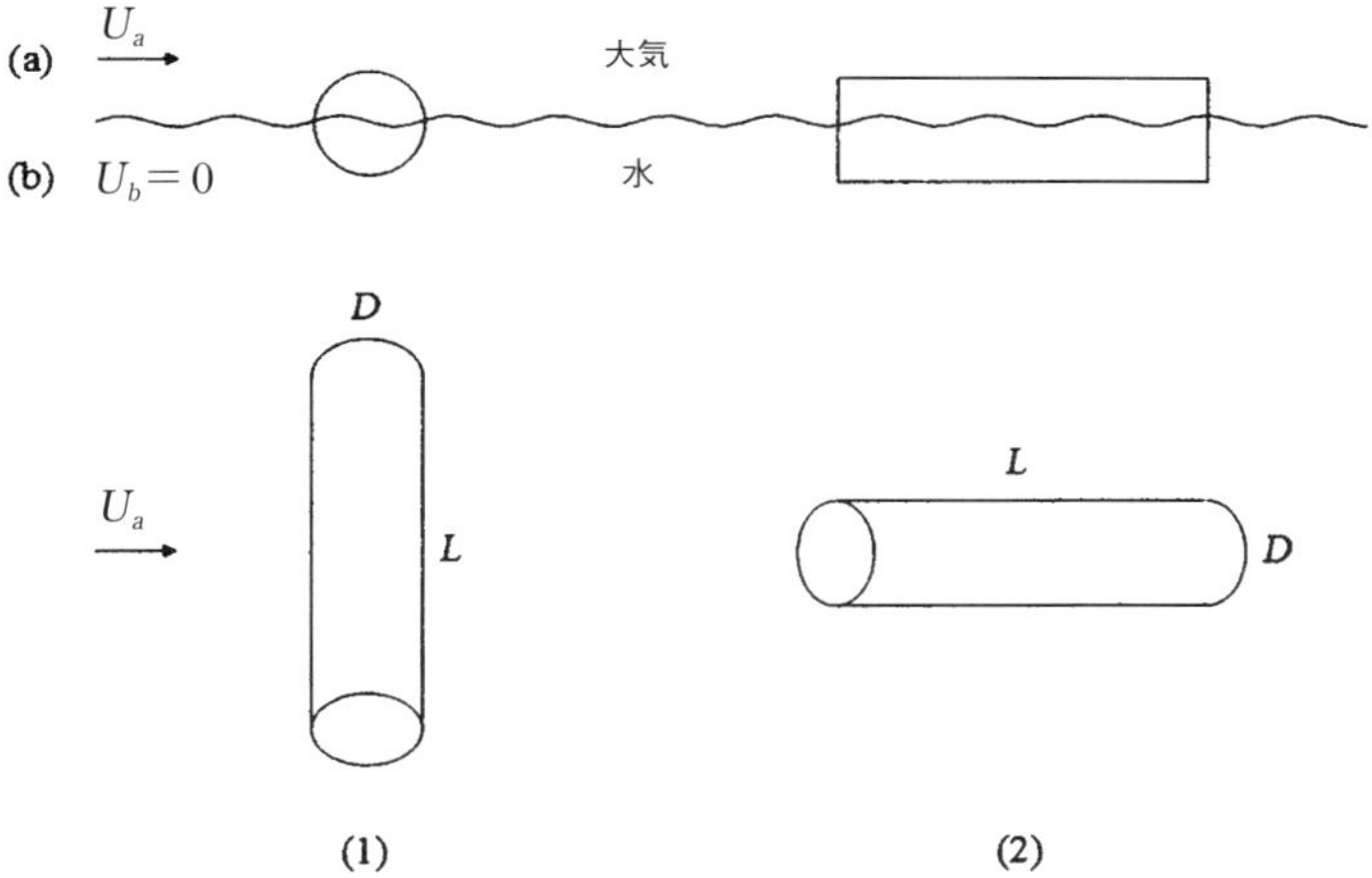


図9　ある物体（氷山、丸太）が、互いに相対的な動きを見せる二つの流体（a）と（b）の間の海面に浮かんでいる。大気（a）は風速$U_a$で動いており、海水（b）は静止している。運動量は（a）から（b）へと下向きに流れる。コンストラクタル法則は、運動量がより容易に流れるような流動の配置の生成を求める。浮かんでいる物体は、大気（a）が海水（b）へと運動量を伝達する仕組みで、この仕組みのとりうる位置のうち、両極端が（1）と（2）となる。物体を通して（a）が（b）を押す力をそれぞれ$F_1$と$F_2$とする。このとき選ばれる配置は（1）になるはずだ。簡単に示せるように、円柱の長さ（$L$）が直径（$D$）より大きいときには、$F_1$のほうが$F_2$よりも大きいからだ。（2）よりも（1）の配置のほうが、運動量は大きな割合で（a）から（b）へと流れる。そのため氷山や波や漂流物は風向きと直交するような向きをとる。この予測は、氷山、漂流物、波、遺棄船など、海の表面を横向き（風と直角を成す方向）で漂う、あらゆる形のものによって裏付けられている。乱流の渦の発生は、浮かぶ物体が（1）の配置を選ぶのと同じデザイン上の現象だ。

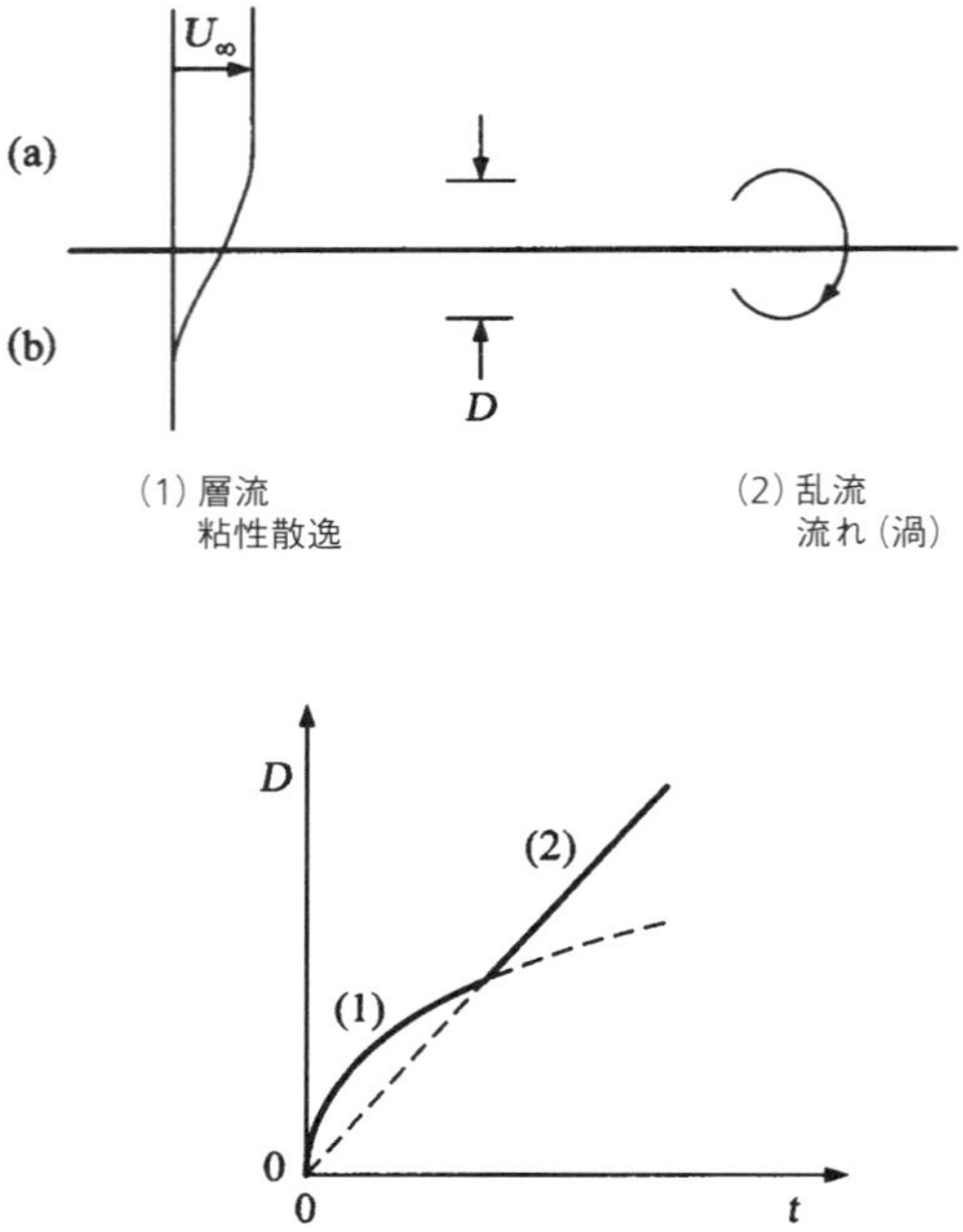


図10　配置（1）は層流。配置（2）は乱流、つまり、剪断層が皺《しわ》になり、うねり、厚くなっていくものだ。図の下段は、剪断層の厚さ$D$が時とともに増す様子を示している。つまり、速い流れから遅い流れへと運動量が伝達される様子だ。層流の配置（1）では、運動量は粘性散逸によって伝達され、その結果、$D$は$t^{1/2}$の割合で増加する（$t$は時間）。乱流の配置（2）では、$D$は$t$に比例して増加する。$D$は$U_\infty t$というかたちで増えていくからだ（$U_\infty$は動いている流体の速度）。$D(t)$の二本の線は、$D$と$U_\infty$に基づくレイノルズ数が$\mathrm{Re}=U_\infty D/\nu \sim 10^2$というしきい値に達するときに交わる（$\nu$は流体の動粘度）（＊6）。コンストラクタル法則は、どの時点でもより大きな$D$（より多くの運動量伝達）を生み出す配置を求める。

ている点で、コンストラクタル法則は理論上の大躍進と言える。コンストラクタル理論では、渦は予測されるのであって、仮定するものでも、目にしてそれから記述するものでも、仮定される乱れの結果でもない。渦はみな、図10下段で二本の線が交わる箇所で発生し、運動量を輸送する二種類の仕組みの間の均衡を表している。どの渦も、流れ（うねり）と粘性散逸（そのうねりの内と外の層流）という二つの流動の仕組みのパッケージなのだ。

ようするに、流れが十分速いと、乱流のほうが運動量を進行方向に対して横向きに伝達するうえでより効果的な方法になる。ここでカギを握るのは、水が（煙突や煙草から立ち上る煙と同じで）層流と乱流という二つのデザインの選択肢を持っている点だ。層流のほうが周囲の流体を多く引きずることができる場合には、現に層流が観察される。それは、流れがわずかで、薄く、遅いときだ。流れがもっと厚くて速いときには、乱流（うねる渦）が運動量の伝達過程を支配する。渦巻き形の煙草の煙と同じで、海の渦はぐるぐる回る輪であり、水を配置し直し、運動量をより容易に伝達し、海をより効果的にかき混ぜる。

## 旅の中身が肝心だ

孤立系はなぜ平衡状態に向かって進化するのか。理由はわからない。なぜか進化する。だからこそ、熱力学の第二法則は第一原理と呼ばれている。他の原理から演繹することはできないのだ。それはコンストラクタル法則にも当てはまる。第二法則が「高」から「低」へ流れる普遍的傾向を記述しているのに対して、コンストラクタル法則はその流れを促進する、進化を続ける配置を生み出す普遍的傾向を記述している。つまり第二法則とコンストラクタル法則は、二つの異なる第一原理なのだ。両者がいっしょになると、第二法則だけよりもはるかにしっかりと自然を捉える。

コンストラクタル法則が働いているところを見るには、圧縮可能な流体（空気）が詰まった箱を考えるといい。箱の中には高圧の部分と低圧の部分がある。空気は高圧の部分から低圧の部分に向かって動く。私がマサチューセッツ工科大学の学生だったとき、教授陣も私も、それに関する図に疑問を抱き、その運動の道筋を検討することはまったくなかった。私が最初の著書、『熱と流れによるエントロピー生成（*Entropy Generation Through Heat and Fluid Flow*）』（一九八二）で描いた、図8のものに似た小袋のような形をした流動系の図を今、あらためて見ると笑ってしまう。私も他の誰もと同様、この図が当たり前だと思っていたのだ。これはある意味で、どうやってたどり着いたか（バス、電車、飛行機）、どんな経路を選んだか、どれだけ時間がかかったかなどを考慮せずに、「昨晩パリからローマへ行った」と言うのに等しい。じつは、旅の中身こそが肝心なのだ。

その後の長い年月、熱力学の専門分野に仕え（そして、その分野を保護し、防御し、救うため）、熱力学を正しく応用するよう最善を尽くすうちに、私はデザインの必要性と重要性に気づいた。そのブラックボックスが、出入力分析のためのただの抽象概念ではないことに気づいたのだ。それを満たしているのは科学的抽象概念ではなく、動き、形を変え続けるたくさんの図なのだった。

今振り返ると、デザインの生成と進化というこの基本的現象を科学者たちが長年無視してきたのは意外に思える。なにしろ、流動デザインの概念は、カルノーと彼に続く人たち全員の研究にとって非常に重要だったからだ。それにもかかわらず、彼らはそれを無視してきた。作家ジョン・スタインベックが書いた、海洋生物学についての素晴らしいノンフィクション『コルテスの海』にあるように、「明白そのものの事柄が気づかれぬままになっている場合が頻繁にありうる」[*7]のだ。

さて、高圧の部分と低圧の部分でいっぱいの箱に戻ろう。この箱と相互作用をするものが何もないとき、[*8]第二法則によれば、時がたつにつれ、高圧の部分と低圧の部分は平衡状態へと向かう。だが、流れや配置、進化、デザインについては、第二法則は何も語らない。最初の段階で、流動系の幾何学的特性が欠けている。まだ流動が起こっていないからだ。コンストラクタル法則は、第二法則とは異なる現象を説明する。すなわち、時とともに流動の配置が生成する現象だ。この別の現象は、箱の中での「高」から「低」への流れを促進する。

流動や駆動ポテンシャルの勾配（たとえば温度や圧力の差）で内部が「生きている」自然の系の中では、幾何学的な形が生成される。そのような系は内部が平衡状態にない。死んではいないのであり、活発に動いている。何であれ、ある場所から別の場所に至るには、道を創り出さなければならない。したがって、ものは抵抗の最も少ない道を探すと言うのは、半分しか正しくないわけだ。流動系はこうした、すでに切り開かれた道を見つけるのではなく、より容易に動けるような独自の流動構造とリズムを構成《コンストラクト》する。

身の周りを眺めると、肺の構造、河川の流域と三角州、動物の動き、呼吸、凝固など、単純な流動系でも複雑な流動系でもその構造と進化に、驚くべき類似性が見られる。あなたの体の血管を考えてほしい。血管の断面はほぼ円形をしている。理論上、完璧な円形断面は、そこを流れるものに対して最も抵抗が小さいデザインだからだ。ただし、動物の体内の流路の断面は、完全な円形になることはない。動物の体は動き、形を変えるからだ。だが、ほぼ円形であれば、完璧な円形に匹敵する役割を果たす（前腕にある、目に見える血管を圧迫しながら考えてみるといい。あなたは気絶したりしない。つまり、血管の断面を不完全にしても、その影響を感じることはないのだ）。同様に、モグラやミミズが地中に掘るトンネルの断面はほぼ円形をしている。土木技師にしても同じで、彼らのトンネルや立坑は、ほぼ円形をしている。さらに言えば、地下の洞窟や火山の噴火口に続く火道のような、自然に形成されたトンネルや、水や空気を貫く流体の噴流も同じだ。コンストラクタル法則を使えば、あるものが別のものを通り抜けるとき、円形の断面が見られることが予測できる。

無数の一致が起こるのだから、普遍的な現象が力を揮《ふる》っていることがはっきりうかがわれる。単一の物理的原理（生物学や地質学、社会学の原理ではなく、万物に当てはまる原理）があって、経験に頼らなくても、そこから配置とリズムの現象が演繹できることを、これは示唆している。

平衡状態へ向かう動き――と重力――がものを始動させる。コンストラクタル法則は、流れを促進する配置を自然が生み出すこと、この配置生成の現象には時間的な方向性があることをはっきり示している。自然は無関心で、意図とは無縁だ。だが、傾向は持っている。地球上のあらゆるものを混ぜ合わせ、動かす傾向、より多くの質量をより遠くまで動かす傾向を持っている。コンストラクタル法則に基づくこの傾向が、あらゆる進化とデザインを促進している。

この発見を通して、私たちは方向性や目的、進化、デザインについて長らく戦わされてきた激論に新境地を開き、科学という書物にまったく新しい章を書き始める。そして、身の周りのいたるところで見られる複雑な形と構造が、自然法則から生まれ出てくることを示すのだ。

# 第二章　デザインの誕生

科学者になる前、私は画家だった。まあ、それは大げさかもしれないが、子供のころ絵を描くのが大好きだった。常に鉛筆を手放さず、レース用オートバイや馬をはじめ、動いているものをとくに好んで描いた（コンストラクタル法則はこのとき始まったとも言える）。そうしたデザインの中に何かを見出した両親は、放課後私を絵画教室に通わせた。デューク大学の私のオフィスには、小学四年生のときに描いた二隻のオランダ船の絵が、一九九〇年にローマのレストランで描いた下の娘テレサの肖像画といっしょに今でも飾ってある。

顧みれば、当時、ものがどのように動き、どのようにまとまっているのかを「見て取っている」という感覚があった。絵は物事の働きに関する最初の手掛かりを与えてくれる。ものが何をするのか示すことによって、それが何であるのか知るきっかけを与えてくれる。五世紀前、ミケランジェロは「デザイン（絵）は……あらゆる科学の根源だ」[*1]と言ったそうだ。私はいつもデューク大学の学生に、自分のつたないスケッチを見せている。そうすれば何について話しているのかわかるし、物理的な世界が学問の世界の抽象概念でできているのではなく、地表を動き回り自然の法則に従う形と構造を持ったものからできているのだと彼らに気づかせることができるからだ。

絵や図がものの輪郭を示してくれるのに対し、科学はさらに対象を掘り下げ、それがどのように機能するかを教えてくれる。図面は各部品を示し、科学はそれらがどのように動くのかを示す。科学が効果的なのは簡潔だからだ。科学は自然現象を、多大な説明力を持つ言明や公式や方程式に変える。しかしその過程で、科学は物事を自然状態から切り離しがちでもある。中央ヨーロッパから水を運ぶ壮大なドナウ川や、サバンナを跳ね回る優美なレイヨウはデータに変換されると、その本質的な特色を失ってしまう。

実際的な見地から言うと、仮にデザインが単なる美的関心事だったなら、そうした特色を失うことは問題ではない。科学は機能あってのもので、美辞麗句など無用なのだ！　自然を図や数表、グラフ、方程式で表すことで、知識と理解の広大な領域が切り開かれてきた。そうした表現法が私の研究の多くを支えている。だがそのために、私たちはより深い真実が見えなくなってもいる。一七世紀に書かれたジョン・バニヤンの古典的な小説『天路歴程』（竹友藻風訳、岩波文庫他）の肥やし熊手を持った男のように、それは研究者の視線を、もっぱら自分の足元の狭い地面に向けてしまう。

## 「デザインする」とはどういうことか

視線を上げてあたりを見回すと、生きた絵画の素晴らしい世界に出合える。紺碧の空を背景に描かれた鳥や飛行機、天を指してそびえる松の木や超高層ビル、地球の表面にくねくねと伸びている河川や道路。もし私たちが、狭い範囲と広い範囲を同時に眺めたなら、こうしたイメージに多くの共通点があることもわかるだろう。形や構造の類似点があまりに多いので、とても偶然の所産だとは思えない。

コンストラクタル法則によって、「デザイン」は科学の概念となる。科学者たちは配置を無視したりそれを単に当たり前のものと見なしたりし、見当違いの探究を続けてきたことを、コンストラクタル法則が教えてくれる。じつはデザインは、自然の中で自ずと生じ、進化している現象なのだ。デザインはいつでもどこでも生まれる——一つの仕組みの結果としてではなく、ガリレオの落体の法則や、熱力学の法則のような物理法則の現れとして。

これは言葉では理解しがたいかもしれない。コンストラクタル法則は、配置を記述する名詞として「デザイン」という言葉を使う。配置を表す呼称は、イメージ、パターン、リズム、図、モチーフなど、他にも多くある。だがその意味は、イメージやつながりを考案し、それを新しくより高度な次元に投影する人間の脳の働きを指す「デザインする」という動詞と融合されてきた。デザインするのはいかにも人間らしい行為だ。押し寄せるイメージを吸収し、頭の中で反芻《はんすう》し、各自がそれを起爆剤として使って図面や装置を作り出し、地表をもっと容易に動き回る、ますます優秀な種になっていくというのは、まさに人間らしいことだ。じつのところ私たちは、自らの動きを良くする科学技術としっかりと結びついているので、人間と機械が一体化した種へと進化してきたのだ（これについてはのちほど詳しく見ていく）。

自然界のデザインを理解しようという試みにとって、「デザインする」という動詞は途方もない妨げになってきた。それには、おもに三つの理由がある。第一にこの動詞は、人間がデザインするものは私たちを取り巻く「自然の」デザインとは対照的に、「人工的」だという一般的な見方につながったこと。だがこの見方は間違っている。なぜなら私たちは自然の一部であり、私たちのデザインは他のいっさいのものと同様、コンストラクタル法則という同一の原理に支配されているからだ。第二にこの動詞のせいで、「デザイナー」（あらゆるデザインの裏にいるはずの神あるいは単一体）の探求へと向かう人が私たちのなかに出てきたこと。科学の目的は今も昔も断じて「デザイナー」の探求ではない。科学よりはるかに古いその探求のことを人は宗教と呼ぶ。第三にこの動詞のせいで、もっと科学的な気質を持つ人のなかに、デザイナーという伝統的な考え方を広く否定する一環として、自然界のデザインという考え方を拒絶する者が出てきたこと。

コンストラクタル法則は、幻のデザイナーなど探すのはやめるように私たちを諭《さと》す。河川流域や血管や輸送システムなどには、単一の仕組みも、デザインを生み出す存在も見つかりはしない。デザインはパターンとして自然に現れる現象なのだと、コンストラクタル法則は教えてくれる。また、進化を続けるこの形と構造は予測可能であることも教えてくれる。つまり、何が流動系を通っているのかわかれば、その流動系を通過する流れを容易にするために現れ、進化していく一連のデザインを予測できるのだ。

始まりは図面だ。よりわかりやすい比喩を使うなら、映画の最初の一コマからと言ってもいい。ある一瞬にあるものがどのように見えるか、というところから始まる。だが自然は静止した一コマの中に存在してはいない。自然は動的で、常に進化している。映画が進行するように、図面も時がたつにつれて一方向に変化する。もっと容易に流れるために。このけっして終わらない映画には、『流れとともに去りぬ』とか『アイ、コンストラクタル』などと仰々しくて人目を惹きそうなタイトルをつけたくもなる。このスリル満点の超大作映画は、流動系が自らの配置を変え続けながら、邪魔をする摩擦その他の抵抗を乗り越える様子をつぶさに描き出す。動きのために使われる燃料（有効エネルギー、エクセルギー）や必要な材料の点で、より速く、より容易に、より安く――これが流動系のモットーだ。

本章では、共通点がほとんどないように見える三つの流動系に焦点を当てることによって、コンストラクタル法則に従って進化するデザインが普遍的な現象であることを示す。第一の流動系は、電子機器から熱を取り除くためにデザインされた人工の冷却システム。第二は河川流域で、これは生命を持たない非生物学的な系の代表だ。第三は、私たちの体じゅうに酸素とエネルギーを運ぶ血管の系。これらの流動系のそれぞれは、長い年月をかけて非常に深く探究されてきた。だからその形と構造に関して、私たちはすでに厖大な知識を持っている。だが同時に、これらの系はそれぞれ別個に研究されてきた。この取り組み方のせいで、研究者はそれらを、リンゴとオレンジのように同じ系統の中の異種のものとしてどころか、リンゴとスポーツカー、オレンジと靴といった、まったく異なるものとして考えるようになった。コンストラクタル法則は、これらの流動系が自らの動きを促進するために驚くほどよく似たデザインを生み出すことを明らかにする。

これらの三つの流動系には少なくとも二つの共通点がある。第一に、どれも定常状態にある系であること。つまり中を流れるもの（熱、水、血液）はほとんど変化しない。第二に、これらの系はみな自然界の最も一般的な難問に直面するということ。その難問とは、（熱、流体、人、もの、その他何の流れであれ）流れを一点から一領域へと、あるいは一領域から一点へと、どのように動かすかだ。抽象的な考えに聞こえるかもしれないが、これは日々、私たち全員に影響を与える。貯水池（一点）から地域社会内のさまざまな蛇口（一領域）への水の動きはその一例だ。各家庭や職場（一領域）から汚水処理場（一点）への下水の動きも同様だ。毎朝職場やショッピングセンターへ出かけるため、あるいは子供たちを学校へ送っていくために家を出るとき、私たち自身が一領域（居住区域）から地元地域社会内のさまざまな点へと流れる多数の人の一部になる。最も効率的に（より速く、より容易に、より安く）行きたい所へ私たちを運ぶようにデザインされた道路網に沿って私たちは移動する。速度を上げて目的地に向かえるときは、障害は完全に取り除かれてはいないにせよ、軽減されている。隘路のせいで交通渋滞に巻き込まれるときは、時代遅れのデザインの代償を払っているのだ。

## 電子機器の冷却システム

私は仕事に就いてまもないころ、電子機器の冷却システムをデザインしていたときに、「一領域から一点へ」の問題に直面した。私の目的は、機械の限られた空間にできるだけ多くの電子回路を組み込むことだった。動くものは何でもそうだが、電子部品も作動するときに熱を発する。電流をすべて回路内に押し流すために壁のコンセントから取り込んだ電力（電気の仕事量）が、回路の電気抵抗内で散逸（消失）するために生じるのだ。したがって、限られた空間に多くの電子機器を押し込めば押し込むほど、多くの熱が発生する。

一九五〇年代には、部屋一つ分の大きさのコンピューターが最先端の科学技術の代表だったが、その何百倍も強力な多機能携帯電話やノートパソコンが当たり前の現代の世界は、もしエンジニアたちが熱を回路から取り除く方法を考え出し、これらの機器をより小さく、より安く、より速くできていなければ、到来していなかっただろう。急成長しているナノテクノロジー（睫毛《まつげ》よりも小さな機械の出現も期待できる）の時代は、このような小さくて非常に便利な機械を、熱で融解させずに機能させる私たちの冷却能力に大きく依存している。ほとんどの人はそれについてろくに考えることはないとはいえ、私たちが当然のように使っている無数のものが、熱を取り除く能力に頼っているのだ。

システムを冷却する方法はたくさんある。パソコン内のファンのように風を吹きかけることもできるし、多くの冷蔵庫やエアコン内のフロンガスのチューブのようにシステム内に冷却剤を流すこともできる。両方とも効果的な方法だが、さまざまなコストがかかる。世の中、無料のものなどありはしない。冷却装置にしても同じだ。送風装置や冷却チューブにはかなりの空間がいる。これは大型の機器の場合は問題ない。だが、ものをミクロン（一メートルの一〇〇万分の一）単位で測るような仕事となると、もっと良い方法が必要だ。

一九九〇年代の初めに私が理論上の研究を行なっていたときには、冷却コイルや送風装置用の隙間がないほど小型の回路一式の冷却方法を見つけることが大きな課題だった。たえず激しく熱を発している電子機器の内部を、流体を通さずに冷却する方法を見つけなければならなかった。

　まず紙と鉛筆を用意して長方形を描き、そこに、一定の割合で熱を発する複数の回路をびっしり書き込んだ。この熱はシステム内で動く流れだ。私の目的は、この長方形の全領域から、最も効率的に熱を取り除く流動デザインを考え出すことだった。どのみち、熱は回路内にとどまらず周囲へ移動していく。流れは物理的な世界で生じるということを思い出してほしい。だから、流れは常に空間や地形と結びついている。周りじゅうと常に混ざり合い、あたりを攪拌している。第一章で見た海水がそうで、海洋表面の温かくて流れの速い水は、下の冷たくて流れの遅い水を引きずる。私の研究では、熱流を動かす最良の方法は固体伝導だった。中心の固体部分から周辺部へと熱を導いてやるのだ。私は二つの重要な決定を下した。第一に、回路は熱伝導のあまり良くない構造材料に取りつけられているものとした。続いて、非常に熱伝導の良い材料、たとえば黒鉛、金、ダイヤモンドなどでできた細長い一片を長方形の中央に置いたところを想像した（図11の$A_0$）。これにより、周囲からそこに熱が流れるようになる。動く部品がないのに、熱はどのようにしてシステム内から出ていくのだろう。熱は温度の高いほうから低いほうへと流れる。この自然の流れが熱をまず内部の温度の低い場所、つまり周辺部の近く

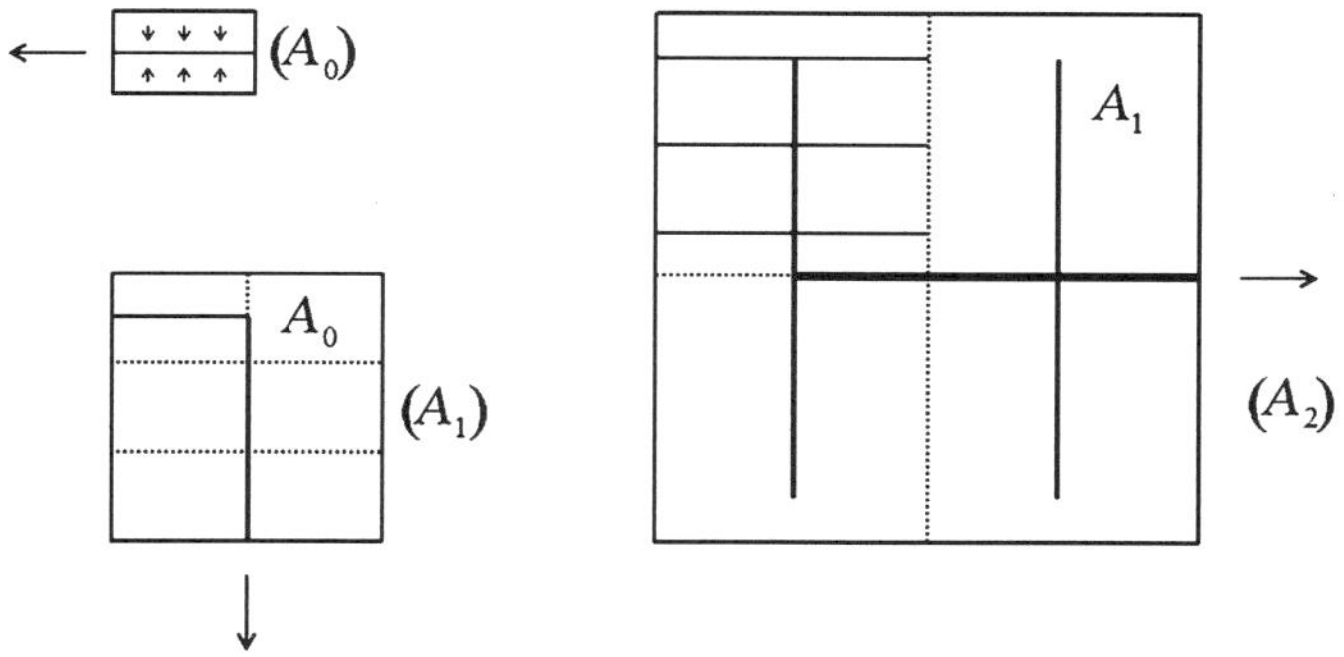


図11　どのようにして一領域から一点への流れを全領域に行き渡らせるか。まず基本的なシステム $(A_0)$ から始める。流路（黒の中心線）沿いの抵抗が、流路の上下の抵抗と釣り合うような形にする。次に、最初の構成体 $(A_1)$ の構造も同じ方法で見出す。$A_1$ は、下方に向かう主要な流路を中心とした基本的なシステムの集合であり、同時に、基本的なシステムの中心線が主要な流路に対して支流の役割を果たしていることに注意してほしい。第二の構成体 $(A_2)$ は最初の構成体 $(A_1)$ が集まったもので、その構造は、$A_0$ がいくつも集まって一つの $A_1$ ができるのと同じ考え方に従って見出される。

へと導き、次にシステムの外へと逃がす。

このデザインを通して、動いたり流れたりするものすべてのデザインを支配する重要な考えを思いついた。数年後、コンストラクタル法則として表すことになる考えだ。最初の突破口は、二種類の材料（熱伝導率の低いものと高いもの）を使おうという決断から開けた。この選択は、思いがけない幸運をもたらすこととなった。ありとあらゆる流動構造の全領域に及ぶ二つの主要な要素を含んでいたからで、その二要素とは、流路と、隣り合う流路の間にある有限大の空間（「インタースティス（隙間）」と呼ばれる）だ。すべてのデザインにおいて、流れは隙間を通って比較的短い距離を低速で進み、流路を通って長い距離を高速で進む。コンストラクタル法則は、脈動し、形を変えながら移動していくものについての法則なので、流路と隙間は静止した物体ではない。じっとしたまま動かない絵画や岩石とは違う。全体の流れを促進するために現れ、進化するデザインだ。タンゴは一人では踊れない。そしてこれは流動デザインというダンスなのだ。

そのやり方を見るために、図11に示した回路に戻ろう。回路から生じる熱は、拡散した無秩序な状態にある。そして隙間の比較的短い距離を低速で移動して、中央にある熱伝導性の高い小片へと向かう。拡散は目に見えない。ひとたび熱がこの中央の流路に吸収されると熱の流動は組織化され、流路を通って高速で移動し、システムの外へと出ていく。その流路は見て取れる。

## 河川の流れ、血管の流れ

今度は、丘陵の斜面に降って地面に浸透していく雨について考えてみよう。回路から発生する熱と同じように、雨の流れも最初のうちは拡散して無秩序であり、地面に浸透していく水は、大きな抵抗を受けながら、多孔質の土壌（隙間）を通って進んでいく。やがて浸透してきた水が合流して細流を形成する。最初のごく小さな流路だ。この流路は、もともとあった土粒子を水が押しのけ、土粒子間の孔隙《こうげき》〔土壌や岩石に含まれる隙間〕を結びつけることによって形成される。細流は、そこに生じる前にその場所にあったものから進化するので、このごく小さな流れの幅は孔隙や土粒子の幅と同じだ。肝心なのは、このデザインを生むことにより流れが組織化し、目に見えるものになる点だ。流れは速度を増し、より速く大きな支流へ、ついには川の本流へと、しだいに容易に進む。

人間の循環系にも同じことが見て取れる。出発点は心臓で、そこから送り出された血液は大動脈を通り、どんどん細くなる流路（動脈）を通って非常に狭い細流（毛細血管）へと運ばれていく。毛細血管は拡散作用を通じて各細胞（隙間）に酸素と有効エネルギーを行き渡らせる。

最も細い毛細血管は、そこに最初に存在していた「粒子」、つまり細胞と同じ幅を持っている。血液を心臓に戻す系も同様に、細い毛細血管から始まって、より大きな血管に、そして最終的に太い大静脈へと進み、心臓に帰り着いた血液はそこから再び旅を始める。この場合も、デザインが現れるのは、それが流れを促進するからだ。

このデザインの効率の良さは、このような構造が私たちの毎朝の通勤を導いている様子を見ればはっきりする。[*2] たいてい、私たちはまず自動車の所まで歩いていって乗り込み、運転して狭い通りを行く。血液がすべての細胞にたどり着くためには毛細血管が必要なように、その地域社会に住むすべての人の所に至るには一般道が必要だ。だが、一般道しかなければ、遠距離を移動するのに非常に多くの時間と燃料が必要になる。だから私たちは一般道が合流できるような高速道路を作る。高速道路から降りると、また一般道を走り、目的地に到着する。

高速道路の恩恵は明らかだが、だからといってどんな場所でもそれが最高の選択肢であるわけではない。なぜなら、高速道路は通っている地域のすべての通勤者にはアクセスできないからだ。ヨーロッパ大陸の、雨が浸透していくすべての丘陵の斜面にドナウ川が達することはなく、大動脈が人間の体内のすべての細胞に血液を運ぶことができないのとちょうど同じだ。すべての通勤者にアクセスするためには、もっとゆっくりと進む、短い道のほうがいい。このように、低速での近距離の流れと高速での遠距離の流れがいっしょに機能することで、全体の流れの効率が良くなる。

系の中を何が流れるか――熱か、水か、血液か、人か――は、樹状の流動構造のいっさいがこの二種類の流動様式によって決まるという事実に比べれば、重要さの点で遠く及ばない。自然界のデザインへとつながるのは、この二種類の流動という現象なのだ。それがどのように起こるのかを見るために、もう一度丘陵の斜面に降る雨について考えよう。最初、雨は地面に均等に拡がっている。雨水の動きはというと、丘陵全体をシートで覆うように流れている。この水の動きを描くとどうなるだろうか。いや、描くのは無理だろう。なぜなら、そこには見分けのつくようなパターンがないからだ。地表の雨水が合流して細流ができて初めて、デザインが現れ始める。この新たな流れ方への移行が「対比」を生み出すのであり、対比こそがデザインの本質だ。この移行によりデザインが誕生する。

水の流れについて考えるために、白い紙を一枚用意して、それが濡れた地面の絵だとしよう。雨が地面に打ちつけ、土に浸透したり土の上を均等に流れたりしているときは、何も変わらない。絵に描けるようなものが出現するには、何かが起こる必要がある。

黒のインクで紙に短い線を描いてみよう。これは、雨水によってできた最初の細流だ。これで、黒と白、つまり流路と隙間ができた。パターンが生まれたのだ。私たちは最初の細流を描いただけでなく、地面を流れる雨を表していた空白に構造を与えたことになる。黒い線をさらに描き足して、細流から進化する小川や川を示していくと、絵はしだいに複雑になる。

流路と隙間の必要性と相互依存性は、コンストラクタル法則が発見される以前は、正当に評価されていなかった。[*3] デザインは全領域にわたって現れる。一面濡れそぼつ空白部分こそが流路の黒い線を維持し、育むのであり、流路はそこに流れ込む水を流れやすくするよう進化を続ける。他の流動系について考えるときに、これを覚えておくことが重要だ。たとえば循環系について考えるときに、私たちは大動脈が動脈や毛細血管に枝分かれしていくときの、入り組んだ樹状構造に注目する。だが私たちがこのデザイン（流路）を認識できるのは、それが、栄養を受け取る周囲の組織（隙間）と対比を成していればこそだ。

この現象からはまた別のこともわかる。流動系は、流れやすくなるようにと形状、すなわちデザインを獲得する。そして道筋を生み出す。何らかのかたちで結びついた数多くの道筋を生み出す。コンストラクタル法則が発見される前は、雨水が集まって細流を形成するのはわかっても、なぜそうなるのかはわからなかった。

## 完全に自然な「人工的」デザイン

コンストラクタル法則は、デザインの出現だけでなくその進化も説明できる。それを理解するために、一九九〇年代初期に私がデザインしていた冷却システムに戻ろう。私は大きな自由を与えられていたので、道筋をデザインし、形を変える流れについての映画の脚本を書き、演出をすることができた。数学と工学を使えばあらゆる解法が可能なときに私の作ったデザインが、自然界で自ずと生成するデザインに似ているかどうか、これでいよいよ問える。

私は、回路がすべて熱を発しているという事実から出発した。手をこまぬいていれば、システムから熱が出ていくのに時間がかかりすぎて融解に至るだろう。そこで例の伝導度の高い小片を中央に配し、より良い、速い流れを生み出した。これはもちろん目的を持ってしたことだ。それに対して、雨水には意志がない。しかし二つの自然現象が雨水に影響を与えている。一つは重力で、水を地面の低い方へと引き寄せる。もう一つはコンストラクタル法則で、この法則があるため、水の流れが十分に大きく速くなったときに雨水は最初の細流を形成する。つまり、流れが低速で近距離のときは、拡散するのがふさわしいが、流れが強まったときには流路を持つ組織化された構造のほうが優る。

私は最初に描いた図面を「基本的構成体」と呼び、そこからさらに進める気になった。より広範な領域を冷却することを考えたのだ。目的は変わらなかった。ヒートシンク〔装置の温度上昇抑制用の放熱材〕への熱の流れを促進し、全領域を効率的に冷却することだ。私は次々に回路を加え、システム内の熱量を増やした。たった一片の高伝導物質（冷却ブレード）では、もはやこの余分な負荷に対処しきれないだろう。狭い道では、市内の自動車全部に対処できないのと同じだ。簡単に言うと、熱が停滞して領域内に熱があふれ、過熱状態になってしまう。

可能な解決策の一つは、冷却ブレードを各回路に併置することだ。こうすればシステムは冷却されるだろうが、装置が重くなることは避けられない。軽量であることも含め、効率性は優れたデザインの証だ。そこで私はブレードの位置と厚さ、隣接する間隔の位置と幅を変え、適切な大きさのブレードを適切な場所に配置するようにした。

当時は知らなかったが、これと同じことは河川流域でも起こっている。私の回路は長方形を熱であふれ返らせていたが、それと同じように、雨は丘陵の斜面を水で覆っている。時とともに、適切な大きさの流路が何本も現れ、全領域に及ぶ流れを効率的に処理する。私が冷却ブレードをすべての回路に併置したのではないのと同じで、自然も川の本流をありとあらゆる丘陵の斜面に併置するわけではない。そのかわりに、多数の細流や小川などと少数の大きな河道から成る、階層性のパターンを作る。そして、どの河川流域も基本的デザインは同じだが、それぞれの場所の特徴に合わせて、大小の流路の独自の組み合わせを進化させてきたという点で、みな異なっている。

この入り組んだデザインは、一気に進化するわけではない。初めは浸透というのが流れ方として優れている。抵抗がある大きさに達すると、最初の細流が形成される（その抵抗の大きさは、細流が現れてくる環境がわかれば数学的に予測できる)。細流のほうが流れやすくなるからだ。これが「基本的構成体」だ。水量が増すにつれ、細流どうしが合わさり、もっと大きな流路を形成する。これが「第一構成体」だ。この過程が繰り返され、より大きな構成体が次々に作り出され、ついには河川流域が出現し、適切な均衡を保つさまざまなスケールの流路を通して全領域に水の流れを行き渡らせる。

こうしたさまざまな大きさの流路は、流れる水が出合う個別の抵抗に応じて出現するものの、系の全体的な均衡は、第七章で詳細に検討することになる、普遍的なデザインの均衡によって達成される。その均衡とは、低速での近距離の移動に対する抵抗は、高速での遠距離の移動に対する抵抗に匹敵するはずであるというものだ。つまり、進化を続ける河川流域を眺めれば、水が地面に浸透する(低速で近距離を移動する)のにかかる時間は、河道に沿って高速で遠距離を流れるのにかかる時間と、ほぼ同じはずであることがわかるのだ。

私は紙と鉛筆、のちにはコンピューターを使って、全領域を冷却するためのさまざまな方法をデザインして、その性能を検証した。一つの解決策は、各長方形の中央に伝導性の高い素材の小片を置いて、線が平行に並ぶデザインを作り出すというものだった。だが、単一の主流路から、それより細い支流を一本、九〇度よりわずかに小さい角度で分岐させるほうが効率的であることがわかった。これが私の「第一構成体」だ(図11の$A_1$参照)。領域内で生じる熱をいっそう遠くに散逸させるためには、さらに何本かの支流を分岐させるのが最善だった。その図面を見たときに気づいたのだが、私は樹状パターンを創り出していた。これは偶然の出来事ではない。必然的に規定される完全に決定論的なものだった。だからこそ、数か月後にフランスで、自然界に見られる樹状パターンは偶然の所産だとプリゴジンが主張したとき、それが間違いであることがわかったのだ。

　私はずっとあとになって（コンストラクタル法則を発見したあとになって）、この研究をしたときに取り組んでいたのが、あの昔からの謎の一形態であることに思い当たった。それは、鶏が先か卵が先かという謎だ。製図板の前に座った私は、つまるところ、熱の流れる長方形に対してコンストラクタル法則の役割を演じていた。時を経過させ、より良い流れのためにデザインの形を変えていく進化の仕組みを操っていたのだ。自然界においてと同様、私は形状を自由に変化させることによってこれを行なった。つまり、小川や河道を描いたのだ。デザインを変化させることによって、システム全体の性能を向上させたことになる。ある流路で伝導による熱流に対する抵抗が大きくなると、支流を一本付け加えたり、何本かの支流を合流させたりすることによって、抵抗を弱めた。どの抵抗もなくすことはできなかった。不完全性は不可避の現象であり、デザインにとって必要なものだ。本書を通して詳しく見ていくように、良いデザインにおいては、流動系全体に不完全性がほぼ一様に分布している。

もう一つ重要なことがある。私は自然を真似ようとしていたのではない。私は自然に目を向けてさえいなかった。私は思考に沈潜し、物事はどのようにあるべきか――全体的な不完全性の減少を通して得られる、より優れた流動――という純粋な理論から研究をしていた。結果的に、私の取り組みは自然界の取り組みと一致した。なぜなら、それが流れを良くする方法だからだ。それを「卵」の部分だとしよう。そしてそこに「鶏」が絡んでくる。気がついてみると、私の試みは、より良い流れ方を見出そうとする、コンストラクタル法則に基づく万物の傾向に由来したものだったからだ。したがって、私はコンストラクタル法則の役目を務めていながらもなお、この法則に支配されていたわけだ。このように、私の「人工的」デザインは、完全に自然なものだった。

## コンストラクタル法則の例証

その後行なわれた四つの実験がこれを例証している。第一の実験では、フランスのトゥルーズ国立科学応用研究所のシルヴィ・ロレンテと、バンコクのキングモンクット工科大学トンブリ校のウィシュサヌルク・ウェチサトルと、私が、円周上に等間隔に配した六点まで、なるべく少ない抵抗で一定の水流を円の中心から送り届けるシミュレーションをコンピューターにやらせた。コンピューターには、この問題を解くにあたり全面的な自由を与えた。使用する材料の形にも大きさにも制約はなかった。図12を見ればわかるとおり、コンピューターは樹状構造を生み出した。

続いて、円周上の点を増やし、一二点に、続いて二四点にまで水を送り届けるよう、コンピューターに求めた。つまり、より広範な領域に対応するようにデザインを変えさせていったのだ。すると図13に示したように、またもや樹状パターンができた。前より複雑だが、じつは非常に規則的かつ単純で、覚えやすいものだ。

第二の実験は、アメリカの油田サービス会社シュルンベルジェ・ドール研究所のJ・D・チャンが、等間隔に微細な窪みがついている二枚の薄いガラス片を用いて行なった。[*4] 彼はそれぞれのガラスの片面をグリセリン（粘性のある液体）で覆った。それから、グリセリンのついた面を合わせてガラスを重ね、テーブル上に置いた。そして、注入器に満たした染色水を、上側のガラスの中央の穴から注入した。染色水はグリセリンを押しやって、紙と鉛筆による計算とコンピューター・シミュレーションで予測された、もうおなじみの樹状パターンを生み出した。つまり、水の流れは予測可能なパターンに自己組織化し、流れやすくなるために樹状構造に進化したのだ（図14）。粘性の低い液体（染色水）は流路を流れ、粘性の高い液体（グリセリン）は隙間を流れた。その反対にはならなかった。河川流域は、湿った泥が樹状構造を形成し、そ

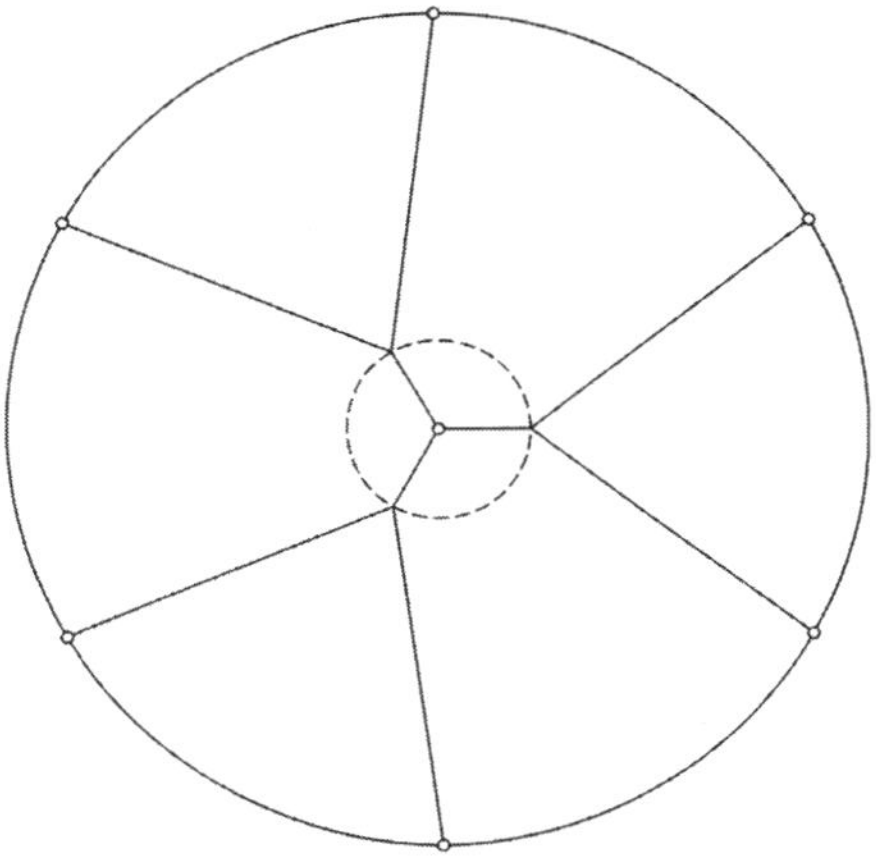

図12　円周上に等間隔に配した6点に中心から向かう層流を、最も流れやすくする、コンストラクタル法則に基づく流動パターン。分岐点は、点線で示された同心円の円周上にある。

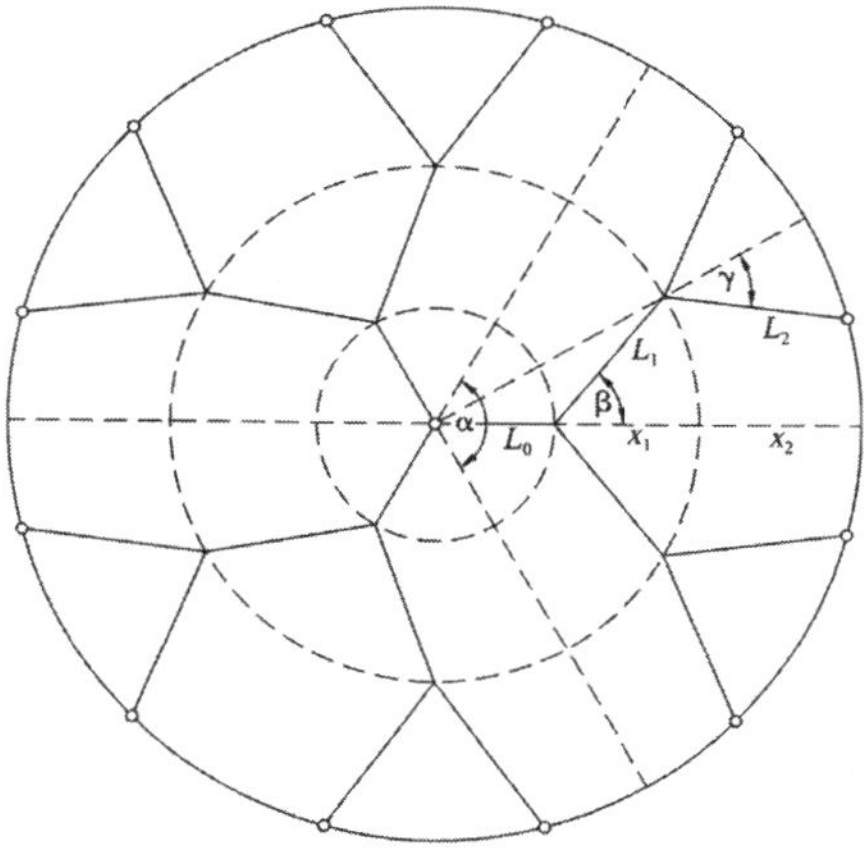


図13　中心から周縁上の12点に向かう層流のための、コンストラクタル法則に基づく流動パターン。二段階になった分岐に注意してほしい。

の周辺を広く覆うかたちで水が流れるようにはなりえないのだ。

第三の実験は、あなたも自宅で簡単に再現できる。コーヒー豆を細かく挽いて鍋に入れる。それに水を注いで沸騰させる。お湯に混じったままになっているかすを残し、鍋の底に沈んだ粗いかすは捨てる。鍋を熱源から下ろし、三分間待ってから、細心の注意を払ってお湯だけを捨てる。もう三〇分待って、さらにコーヒーかすが底にたまるようにする。そのあと、上澄み液をほぼすべて捨て、蜂蜜あるいは絵具状のコーヒーかすが底に残るようにする。これを、じょうごの内側のように窪んだ面の全体に注ぐ（図15参照）。

最初は、何も起こっていないように見える。実際には、水は全領域で満遍なく（拡散するよ

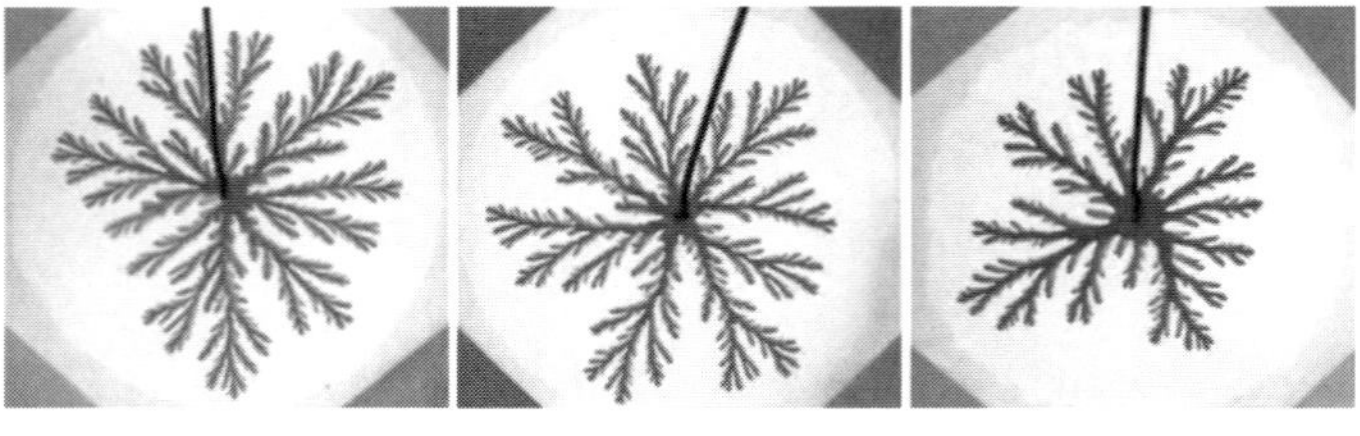

図14　2枚のガラス板に挟まれたグリセリンの層に染色水を注入して得られた樹状パターン。

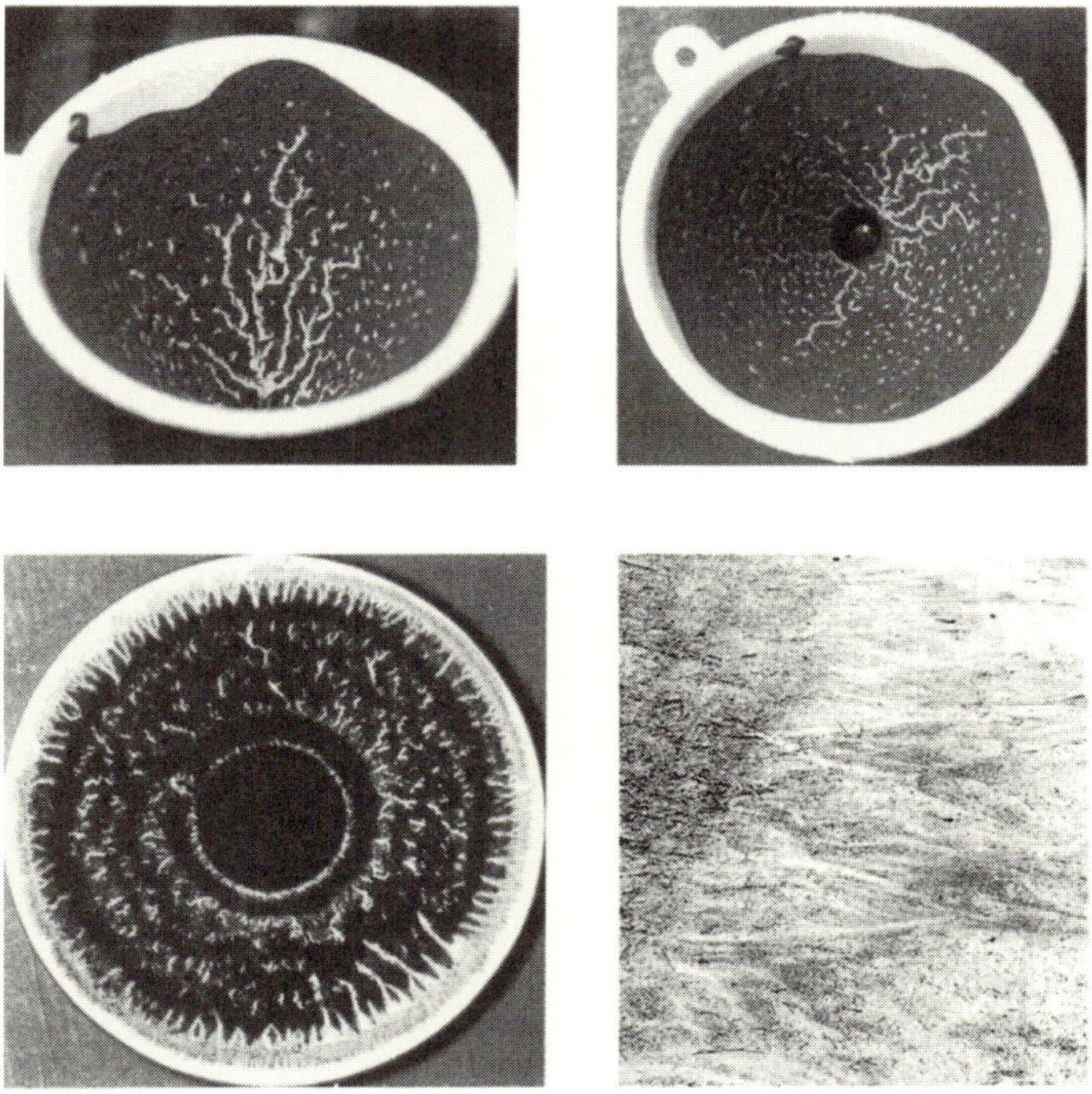

図15　濾《こ》されていないコーヒーかすで覆われた、じょうご内の集水域における最小の川の形成。じょうごは上向きに垂直に置き、写真は、斜め上からと真上から撮影した。最小の有限のスケールでの、形のない流れ（無秩序、拡散）と、樹状で構造のある流れ（秩序、小川）の共存に注意してほしい。じょうごの内側全体に木の形が形成されるのが、上から見るとわかる。右下は、傾斜のある砂地に、雨後に形成された最初の細流。

うに）流れており、かなり抵抗を受けている。やがて、浸透する水が合流して細流を、さらに大きな流れを形成するにつれ、パターンが現れ始める。浸透する水は、抵抗を減らして全体として流れやすくするために、自己組織化して予測どおりの幾何学的パターン（進化を続ける樹状デザイン）になる。水がコーヒーかすを押しのけて最初の細流を形成する様子を、あなたは現に目にすることができる。

最後に何人かの研究者が、河川流域が時とともにどのように進化するかを明らかにするために、河川流域がコンストラクタル法則に従って一領域から一点への樹状デザインを生み出す様子を記録する「映画」を制作した。最初の映画制作では、コロラド州立大学のスタンリー・A・シュームと教え子のR・S・パーカーが、実験室内の縦一五メートル、横九メートルの領域を砂で覆った。[*5] そして、人工雨を均一に絶え間なく降らせた。自然界の丘陵の斜面を真似るために、表面は平坦にし、少し傾けて一方に排水するようにしてあった。雨は砂を均一に濡らしたが、流路は均一には発達せず、樹状になった。流路の発達には終わりがない。木の形は、集まった水がこの領域からしだいに容易に排出されるように変化し続ける（図16）。これは、実験室内で再現された進化だ。[*6]

二つ目の映画は、同じ筋書きに基づく、コンピューターによるシミュレーションだった。四角形の領域に絶え間なく均一に雨を降らせ、雨水の浸透速度が十分高い場所から土粒子が押しのけられる土壌浸蝕モデルではどうなるかを予測するシミュレーションだ。土粒子が押しのけられると、雨水の浸透性が著しく高い流路が生まれ、流路は樹状構造を形成し、その構造は水がより多く、より流れやすくなるように、ますます優れた樹状へと進化していった。土壌は均一で、浸蝕にまつわる特徴はどこも同じだ。土粒子一つを動かすのに必要な限界掃流速は全領域で同じだった。このため、現れる流動構造は左右対称の樹状となる（図17）。

三つ目の映画も、同じ浸蝕モデルを使ってコンピューター上で作った。ただし、土壌の構造や特性は均一ではない。今度は、四角形の流域で浸蝕の限界掃流速の値がランダムな分布をとるようにした。その結果、ランダムな形状が見られた（図18）。これは、土地がランダムな地

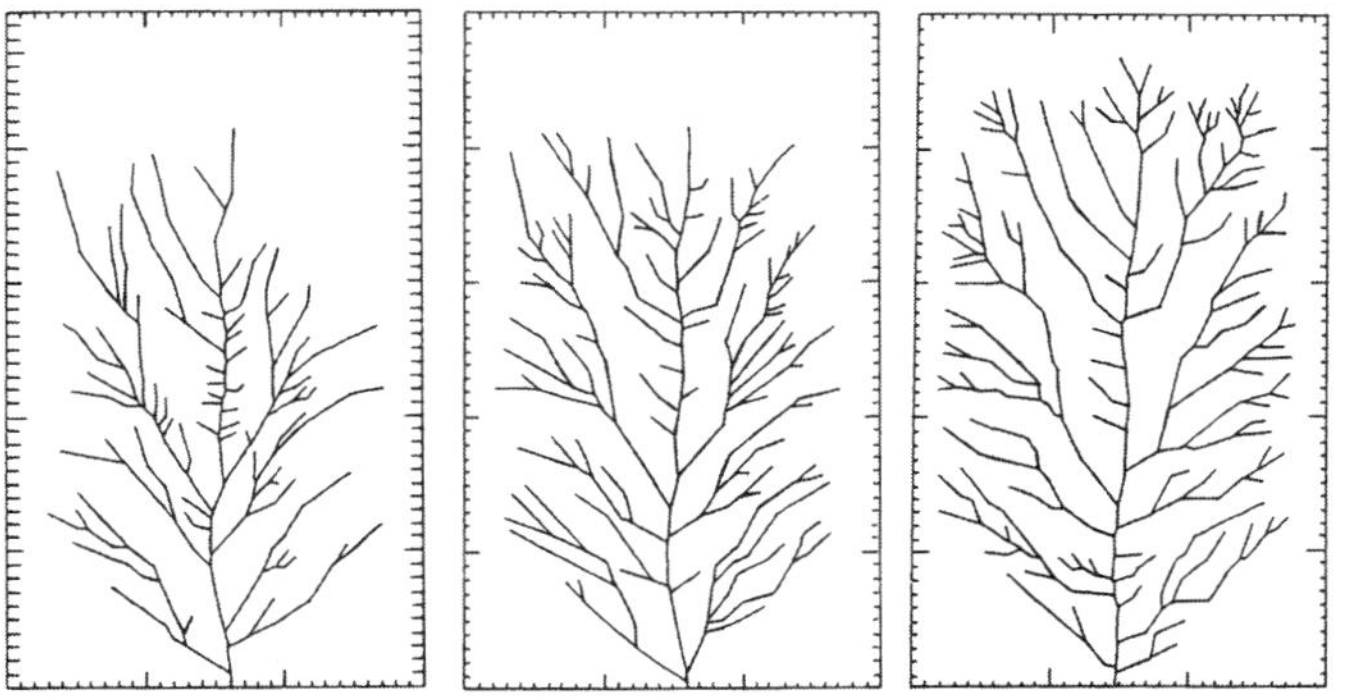

図16　実験室の床上で均一に雨を降らせて作った人工の河川流域の進化。

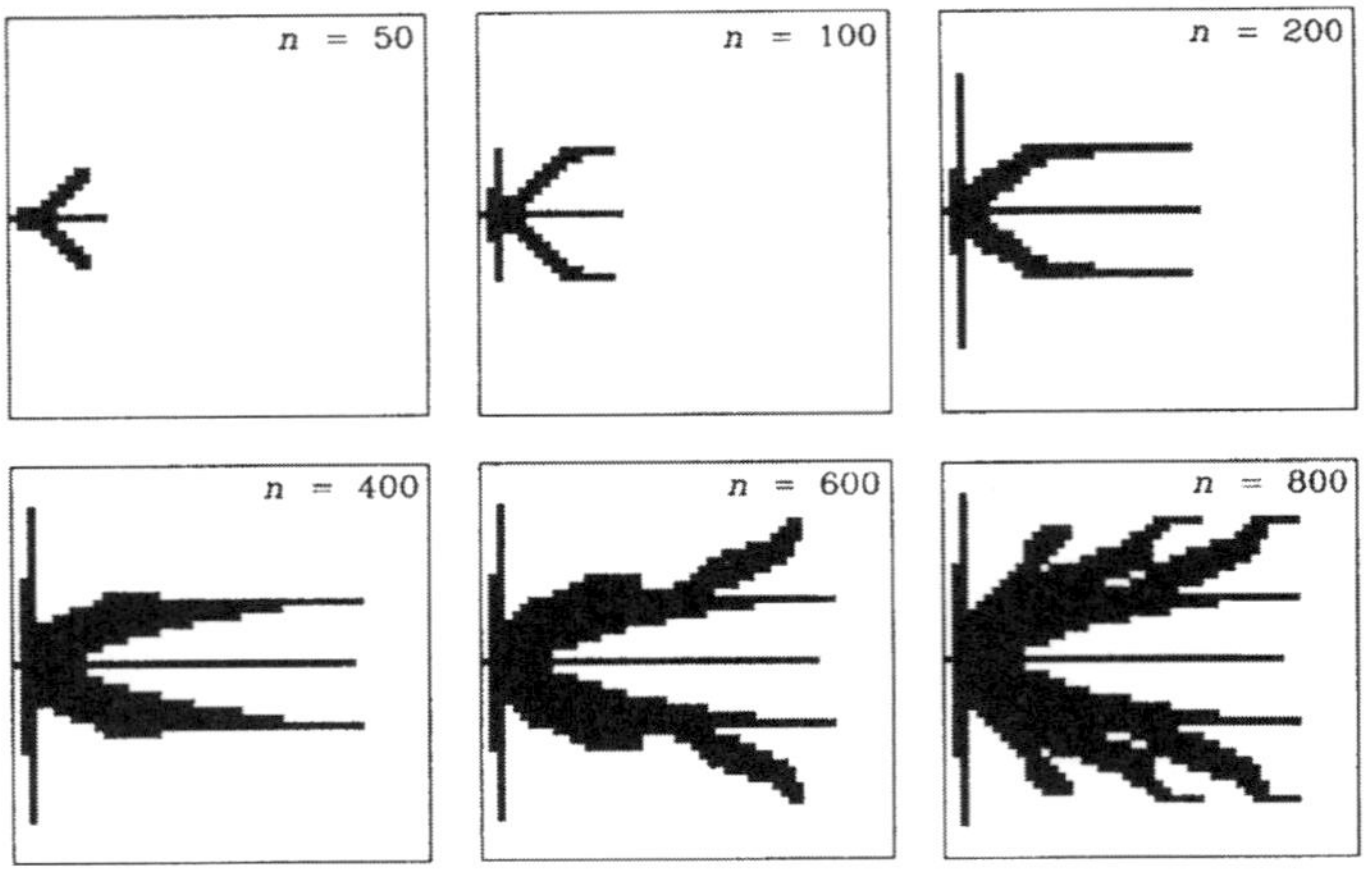


図17　浸蝕に対して均一な抵抗がある場合の、多孔質層における河川流域の進化（存続、生存）の様子（$n$は浸蝕作用によって押しのけられた土粒子の数、すなわち、時間の経過を表す）。

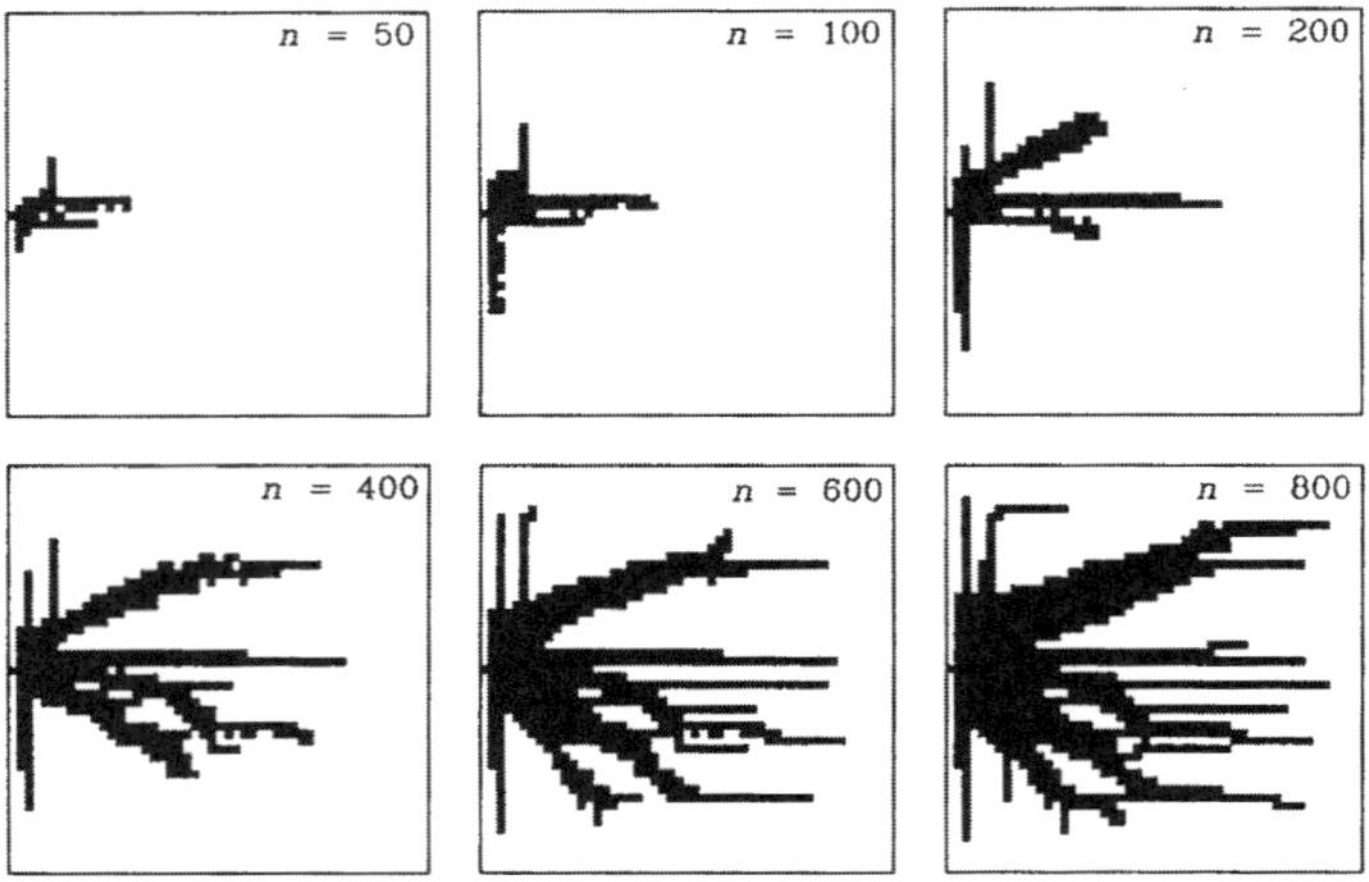


図18　浸蝕に対する抵抗が不明の（ランダムな）分布を示す場合の、多孔質層における河川流域の進化。図17と比較してほしい。

質学的特性を持つよう想定したからであり、配置を生み出す、ランダムであるとされている傾向のせいではない。河川の樹状構造のデザインが偶然の所産だとする誤った考えの源はここにある。たしかに地質学的特性や条件は偶然の所産だが、コンストラクタル法則は気まぐれに働いているわけではない。

こうした配置のいっさいを生み出した原理は同一であり、決定論的なものだった。浸蝕のシミュレーションの過程が、浸蝕にまつわる同じ地質学的特徴を持つ同じ流域で繰り返された場合には、二つ目と三つ目の映画はフィルムのひとコマたがわず再現された。これらの実験によって、あらゆる大きさの自然の河川流域が進化を続けるデザインを獲得する事実が裏付けられた。稲妻、樹木、肺の気道、循環系の動脈や静脈や毛細血管など、一点から一領域、あるいは一領域から一点へと向かう自然界の流れはすべて、流れやすくなるように、予測可能なパターンを常に生み出す。

## さまざまなスケーリング則

樹状パターンは、このような系に見られる唯一の配置ではない。河川の流域や血管には、流れやすさを求める傾向を反映した他のデザインの特徴も見られる。なかにはよく知られているものもあるとはいえ、コンストラクタル法則が発見されてようやく、こうした現象を予測し、結びつける単一の説明が得られた。

河川の流域は、流路の数と長さを関連づける確固たる法則の数々を反映している。それらの法則には、川は蛇行する、つまり蛇のようにうねり、その波長は流路の幅に比例するというものもある。さらに、流路の幅は深さの約五〜一〇倍ある。たとえば、ドナウ川の川幅は最も広い所で約一キロメートルに及び、そこでは水深がかなりあることがわかっている。逆に、蛇口から水を流して庭にできた細流は、幅が狭いため深くないことを私たちは知っている。

その他、ホートンの法則、メルトンの法則、ハックの法則といったさまざまなスケーリング則が一九三〇年代から知られており、広く世界中の河川流域の形状を測量した結果に基づいている。その一つで、ロバート・ホートンの観測に基づいた法則は、本流につながる支流の数は三〜五であり、最長の支流の長さは本流の長さにほぼ比例する（比例定数は一・五〜三・五）というものだ。

自然界の河川を実際に測定してデータを集めるかわりに、私は三人の仲間とともに、紙と鉛筆、それにコンストラクタル法則を使ってこれらのスケーリング則を予測し、そもそもなぜこうした法則が現れるのかという根本的な問いに答えを出した。私たちは河川流域を頭の中に描いて、全体的に流動抵抗を減らすためにはどんな形状をとるはずかを問うた。そしてさまざまな配置を考え、支流と本流の数の比は四対一（二対一でも八対一でもない）になるはずであるという結論に達した。また、同じやり方で、川幅と水深が比例すること、本流の長さを支流の長さで割ると二になるはずであることを予測した。

ここで思慮深い読者（つまり、あなた）は、待ったをかけるかもしれない。著者は机上の作業を通じて、具体的な数値、つまり一対四という本流と支流の数の比を導き出したが、ホートンが経験的観測によって見出した数値には、狭いながら三〜五という幅があったではないか、と。鋭い指摘だ。自然のパターンには厳密さが欠如していて細かい部分が予測不可能であるという事実と、私たちを理論的な図面に導いた決定論的なコンストラクタル法則との折り合いを、どうやってつけるというのだろう。現実と理論の間のこのギャップをどう説明するのか。

手短に答えるならば、自然はいつでもどこでも偶然と変化に満ちているということだ。同じことが、紙と鉛筆を使った私たち研究者の「楽しみ」についても言える。私たちは、支流と本流の数の比として二対一と四対一と八対一は検討したが、ありとあらゆる可能性を考えたわけではない。もっと明白な答えもある。たとえば、アマゾンの河川流域は、アラスカの河川流域とは地質学的にも気象学的にもはなはだ異なる条件のもとで形成される。気候、降雨量の履歴、土壌の種類、植生、その他、その土地ならではの多くの要素におけるさまざまな相違が、流れに影響を与えているのだ。どんな流動系であれ、発達中の内部構造に関する私たちの知識は、まったく異なる二つの概念を拠り所としている。決定論的な唯一の生成原理（コンストラクタル法則）と、すべての時点で予測可能なかたちで正確にわかっているわけではない自然の流動環境の特性や外的強制力だ。自由に進化することを許された流動系はしだいに流れやすいデザインを生み出すという原理は、さまざまな条件や制約に縛られた自然界において時とともに起こる変化の方向を示す。仮に自然が、完全に安定した不変の環境を持つ実験室だとしたら、どの河川流域もまったく同じものになるだろう。実際には自然はそんな実験室ではないのだが、それでも自然の河川流域はみな著しく類似している。それは、同じ支配原理を持っているからで、たとえ外観は異なるとはいえ、デザインの法則と性能水準が同じということだ。実際の河川の支流の数は三〜五で、自然界に計り知れない多様性があることを考えれば、つまるところ、おおむね四ということになる。また、このおかげで私たちは、流動系が進化を続ける理由や、常に進歩の余地がある理由を再認識できる。

この所見を裏付けるため、循環系に話を戻そう。この系が見事なまでに複雑にできており、生命を維持する毛細血管から離れた細胞が皆無であることは、自然の驚異の一つに数えられる。循環系は分岐を繰り返して配置を改めることで、心臓から厖大な数の細胞へ血液を送り込む。肺についても同じことが言える。気管は二つの気管支に分かれ、そのそれぞれが細い管に分かれ、それがまたさらに二つの細い管に分かれ……という具合に、延々と同じことを繰り返す。

このように、私たちは河川で見られたのと同じデザイン（流れを良くする大小の流路の生成）を目にするが、その精密さははるかに優る。河川の場合は支流の数が三〜五と幅があるが、血管や気道の場合、極小の尺度に至るまでは、分岐のたびに二という数字が見られる。このように私たちは、河川流域という無生物の系と、血管や気道といった生物の系が、同じデザイン構造に向かって進化するのを目にする。循環系の構造はその構造一式がそっくり発現するよう、私たちのＤＮＡに実際に書き込まれているのかもしれないことも付け加えておかねばならない。だがＤＮＡの化学的作用だけでは、河川流域や稲妻、都市交通網の進化が同じ現象に支配されている事実を説明できない。そこで出る答えが、コンストラクタル法則だ。

さらに、最長の支流の長さが本流の長さに比例することをホートンが発見したのと同様に、一九一三年にスイスの生理学者ヴォルター・ルドルフ・ヘスは、血管の本流と支流の直径が比例し、比例定数は$2^{1/3}$であることを立証した。この法則は一九二六年、アメリカの生理学者セシル・Ｄ・マリによって拡張され、今ではこのデザインの法則は彼の名を取ってマリの法則として知られている。ヘスとマリが発見した比率は、実際に血管のＹ字形の分岐点での流動抵抗を減らす比率であり、また、現実の世界でも見られる比率でもある。

私たちは、流れが層流のときは不完全性を減らすよう血管が二本になる（二又に分岐する）はずであることを、コンストラクタル法則を使って予測した。同じようにコンストラクタル法則のおかげで、河川の場合は流れが滑らかではなく乱れていることから四対一の比率をとる（四倍になる）はずであると予測できた。というのも、流れの種類（層流か乱流か）が分岐のデザインに影響するからだ。ほとんどの血管や気管支の管は十分細いので、中の流れは滑らかであり、いわゆる層流になっている。この場合には、二本への分岐（二又の分岐）が起こり、流れの不完全性を減らすはずだ。河川の流路を水が勢い良く通る流れは血管を通る流れに比べてはるかに大きくて速く、そのため乱流となる。したがって、河川は四対一の比率で分岐する傾向がある。

## 生命は流れであり、動きであり、デザインである

このように私たちは、コンストラクタル法則の中に、活動している生命の果てしない映画を目にする。人工の流れから、自然界の生物の流れと無生物の流れのいっさいに至るまで、一見まったく異なる数々の現象が単一の物理的原理に支配され結びつけられていることを、コンストラクタル法則によって私たちは初めて知ることができる。物事の様相——進化を続けるもののデザイン、すなわち、刻々と形を変える流動系の境界——に私たちの焦点を合わせ直すことで、コンストラクタル法則は自然界のデザインを明らかにし、予測し、説明してくれる。そし

て、熱力学の法則のような、森羅万象を支配する諸法則が、いたるところで私たちの目にする、脈動し進化を続けるデザインを生むために配置を伴って流れようとする普遍的傾向と、協働していることを示してくれる。コンストラクタル法則のおかげで、私たちは、長い間、単なる壮大な偶然の一致にすぎないと考えていた事象に、予測可能なパターンを見て取ることができる。

私はこの事実を発見したばかりではなく、身をもって体験した。一九六〇年代のルーマニアで、店頭から肉が消え始めたころ、獣医だった私の父は、ある解決策を思いついた。鶏の雛を孵《かえ》すことにしたのだ。[*7] 父は、卵の内部を電球で照らし出して胚が成長しているかどうかを確認できる、検卵用の箱を持っていた。当時一〇代だった私は、日々目の前で繰り広げられる血管系の成長の場面を驚異と畏敬の念を持って見つめた。卵の殻の内側に血管が伸び、やがてびっしりと広がっていった。私は、そのとき見えていたデザインが、学校で描いていた色塗りの地図の河川流域のデザインと同じであることにも気がついた。ひよこの胚が丸い卵の内側で進化しているのに対して、ドナウ川の流域は丸い地球の表面で進化していたのだ。

あのころは、この二つの事象の類似は興味深いものであって、なかなか良いところに気がついたと思っていた。今思えば、父の箱は、私たちの周りのいたるところにあるデザインを照らし出していたのだ。さらに、今はわかるが、河川流域やその他の「流域」（大気循環や海洋循環、航空交通システム）を持つ地球は、生命という別の球体の表面やその上に縦横無尽に巡らせた脈管構造だ。つまり、生命は流れであり、動きであり、デザインなのだ。

# 第三章　動物の移動

もし、進化のテープを巻き戻して一からやり直すことができたら、すべてはほぼ同じように見えるだろうか、それとも極端に違って見えるだろうか。魚や鳥は、やはり魚や鳥のように見えるだろうか。犬や猫がやはり地上を歩いているだろうか。人間はやはり世界を支配しているのだろうか。それともこの地球は、サイエンス・フィクションが創り出す奇怪きわまりない生物でさえごく平凡に見えるような風変わりな生き物がうようよする、奇想天外な世界になっているのだろうか。

言い方を変えよう。生き物は私たちが知っているとおりに進化しただろうか、それとも今ある世界は単に一つの可能性であり、たまたまサイコロが転がって出た結果だろうか。

ハーヴァードの古生物学者で進化生物学者の故スティーヴン・ジェイ・グールドは、やり直しはまったく異なる結果を生むという有名な主張をした。独創性に富んだ一九八九年刊の著書『ワンダフル・ライフ――バージェス頁岩《けつがん》と生物進化の物語』（渡辺政隆訳、ハヤカワ文庫）の中で、彼はこう述べている。

私はこの実験を「生命のテープの再生」と呼んでいる。巻き戻しボタンを押し、実際に起こったことをすべて完全に消したのを確認してから、過去の好きな時代の好きな場所、たとえばバージェス頁岩の海に戻る。それから、テープを再び回して、録画し直した画像が最初とまったく同じかどうかを見る。もし、何度繰り返しても、生命が実際にたどった道筋ときわめてよく似ているなら、実際に起こったことがほぼそのとおりに起こるしかなかったと結論せざるをえない。しかし、もしこの実験で生じた結果がどれも、実際の生命の歴史とははなはだしく違う結果になったとしたらどうだろう。その場合、自意識を持つ知性や哺乳類、陸棲生物の出現ばかりか、六億年もの厳しい歳月を多細胞生物が生き延びることさえも予測可能なのだと、私たちは言えるだろうか。

グールドが指摘したのは、地球の歴史を通してどの生物が生き延び、進化したかは、偶然に大きく左右されてきたということだ。おそらくそうなのだろう。大量絶滅を招いた隕石から、ある特定の種の特別な適応にだけ恩恵を与えた局地的条件の気まぐれな変化まで、予測不能の意外な出来事が、消し去ることのできない痕跡を残してきた。

とはいうものの、どんなものが出現しうるか、その幅を制限するような限界（構造的な制約と組織化にまつわる可能性）が存在することを認める生物学者が増えてきている。何らかの普遍的なデザインの法則が、いつでもどんな動物の形態も支配しているはずだという認識が高まってきている。つまるところ、自然選択の背景には、他のものよりもうまく機能するデザインが存在するという仮定があるからだ。だが、それだけではわからないことがある。それらのデザインはどんな原理で他のものよりうまく機能するのか。「機能する」とはどういうことか。「よりうまく」とは何を意味するのか。

これらの疑問は長年、宙に浮いたままだったので、厖大な数の所見が現れ、説明を待っている。前章で述べたように、科学者は血管と河川流域の分岐パターンが予測可能であることは、ずっと以前から知っている。だが、なぜそうなるかは解明できずにいた。その結果、彼らはその質問を避けたり、あるいはグールドのように、偶然の影響と非決定論に焦点を当てたりしてきた。一歩引いて見ると、これはまったく説明になっていないことがわかる。偶然や巡り合わせは合理性の対極にある。それらは知識ではなく、知識の不在を認めることだ。「偶然」とは、矛盾するデータがあまりにも多く、変数も多過ぎて、私たちには全体が理解できないと暗に述べる言葉だ。それは、ランダム性やノイズとは正反対のものであるパターンが、私たちには見えないと認めることだ。

ところが、人間は不確実性を忌み嫌うので、この知的無能さを、学説や定説という確実なものに変えた。私たちの祖先は、自分が説明できないことの多くを神などの目に見えない力の所業にした。すると途端に、説明できないことのいっさいに答えが得られた。なぜ恵み深い神が苦しみを与えるのかといった矛盾でさえ、神のなさりようは神秘に満ちているという知ったかぶりの主張で退けることができた。現代科学は幅広い自然の諸現象を説明する手段を開発してきたにもかかわらず、今もって不可解な力には秩序があって制御できるという感覚を与えるために、非決定論という概念を受け入れてきた。それは、ほとんど説明にならない説明であり、謎を科学に仕立て上げる行為にすぎない。身に着いた癖はなかなか直せないものだ。

それが私たちには精一杯だった――これまでは。かつては不可解だった運動の法則をニュートンが読み解き、感染症の治療には瀉血《しゃけつ》よりも抗生物質のほうがはるかに効果的であることを現代医学が示したのと同じで、コンストラクタル法則も、自らを取り巻く世界を理解するために続けている私たちの努力がもたらした、新たな進歩だ。この法則は、自然界のデザインが偶然の所産ではなく、普遍的な法則の産物であることを明らかにしてくれる。

## 動物のデザインは偶然の産物ではない

本章でこれから見るとおり、コンストラクタル法則はグールドの根本的な質問にまったく異なる答えを出す。すなわち、「生命のテープ」を巻き戻して再生しても、動物（そして他のすべてのもの）の進化を続けるデザインは大きく変わりはしないだろうということだ。それを示すために、動物の移動法のうち、泳ぐ、走る、飛ぶという主要三種について考察する。私はこの領域を、コンストラクタル法則の発見後、早々に調べた。それは、この領域がコンストラクタル法則の根本的内容に直接かかわるものだからだ。移動は動きだ。コンストラクタル法則が本当に物理的原理で、流れを良くすることがデザインのカギなら、私はそれを使って無生物の事象（河川流域、稲妻、溶岩流など）だけでなく、魚や陸棲動物や鳥のような生物のデザインも予測できるはずだ。その過程で、自然界のデザインの背後には統一理論があるという確かな証拠が得られるだろう。

動物の移動が実り多い研究領域でもあったのは、これら三種類の運動形態の間には絶対的な違いが存在するというのが科学における一般的見解だからでもある。水中を切り裂くように進むサメと、大地を跳ねるウサギと、大空を滑空するタカを取り違える者はいない。だが私はコンストラクタル法則のおかげで、昔からの疑問を新たな観点から見直し、この考え方に異を唱えることができた。こうした異なる移動を行なうものたちの相違にばかり焦点を当てるのではなく、私は、それらに共通する典型的な特徴に的を絞った。どれもが質量（体と、その中を流れるもの）を動かすための輸送手段だ。したがって、どの生物も、地表で質量の流れを促進するように、驚くほど似通ったかたちで進化してきたに違いない。

生命は動きだ。どんな生命体も、動きを維持するのに必要な力をできるかぎり減らしたほうがうまく機能する。稲妻や河川流域が樹状構造を生み出して熱力学的な不完全性を減じ、流れやすくなるはずなのと同じで、動物もなるべく少ない労力で（つまり、食物から取り出す有効エネルギーの単位当たりで）、なるべく大きな距離を移動できるよう進化してきたはずだ。

これは、あらゆる面に当てはまるに違いないので、心臓の大きさや血管の形から、尾や脚や翼を動かす頻度、動物が水中や地面や空中を進む道筋に至るまで、私たちはすべてを予測できる。現れ出てきた形質や、消えずに残った進化の過程での変化、習得される行動までもが、流れを促進するはずだ。そして、より良い流動に向かうという根本的な傾向が形と構造を決めるのなら、私たちには巡り合わせと偶然性の限界と、予想可能なパターンの力が見て取れるはずだ。

## 体の大きさと動き

それではこれから、私の研究成果を紹介しよう。

動物は見たところまったく違う動き方をするので、科学者たちは長い間、三つの主要な移動の種類を完全に別個のものと考えてきた。たとえば、陸上を走るものと空を飛ぶものには重さがあるのに対し、泳ぐものは水中に浮いている。鳥の翼は構造的にレイヨウの四肢とも魚の尾とも違う。鳥の翼の羽ばたきは、陸棲動物が脚で跳ねる動きや、泳ぐ生き物の体のうねるような動きとは似ていない。巡航モードの鳥や魚は、一定の高度や水深で移動しているように見えるが、走る生き物は飛び跳ね、上下動する。走りながら接地するのは、水に逆らって泳ぐのとは大きく異なっている。

一つの移動形態にさえ、じつにさまざまな体の大きさ、形、速度が見られるのだから、なおさら厄介だ。大きな鳥や小さな鳥、速い鳥や遅い鳥がいる。歩くことの多い鳥もいれば、それほど歩かない鳥もいる。単独で飛ぶ鳥もいれば、群れを成して飛ぶ鳥もいる。蚊のせわしない翅《はね》の動きとオオアオサギの堂々たる飛翔を比べると、たいていの人はまったく違う作用が進行中なのだと結論づけるだろう。それに率直に言って、科学者たちはこういう路線で考えを進めてきた。なぜなら、多様性のおかげで、蝶の専門家はムクドリモドキの専門家の名声に脅かされずに済むし、まして魚類の専門家を気にする必要などまったくないからだ。著名な航空工学の教授は、何世紀も前に造船という名のもとに自分の専門分野を発展させた人たちを称讃する必要はない。多様性はまた、大変に得でもある。科学界にさまざまな仕事、俸給、名声、機会がある（しかも、領域特有の言語、概念、書物、専門誌、図書館、大学の学部や学科、学術団体、賞もある）のは、多くの専門分野に分かれているおかげだ。

ところが、ひとまとめにして考察すると、自然界のデザインはこのような取り組み方と矛盾している。じつに多くの研究者たちが、泳ぐもの、走るもの、飛ぶものの特定の機能面での特徴が非常に近似していることを発見してきた。河川流域、血管、肺、その他多くのものの構造をスケーリング則が特徴づけているのと同じで、動物にも一律に予測可能なパターンが現れている。その多くは、動物の大きさ（体の質量）と動きの間の強い相関関係とかかわりがある。おおざっぱに言うと、相関関係はこうなる。大きな動物は小さな動物より速く移動し、体を波のように動かす頻度は低く、力が強い（つまり、筋肉がより大きな力を出す）[*1]。

蚊のことをもう一度考えてみよう。蚊は、ほんの二、三メートル飛ぶために、一秒に一〇〇〇回も翅を動かすことがある。これに対し、オオアオサギは時速三〇～五〇キロメートルの巡航速度で飛ぶのに、二、三秒に一回ゆっくり翼を羽ばたかせるだけだ。同様に、よく水槽で飼われているグッピーは、水中の小さな棲息圏の端から端まで泳いでいくのにせわしなく尾を動かさなければならないが、ヨシキリザメは尾をゆったりと力強く振り動かすことによって、時速四〇キロメートルに達することができる。大きさはとても大切なのだ。

最も驚異的なのは、体の質量と動きの間のこの相関関係が、類似した動物のグループ（泳ぐもの、走るもの、飛ぶもの）のどれにも当てはまるだけでなく、動物界全体に一様に当てはまる点だ。したがって、陸棲生物の質量と脚を動かす頻度の関係は、魚の質量と尾を動かす頻度の関係とほぼ等しい。走る動物の質量と速度との関係は、空を飛ぶ鳥の質量と速度との関係とほぼ同じだ。言い換えると、ある動物の質量を知っていれば、どの程度の頻度で尾を振ったり、脚を動かしたり、翼を羽ばたかせたりするかを計算できるということだ。さらに、泳ぐもの、走るもの、飛ぶものの筋肉の力の出力も、体重から計算できる。それはどの動物にとっても、体重の約二倍だ。

動物のデザインが持つこれらの一貫した特徴を説明しようと試みるなかで、生物学者たちは、筋肉の収縮速度や構造破損〔構造物の許容量を超える圧迫等によって、構造物そのものや構成要素に破損や変形が生じること〕の限界のような、潜在的な共通の制約要因に注意を集中してきた。これらの発見は観察に基づくものであって、予測には向いていない。私たちが何を目にするかを教えてはくれても、実際に目にするまでは、なぜそうなるはずなのかは教えてくれない。コンストラクタル法則はこの経験に意味を与え、私たちが、動物のデザインがどういうものになるはずかを予測するための理論（純粋に観念的な考察）を使って、質量と動きの関係を発見できるようにしてくれる。

## 動きにまつわる基本的事実

基本的な事実から出発しよう。それは、どんなエンジンでも、それを動かすための仕事を生み出すには、燃料あるいは食物が必要であるという事実だ。燃料や食物は熱を生み出す。この熱のかなりの部分（有効エネルギーあるいはエクセルギーと呼ばれる）は、原理上仕事に変えられる。残念ながら、動物も熱機関も有効エネルギーのすべてを仕事に変えることはできない。

有効エネルギーの一部は、さまざまな不完全性（流れが克服する抵抗、熱流が越える有限の温度差など）が原因で失われる。これはどこでも起こる。動物やエンジンが、有効エネルギー（エクセルギー）から仕事を生み出す前にも、あとにも起こる（これについては第一〇章でさらに詳細に取り上げる）。自動車や人間や鳥は、生み出された仕事を利用して、風や重力などに立ち向かう。川の水は、固い地面や障害物との摩擦によって流れが遅くなる。こうして、有効エネルギーのうちで、仕事に変換された貴重な部分が最終的に失われる。そのすべてが。

流動の配置のデザインをどれだけ良くしても、不完全性をなくすことはできない。だが、不完全性の全体的な影響を小さくし、質量を地表で動かすために利用可能な有効エネルギーを増やすことはできる。そうするためには、不完全性の分配を改善する必要がある。さまざまな不完全性を均衡させるように進化するためには、流動デザインの構成要素を特定の方法で分配しなければならない。たとえば、河川流域は配置を変え続けて、全流域から河口へ水がはけやすくする。肺の分岐構造も、パイプの円筒構造も、干潟が乾燥していくときのひび割れのパターンもすべて、流動系が全体としてしだいに不完全性を減じるように抵抗を分配するデザインだ。

　動物は河川や風や海流と同じように、地表を移動する（図19）。動きを妨害するもの（ブレーキ）があふれている環境で、質量を動かすための仕事量を生み出すものはすべてエンジンだ。動物はさまざまな目的のためにさまざまな方法で動くが、生きているかぎり、有効エネルギーの効果的な消費は重要だ。流れるものはすべてそうだが、動物の移動にも、動いている物体が

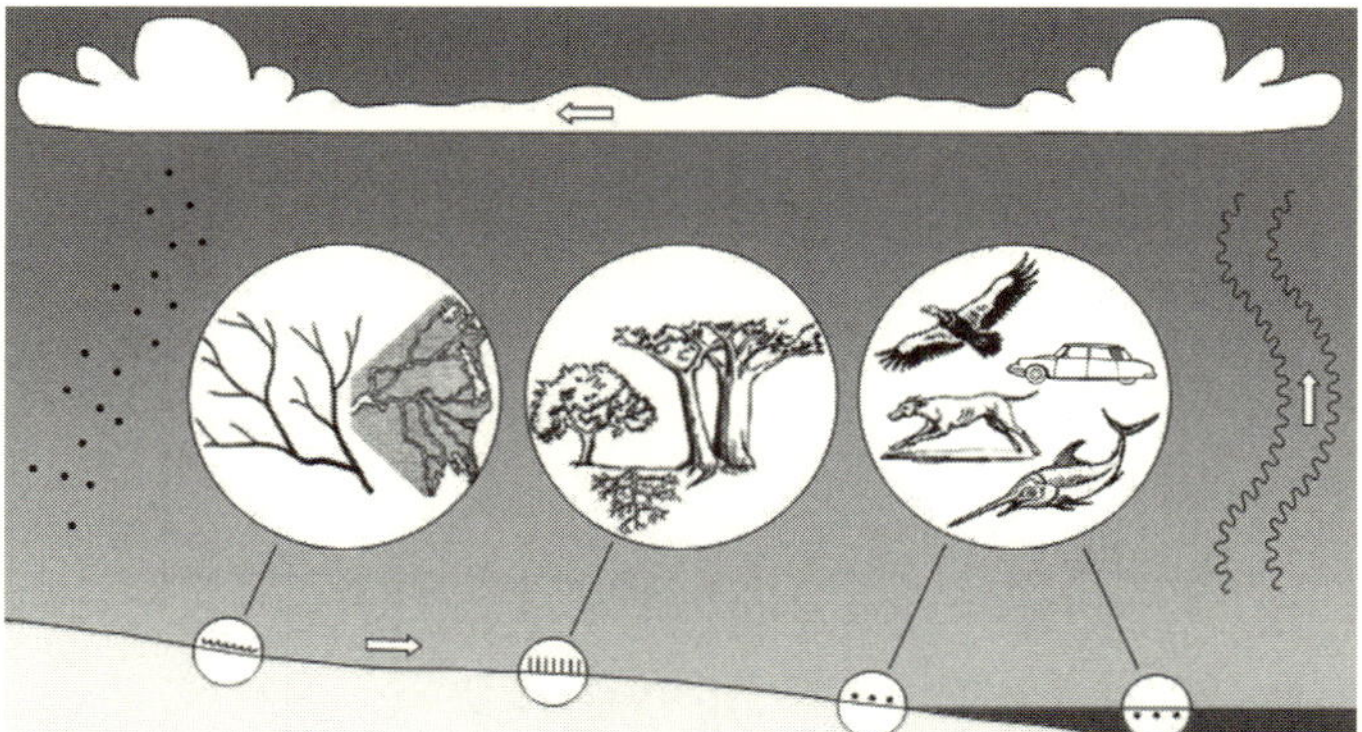

図19　自然界で水の循環を促進するいくつかの配置。雨粒、樹状の河川流域や三角州、樹木や森林、動物の質量の流れ（泳ぐ、走る、飛ぶ）、乱流構造。

障害（おもに重力や、空気・水・地面との摩擦）を克服する傾向が現れる。

コンストラクタル法則はこう予測する。グールドの生命のテープを巻き戻して最初からやり直しても、魚も陸棲動物も鳥も必ず、食物から得られる有効エネルギーの単位量当たりでより遠くまで移動できる体のデザインを見せるはずだ。より大きな力、より大きな速度、より遠く、より速く——これはどれも、「より良い」という表現につながる測定可能な特性の現れだ。それはいわば時間の矢印であり、地表を網羅する他のあらゆる流動のデザインの方向性を示している。

移動を分析するにあたり、私たちは科学の慣例に従って、動物を基本的な体型によって分類する。これ以上ないほど単純なモデル（あらゆる体を代表させたもの）では、動物の体は一方向だけの長さスケール（$L_b$）と質量スケール（$M$）を持っている。まず、「スケール」とは何を意味するか、示しておこう。イエバエの長さを測るときにはミリメートルの単位を使い、質量にはミリグラムの単位を使う。これと同じスケールを他の昆虫にも適用できる。スズメの$L_b$はセンチメートルの単位で測り、$M$はグラムの単位となる。これはハチドリにも当てはまるので、ハチドリとスズメは同じスケールだと言える。もう少し大きな動物を考えると、ガンの$L_b$はメートルの単位で、$M$はキログラムの単位となる。それぞれのスケールには、同じように測る動物やものが多数見られる。たとえば、質量のキログラムのスケールでは、ガンは、アヒル、フクロウ、ハゲワシ、おもちゃの飛行機とひとまとめにされる。

このスケールという概念は重要だ。私たちが広範な事象を調べていることを明確に示しているからだ。あるスズメは他のスズメよりも速く飛ぶ。太り過ぎの人はオリンピックの短距離走者ほど速くは走れない。棲息地が寒いとか暖かいとか、アイスクリームに目がないとかいった、無数の要因によってグループ内で違いが生じる。それでも生物集団全体として見たとき、スズメの飛行の特徴は予測可能だし、おおまかに言うと、人間も予測可能な割合で脚を動かし、予測可能な速度で走る。

## 飛ぶ動物の分析

さて、架空の鳥を設計することにし、熱力学的な不完全性の影響を減らすためにはどのようなデザインになるはずかを、コンストラクタル法則を使って予測し、あわせて、動物は動くようにできているという、もっと幅広い予測もしよう。より少ない有効エネルギーでより多くの水を流すために、河川流域が適切な場所に適切な流路を作るのと同じで、飛ぶものは、自らの質量を前より遠くへ運ぶのに適切な速度を得るために、適切なリズムで羽ばたくはずだ。

言っておくが、鳥の飛行は人目を欺《あざむ》くものの典型だ。巡航高度では、ふわりと風に乗り、矢のように真っ直ぐ滑空するように見える。だがなんと、この美しいイメージは錯覚なのだ。その飛行は一定の高さでの安定した動きではない。軌道は鋸《のこぎり》の歯のような線を描き、その歯の大きさは羽ばたき方によって決まる（図20）。この軌道は重力に逆らう下向きの羽ばたきによって上昇し、その効力が弱まると落下する。肝心なのは、巡航速度が増すにつれて、垂直方向の損失は減るが、空気の摩擦が増えるために水平方向の損失は増す点だ。自分で確かめたければ、今度、車に乗せてもらい、時速五〇キロメートルで走っているときに、手のひらを少し上に向けて窓から突き出してみよう。風の抵抗を感じるだけでなく、風に手を持ち上げられるのも感じる（手が間に合わせの翼として働いている）。次に運転者に速度を時速一〇〇キロメー

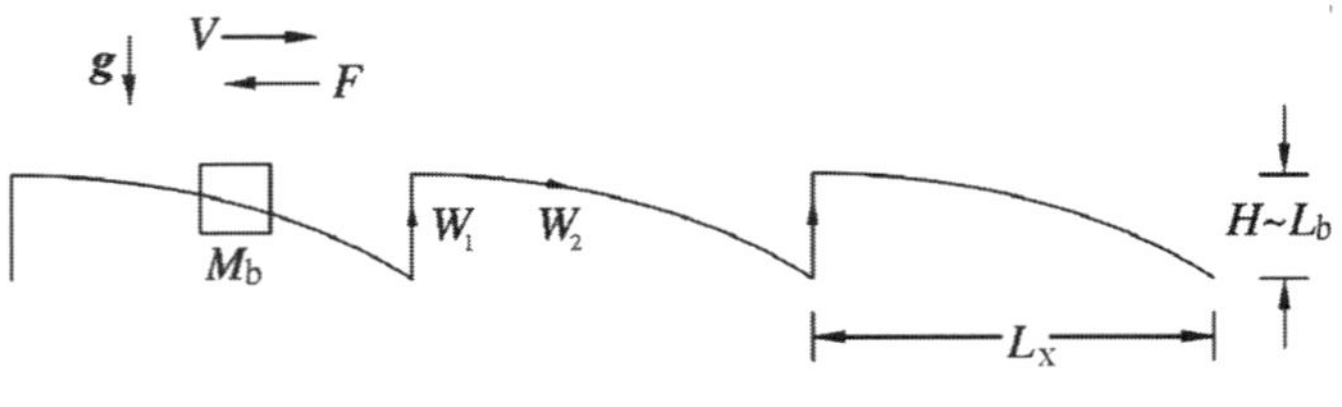


図20　空を飛ぶ動物の周期的な軌道には、コンストラクタル法則を用いて動物の移動の仕方を予測する際に考慮される要素が示されている。軌道が鋸歯状になるのは、垂直方向の損失（$W_1$）と水平方向の損失（$W_2$）を埋め合わせるために交互に行なわれる仕事によって、飛行速度（$V$）が決まるからだ。$W_1$は、体の質量（$M$）と重力（$g$）、体が1サイクルの間に落下する高さ（$H$）を掛け合わせることで得られる。$H$は体長（$L_b$）にほぼ等しい。$W_2$は空気抵抗（$F_D$）と1サイクルで移動する距離（$L_x$）の積。

トルに上げてもらう。手が風に押されているのを感じ、手が動かないようにするには前より力を入れなければならないのだが、それと同時に、もっと強く持ち上げられるのも感じる。

一定の高度で飛ぶために、物体は有効エネルギーを使って、垂直方向と水平方向の損失を埋め合わせる。どちらの損失も完全には避けられない。だが、二つの損失の合計がより小さくなるようなリズムが選択され、両者の均衡が図られるはずであることがコンストラクタル法則から予測される。そのリズムにおいては、体を垂直方向の元の位置に戻す仕事は、体を水平方向に進ませる仕事と釣り合っている。均衡は、ちょうど良い飛行速度になるように羽ばたくことで達成されるはずだ。不完全性をこのように特別に分配することこそが、飛行そのものなのだ。

だとすれば、飛行はリズム、すなわち翼が刻む連続したビートということになる。たとえば鳥について考えてみよう。鳥は一サイクル（翼を一回上下させること）の間に二つの方向の仕事をしなければならない。垂直方向の仕事（$W_1$）と水平方向の仕事（$W_2$）だ。巡航高度で体や翼の長さスケール（$L_b$）と同じ分だけ体を上昇させて元の高さに戻すためには、$W_1 \sim MgL_b$の仕事を必要とする。ただし、$M$は体の質量、$g$は重力加速度（九・八一メートル毎秒毎秒）で、「~」という記号は、「同じスケールの」、つまり「ほぼ等しい」という意味だ。

一方、周りの媒体（大気）を突き抜けるためには水平方向の仕事が必要だ。この仕事量は抗力（$F$）に、一サイクルの羽ばたきの間に進む距離（$L_x$）を掛けたものに等しい。すなわち、

$W_2 \sim FL_x$だ。[*2] 水平方向の移動距離$L_x$は、巡航速度$V$に一サイクルにかかる時間スケールを掛けて求める。[*3]

これらの公式を組み合わせると、ある距離を進むために費やされる仕事量の総計は二つの損失の和に等しく、移動距離の単位当たりの垂直方向の仕事と水平方向の仕事の合計であることがわかる。

コンストラクタル法則の予測によると、鳥のデザインはこの二つの損失を軽減する傾向を反映しているはずだ。それでは、どうやって損失を軽減すべきか。飛ぶものの質量が一定だとすると、鳥は自らを適切なリズムで上昇させて適切な速度を獲得し、水平方向と垂直方向の損失の合計を、その大きさを持つ物体としては最小にするはずだ。

製図板に戻って考えてみると、私たちの架空の鳥をデザインするために使える単純なスケーリング則が、これらの公式から明らかになる。二つの損失を軽減するには、速度は体の質量の六分の一乗に比例するはずで、$V \sim M^{1/6}$となる。鳥が羽ばたく頻度は体の質量のマイナス六分の一乗に比例するはずだ。

これらの等式から、コンストラクタル法則はこう予測する。大きな鳥は小さな鳥よりも速く飛ぶはずで、重い鳥は軽い鳥と同じ距離を飛ぶためには多くの仕事をしなければならない。だから、重い鳥は軽い鳥よりもたくさん食べるに違いない。コンストラクタル法則はこうも予測する。大きな鳥は小さな鳥や昆虫よりもゆっくりと羽ばたくはずだ。これは飛ぶものには必ず当てはまるはずだ。

$V \sim M^{1/6}$という公式から、一〇キログラムの鳥は秒速約二〇メートルで飛ぶと予測される（図21）。同じ公式から、一グラムの昆虫は秒速約五メートルで飛ぶと予測できる。これはあくまで目安であり、ハゲワシや蚊の速度がおよそそのぐらいになるということだ。近似値ではあるが正しい。各グループ（昆虫、鳥、飛行機）内での速度のデータの散らばりは、体形、翼の幅と厚さの比率、生活様式（留鳥《りゅうちょう》か渡り鳥か）の違いに基づいて、さらに検討を進められる。

実世界で自分の計算結果を検証すると、これらの予測が、昆虫、鳥、飛行機などあらゆる種類の飛ぶものを観察した結果とうまく一致する

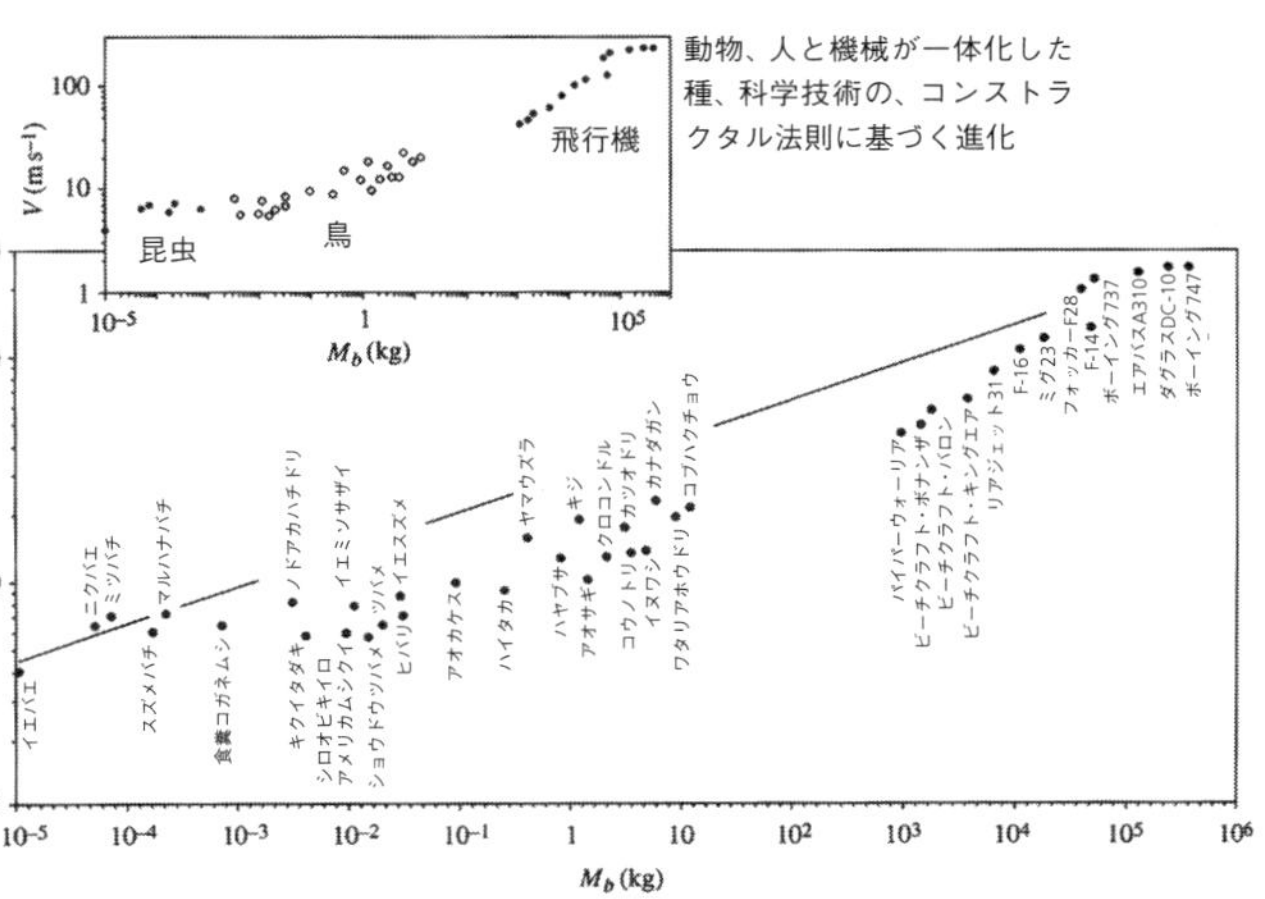


図21　飛ぶもの（昆虫、鳥、人と機械が一体化した種）の典型的な速度。直線は、コンストラクタル法則に基づいた、体の質量の⅙乗の値と速度との関係を表す。

ことがわかった（図21）。つまり、空を飛ぶために、あらゆるものがどのように熱力学的な不完全性を均衡させるかに注目することで、飛行のデザインの秘密を完全に説明できるのだ。

## 走る動物の分析

私は、二〇〇〇年に出版された『形状と構造――工学から自然まで』[*4]の原稿を仕上げているときに、思いつきで動物の飛行に関するコンストラクタル理論を書いた。二〇〇四年九月、私はベルン大学のエワルド・R・ウェイベル教授とハンス・ホッペラー教授に招かれ、スイスのアスコナで開かれた生物学者の学会でコンストラクタル法則を発表した。このとき、自然界全体で生物・無生物両方のデザインの生成と進化を説明するコンストラクタル法則の多くの例の一つとして、飛行に関する予測を使った。

その会議の講演者には、私の他に、ペンシルヴェニア州立大学の生物学者ジェイムズ・H・マーデンがいた。午前中早くに行なった、飛行に関する私の講演後の休憩時間に、走ることのスケールも同じやり方で予測を試みるべきだと彼に言われた。私たちは紙と鉛筆を使って、昼食休憩までにそれをやってのけた。

飛ぶことと走ること――重力や空気と地面の摩擦の力に逆らって効率的に動く試み――を同

じものとして扱うなら、走るものすべての速度と脚を動かす頻度も予測できることがわかった。走ることは、実質的には、断続的な飛行の一形態と言える。走る場合は、羽ばたいて体を持ち上げるかわりに、脚を使って地面から跳ね上がる（図22）。最も高い点にいるときには、脚が宙に浮いている。ほんの一瞬だが、走るものは飛んでいるのだ。鳥と同様、走るものの軌道は鋸の歯のような線で、サイクロイドに近い。[*5] また、鳥と同様、走るものは二つのかたちで有効エネルギーを失う。重力が地面に向かって引っ張るために発生する垂直方向の損失と、地面や周囲の空気に対する摩擦のせいで発生する水平方向の損失だ。

垂直方向と水平方向の損失は競い合い、両者が均衡しているときのほうが、均衡していない

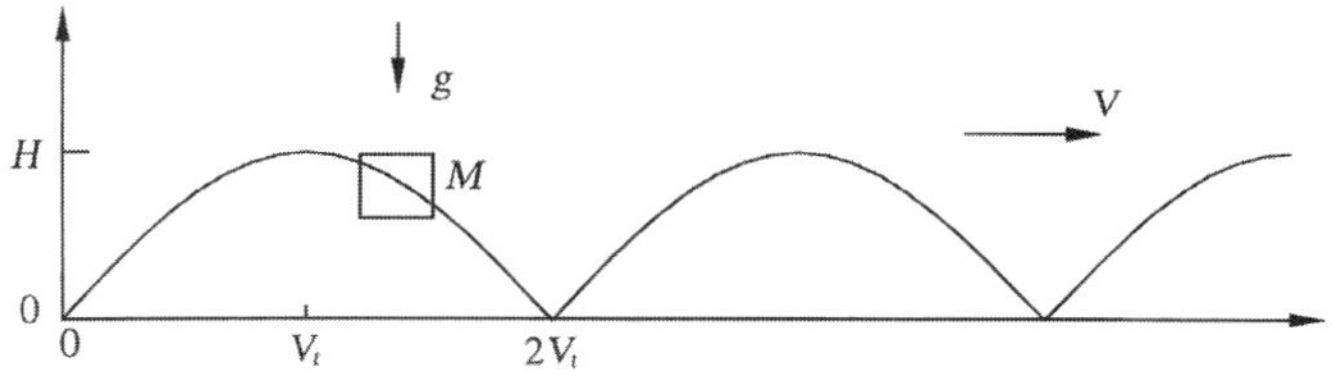


図22　走る動物の周期的な軌道において、歩幅は、その動物の速度 $(V)$ に、最も高い点の高さ $(H)$ から摩擦なしで落下する時間 $(t)$ を掛けて求められる。したがって、$t$ は、$H$ を重力 $(g)$ の½乗で割ったものと等しい。歩幅と $H$ はともに、体長とほぼ等しいし、体の質量 $(M)$ は、身体密度に体長の3乗を掛けることで概算できる。

ときよりも、合計が小さい。ここに、コンストラクタル法則の結果でなければ不思議な偶然と思えるだろう、驚くべき事実がある。鳥の場合と同じで、体の質量（$M$）がわかっていれば、コンストラクタル法則を使って、走るものの速度と脚を動かす頻度を予測することができるのだ。そのうえ、私たちが飛行に関して導き出した公式と実質的には同じものが使える。速度は$M^{1/6}$に比例し、脚を動かす頻度は$M^{-1/6}$に比例する。鳥と同様、このスケーリング則によって、走るものは、より少ない有効エネルギーで、より長い距離を進める。第四章で見るように、私は教え子のジョーダン・チャールズとこの研究成果を水泳選手や陸上選手に当てはめ、チャンピオンが大柄で背が高くなり、ほっそりするにつれ、世界記録が短縮されると予測した。のろまな大男というステレオタイプは作り事だ。運動選手は、才能やトレーニングなど、他の条件がすべて同じならば、体が大きいほど速く進める。

　体を地面から持ち上げるのに必要な力の計算からも意外な事実が浮かび上がった。走るものと飛ぶものの両方にとって、脚を動かすサイクルと羽ばたきのサイクルにかかる平均的力は、体重の二倍になるはずであることがわかったのだ。これは、あらゆる体の大きさの、飛んだり走ったりする動物を網羅した、力と体重の測定結果と一致する（図23下段）。これらの発見から、私たちは偶然の所産ではなくパターンを目撃しているという事実が歴然とする。

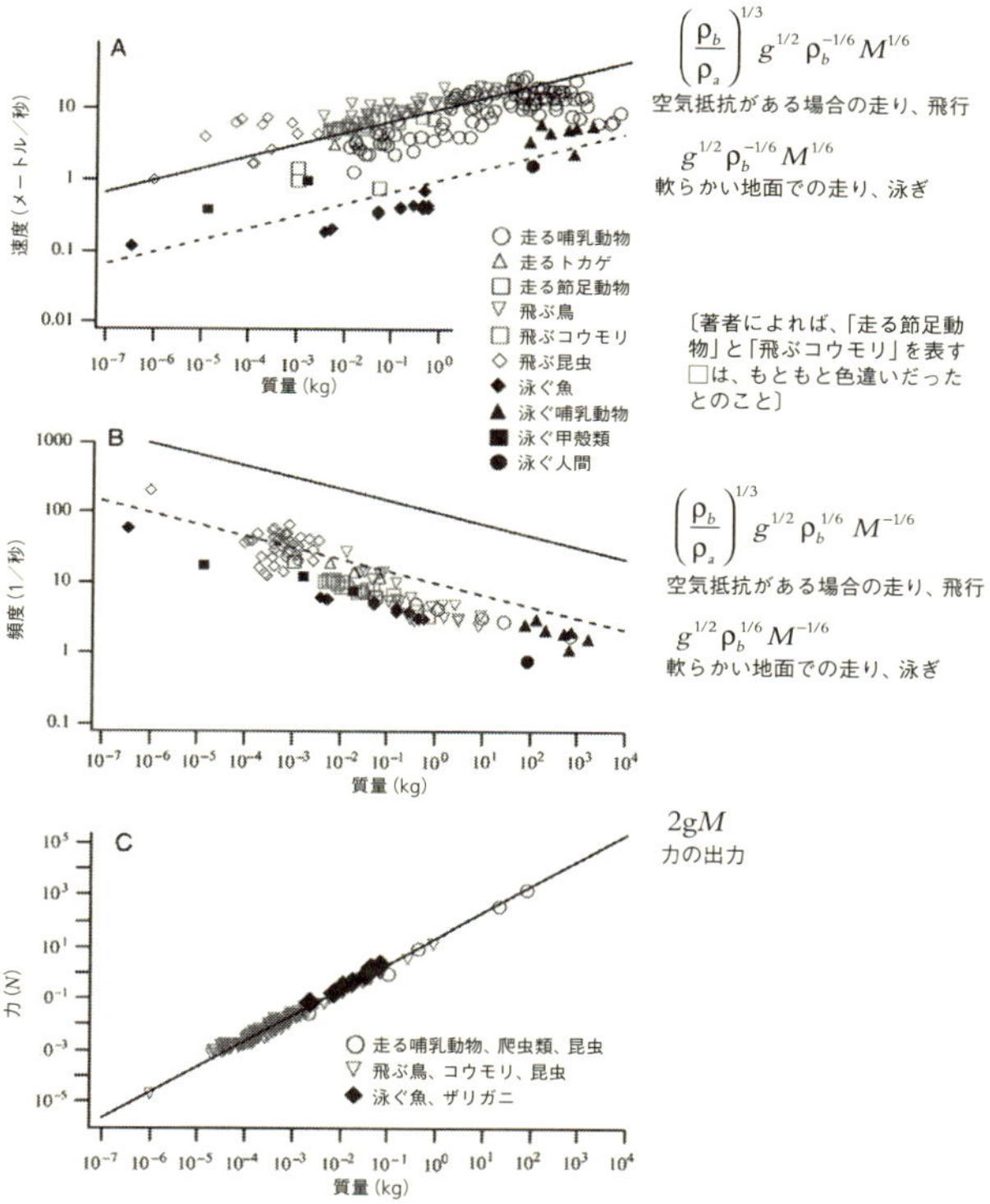


図23　コンストラクタル法則から導かれた理論的予測を、さまざまな動物の速度、羽ばたきの頻度や脚を動かす頻度、力の出力と比較したグラフ。これらの両対数グラフに引かれた実線は、飛ぶものや走るものの質量に基づいて予測される動物の速度（A）や動作の頻度（B）を示している（ただし、走るものの場合、地面が硬いために、おもな摩擦損失は空気抵抗によるとき）。破線は、泳ぐものや走るものの質量に基づいて予測される動物の速度（A）や動作の頻度（B）を示している（ただし、走るものの場合、地面が軟らかいために、おもな摩擦損失は地面の変形によるとき）。点線は質量に基づいて予測される力の出力（C）〔AとBとは違い、グラフCではデータが集中しているために、点線と実線が重なってしまっている〕。理論的予測は0.1と10の間の因子を無視しているので、誤差は一桁以内であることが見込まれる。

## 泳ぐ動物の分析

これまで、走るのは飛ぶのに似ていることを見てきた。では、泳ぐのはどうだろう。それについて、ジェイムズ・マーデンと私はアスコナでの会議のあと、三か月間考えた。一見すると答えはノーとしか思えない。なぜなら、浮力と重力が釣り合っている状態で泳ぐものの体の動きは、重力と無関係のように見えるからだ。この見解は、コンストラクタル法則が発見される前は、自然科学の全分野で定説になっており、泳ぐことを含む、移動に関する物理学の統一理論の出現を妨げていた。

そう、ある場所で魚がじっと浮かんでいるときは浮力と重力が釣り合っている。だが、水平方向に動くときは、何かを押さなければならない。その何かとは地球だ。地面に対して相対的に動くもののすべての運動を、地面は妨げる。泳ぐものや飛ぶもののように、地面に直接触れていないものの運動でさえ例外ではない。地面は、動くもののいっさいが押す基準面の役割を果たす。アルキメデスは「我に確固たる足場を与えよ、さすれば地球をも動かそう」と言った。彼は正しい。これは、泳ぐことが走ることや飛ぶことと違わない理由になっている。動物の活動が水中から地上、それから空中へと拡がるにつれ、走ることや飛ぶことが、泳ぐことから発展したのだ。
　このデザインは鳥や陸棲動物を見れば明らかだ。彼らは、重力が原因の垂直方向の損失と闘うのだから。鳥は自らを持ち上げるために、空気を下方や後方に押す。走るものが前方へ跳ねるために、地面を下方や後方に押すのと同じだ。泳ぐもの、さらに言えば、水面や水中を動く、ボートから潜水艦まですべてのものも、重力と摩擦に逆らって仕事をすることによって、地面に対して相対的に体を押したり動かしたりしなければならない。
　高校の科学や常識や日常の体験から明らかなように、二つのものが同じ空間を同時に占めることはありえない。泳ぐものは前に進むために、自分の前方にある水をどけなければならない（図24）。泳ぐものは、水平方向に体長分だけ進むためには、自分の大きさと等しい量の水を、自分の体長とほぼ等しい高さまで持ち上げる必要がある。これだけの量の水を、重力に逆らって上に移動させなくてはならない。なぜなら水にとって、そっくり上方へよける以外、動物をはじめ、何であれ動くものを避けて流れる方法はないからだ
　なぜ水は下ではなく上に移動しなければならないのだろうか。それは、水面は変形可能だが、水底は変形しないからだ。どけられた水が移動できる唯一の場所が水面で、そこでは水が空気を押して波を生み出す。これまで科学者はこの非対称的な現象に気づかなかった。なぜならほとんどの魚が小さいうえに、深い所を泳ぐからだ。魚が持ち上げる水は広大な範囲に拡がるの

で、どけられた水が水面に届くときには、影響はきわめて小さい。とはいっても、衛星のハイテク・システムは、広い範囲における水面の高さの微小な変化を捉えることで、航行する潜水艦を探知できる。

そのような探知システムを持たない私たちも、魚が水面近くで身を躍らせ、水がまるで沸騰するように見えるときに、この水面の上昇を観察できる。ボートが水面を進むときはさらに確認しやすい。船首が、水面上に持ち上がる波を生み出す。浴槽に水を張り、水面を指で掻けば、同じ状況を作り出せる。水面を指で掻くという仕事によって、どけられた水が重力に逆らって上がる。このとき、二つの仕事がなされている。水を持ち上げる仕事（$W_1$）と、水をこする仕事（$W_2$）だ。

コンストラクタル法則が明らかになるまでは十分理解されていなかったのだが、この垂直方向の仕事は重大で、あらゆる深さにおいて、泳ぐことの物理的特性の根本を成す。つまり、たとえ地面に接触しない動物も、水平方向に進むためには地面を使わなければならないということだ。鳥が羽ばたくと空気が勢い良く動き、やがてそれが地面を押し、地面が支える圧力が増す。魚は泳ぐときに水を持ち上げ、水面の局所的上昇をもたらし、その結果、水底にかかる圧力が大きくなる。物体が移動しているのがどんな媒体の中だろうと、地面は、動くものなら何でも感じて反発する。水底は魚の動きを感じるのだ。

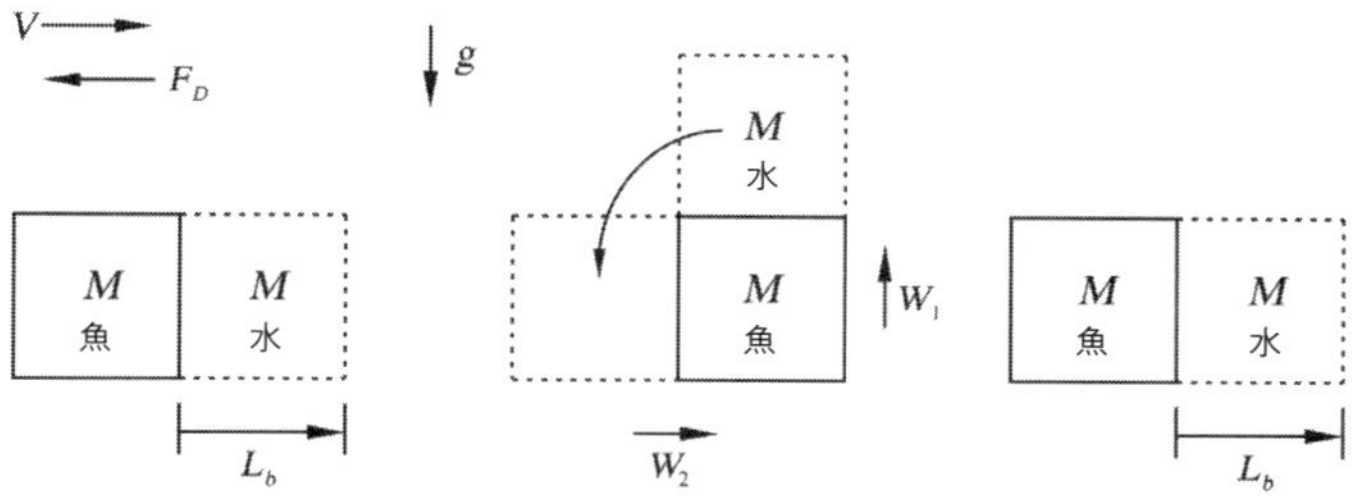


図24　前に進むためには、魚は前方の水をどけなければならない。そして、水が移動できる唯一の方向は上方だ。体の質量が$M_b$の魚は、体長（$L$あるいは$L_b$）の分だけ、ある速度（$V$）で移動するためには、体の質量と同じ質量の水（$M_w$）を移動させなければならない〔著者は魚の体と水の密度が等しいと仮定している〕。そしてこの水は下方に移動し、魚が進んだために空いた空間を占めると考えることができる。水を上方へ移動させる仕事（$W_1$）は、$M_b$に$L$と重力（$g$）を掛ければ概算できる。魚は水をどけている間に、水平方向に進むための仕事（$W_2$）をしなければならない。それは、水の抗力（$F_D$）やサイクルごとに移動する距離に比例する。そしてその移動距離とは、この場合、体長（$L$）ということになる。

このようにコンストラクタル法則から、泳ぐのが、走るのや飛ぶのと同じであることが明らかになる。だとすれば、何であれ泳ぐものの予測速度も、走るものや飛ぶものの速度と同様、$M^{1/6}$に比例していること（図23）は驚くに値しない。紙と鉛筆を使った同じ分析から、羽ばたきの頻度も、尾を左右に動かす頻度も、脚を動かす頻度も$M^{-1/6}$に比例して変わることがわかる。大きな動物は小さな動物ほど頻繁に体をうねらせない。大きな魚は小さな魚ほど頻繁に尾を左右に振らない。大きな鳥は小さな鳥ほど頻繁に羽ばたかない。大きな陸棲動物は小さな陸棲動物ほど頻繁に脚を動かさない。

すべての動物に見られる移動と体の質量の相関関係はパズルの一部でしかない。動物の移動を支配する原理からは、他の自然現象の流動デザインの予測もできる。重力と、水を持ち上げることは、泳ぎにとって本質的であるという事実から、魚は、持ち上げられた水によって生じる波と同じ速度で水平方向に進むという所見が導かれる。

大きな波ほど速度も大きい。コンストラクタル法則は、波の大きさから速度が予測できるはずであることを明確に示している。なぜなら、知性とは無縁の水の塊もまた、こちらからそちらへと効率的に移動するためのデザインを自ら生み出すはずだからだ。たしかに、水平方向への速度は、波の長さスケールと同程度の高さからの自由落下の速度とほぼ同じだということが、波の研究によってわかっている。一メートルの波が岸に押し寄せる速度は、一メートルの高さから波が落下する速度とほぼ同じだ。大型動物のほうが小型動物よりも速く前方に落下するのと同様に、高くて長い波のほうが、短い波よりも水平方向に素早く動く。さらに、もし波の長さスケールを魚の体の長さスケールに置き替えたら、泳ぐものの速度がすべてわかる。このじつに驚くべき事実は、動物の質量密度が水の密度にほぼ等しいことを考えれば発見できる。

動物の密度と水の密度が近いおかげで、生物界と無生物界の進化上の結びつきがわかりやすくなる。動物は事実上、水の塊にすぎない。すべての動物は水中から出現し、その水を陸と空に拡げた。風と海が絶え間なく生み出す無数の波によって、私たちは進化を目にすることができる。波も、私たちが魚や陸棲動物、鳥と呼ぶ、波とは比較にならないほど複雑な構造を創造するために厖大な時間をかけて発生した過程が、形となって現れたものなのだ。

## 動物の代謝率

コンストラクタル理論の予測は、波や動物だけでなく、人工の機械でも一貫していることに注意してほしい。人工の内燃機関の力と質量の関係は、飛ぶもの、走るもの、泳ぐもののそれと同じだ。動物の飛行のコンストラクタル理論は、飛行機の速度も予測し（大きい飛行機のほうが速い）、ここでもまた生物と無生物を結びつける。両者が結びつかない理由などあるだろうか。

飛行機も動物や波と同じ問題に直面する。地球上で、重力と摩擦力に逆らって動こうとしているのだから。飛行機に私たちとの隔たりはない。私たちは人間と機械が一体化した種なのだ。

動物の移動を、地球上で質量を動かすデザインと見なせば、他の謎も解ける。驚くべき結論につながる、動かしようのない観察結果から始めよう。すなわち、大きい動物と小さい動物が同じ距離を移動する場合、大きい動物のほうが仕事量（力と距離の積）が大きい。重量を持ち上げる仕事量（$W_1$）と、水平方向の抗力を克服する仕事量（$W_2$）が釣り合うと、そのサイクルの間に移動した距離（$L$）当たりの総仕事量は、持ち上げられたものの重さ（$Mg$）と同じスケールとなる。

さらに、動物の代謝率（その仕事をするのに必要な食物の量）も、コンストラクタル法則を使って、動物の大きさから予測可能だ。これもやはり体の質量とともに増加する。つまり、大きな動物のほうが多くの食糧を摂取しなければならず、その割合は$M^k$に比例する。$k$は$M$と食物の関係を両対数グラフに表したときの傾きだ。[*6] コンストラクタル法則から、冪指数の$k$の値が⅔と¾の間になるはずであることがわかった。こうして、コンストラクタル法則によって、すべての動物のカロリー必要量を決めるのに、$k$が動物次第で大きく変わったりしない単純な公式を予測することが初めて可能になった。

大きい動物が自分の質量を移動させるのに小さい動物よりも多くのエネルギーを使うという

事実は、新聞の第一面を飾る記事にはとてもなりそうにない。見出しをつけるとすれば、大きい動物は小さい動物よりも質量の輸送手段としては効率が良い、となる。コンストラクタル法則を使い、すでに得ていた研究成果を二つ合わせて、私たちは次のことを発見した。移動距離当たりの摂取食物の量は、$M^k$（ここでは話を簡単にするため、$k=3/4$とする）を動物の速度（$M^{1/6}$に比例する）で割ったものに比例する。ここから、単位距離当たりの移動に動物が必要とする食物の量は$M^{7/12}$に比例することがわかる。さらに、単位移動距離と動物の質量当たりの食物の必要量は、動物が大きくなるにしたがい、$M^{-5/12}$に比例して減少する。

たとえば、質量一〇〇〇キログラムのゾウが一キロメートル移動すると、移動する質量一キログラム当たりの食物摂取量は $1000^{-5/12}=0.0562$ に比例する。質量が一〇キログラムのジャッカル〔インドからアフリカ北東部にかけて棲息するオオカミに似た小型の雑食動物〕一〇〇頭が同じく質量一キログラムを同じ距離だけ移動させたら、その一キログラムに必要な食物の量は $10^{-5/12}=0.383$ に比例する。ここで大事なのは、二つの食物必要量の比率、0.0562/0.383（約1/7）という数値だ。結論として、ゾウが質量一キログラムを移動させると、ジャッカルの質量一キログラムを移動させるときと比べ、食物のコストはわずか1/7にしかならない。

この事実から、さらに二つの大きな考えが浮かび上がる。第一にこれは、工学、経済学、ロジスティックス、ビジネスの各領域で認められている規模の経済という現象に、理論物理学的な基盤を提供してくれる。何かを大量に動かすときの効率は、規模に応じて向上する（Lorente and Bejan 2010）。[*7] 第二にこれは、進化にはものの動きの向上へと向かう方向性があるという考えを際立たせてくれる。雨粒があって初めて川が生じるように、地球上では小さい動物が出てきてから大きい動物が登場した。ゾウより前に単細胞生物が、オオアオサギより前に蚊ぐらいの大きさの昆虫が現れた。コンストラクタル法則を使うと、動きが活発になるだけでなく、動きの効率も向上するという紛れもない傾向が見て取れる。このような時間的方向性が確認できたのは大きな進展であり、これについては第九章で深く掘り下げる。

## 動物の器官と乗り物の部品の大きさ

コンストラクタル法則によって解明される謎がもう一つある。動物の器官と乗り物の部品の大きさだ。どの動物もそれ相応の大きさの器官を持っている。大きい動物が大きい器官を持っているというのはごく当たり前なので、どの動物も、大きさの比率が等しい同種の部品を組み立ててでき上がったように思える。たとえば、哺乳類の心臓の重さは、全体重のほぼ〇・五パーセントだ。なぜだろうか。

仮に心臓は好きな大きさをとれるとする（図25）。大きければ大きいほど、血液の流路の制

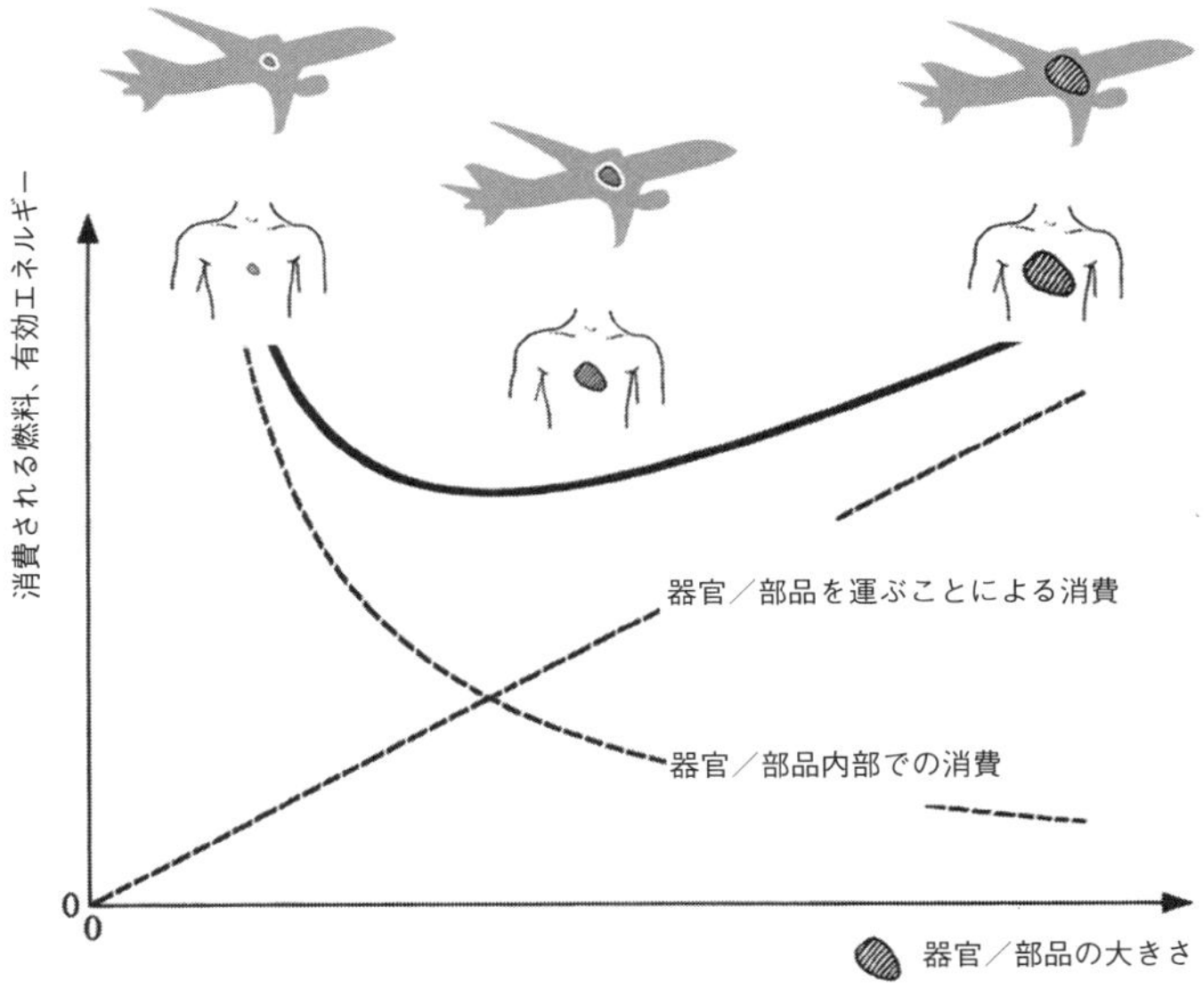


図25　動物の器官や乗り物の部品は有効エネルギーを二通りの方法で消費する。どちらも器官や部品の大きさ次第だ。血管をはじめ、流れを制約する部分を通過するために生じるコスト（失う有効エネルギー）は、器官が大きくなるにつれて減少する。動物の器官を運ぶコストは、器官の質量に応じて増加する。一方のコストがもう一方のコストと均衡する大きさに器官がなっているとき、コストの合計は最小となる。

約が少なくなるので、血液を流す仕事量も減る。だが同時に、器官を運ぶ仕事量は心臓の大きさに比例して増える。この二つの仕事量の合計は、一方の仕事量がもう一方の仕事量と釣り合ったときに最小となる。この「不完全性の最適分配」が器官の大きさを特定する。

これは重要な理論上の進展だ。それ相応の大きさの器官を持つ必要性が予測されるからだ。器官だけ別個に調べると小さ過ぎるように見える。流動を制約し過ぎるのではないかと思える。このため、よく言われるのが、器官は失敗作であり、「自然は間違いを犯す」ということだ。たしかに心臓だけ別個にデザインしているのであればそうだろう。もっと大きく重くし、太い管を構築して血液の流れを良くすることも考えられる。だが心臓は、より大きな流動系（動物）の一構成要素であり、その動物全体の性能を高めて地表をより容易に移動させるため、適切な大きさと適切な重さを持つよう進化することが予測される。したがって、この動物の器官は「失敗作」ではない。動く動物の構成部分の一つとして調べると、心臓という自然で不完全な器官は、（自然で不完全な他のさまざまな器官とともに）良くできた動物、すなわち地球上で動物の質量を移動させる効率的な構成体を作り上げている。

## より効率の良い流れのために

コンストラクタル法則は物理的原理で、どこでも常に作用しているため、私たちは全体論的な思考を余儀なくされる。孤立して生きているものは何一つない。どの流動も他の流動系の一部だ。飛んでいる鳥を例に引けば、一度に最低でも三つの段階での影響が見て取れる。内部に及ぼす影響、外部に及ぼす影響、そして行動に及ぼす影響だ。

鳥を解剖して内臓を調べると、血管の円い断面と心臓と筋肉の形に、血液や空気、摂取した食物、応力の流れを促進するこの普遍的な傾向が反映されていることがわかる。体の周りを見ると、羽毛が熱の漏出と摩擦を最小限に抑え、鳥がより効率良く質量を移動させられるようになっている。周知のように、多くの鳥は集団で移動する。V字形になって飛ぶのは、風の影響をまともに受けるのが先頭の鳥だけで済むからだ。その後ろにいる鳥は、後流〔プロペラなどの後方の空気の流れで、低圧〕の中を飛ぶ。そこでは空気摩擦が少なく、労せずに速度を保てる。これは、自転車競技の選手の大集団（プロトン）が、レースの早い段階で群れから抜け出た数人の選手に、必ずと言っていいほど追いつける理由でもある。集団の中の選手は単独で走っている選手ほど必死にならなくてもいい。

この移動のパターンはまた、別の面でも効率を向上させる。先頭の鳥が羽ばたくと、空気が押し下げられる。この動きによって大気の波（「渦列」として知られている）が発生し、どけられた空気を羽ばたいている翼の外側へとわずかに押し上げる。あとに続く鳥は、うまく位置を選び、この上昇している空気に乗る。同じことが、その後ろで列を成している鳥にも当てはまり、V字形の編隊で飛んでいることの説明がつく。また、鳥（と自転車競技の選手）は、編隊内での位置を変え、交替で先頭に出る。コンストラクタル法則に基づく編隊のデザインが、この交替を必要としている。ナイフの刃が鋭い縁を常に必要としているのと同じことだ。編隊そのものが一個の生き物であり、「空飛ぶ絨毯《じゅうたん》」だ。それぞれの鳥が器官で、交替で先頭に出るのはリズム、すなわち全体を一個の生命体に見立てた場合の断続的な呼吸となる。

同じ原理によって、魚が群れを成して移動する理由も説明できる。どの魚も泳ぐときに水をどける。直前まで水があった所に今度は魚が来る。魚が泳ぐと、魚がたった今占めていた場所を埋めようとして、水が後方から流れ込んでくる。次の魚は、前の魚から体一つ分以内の距離を保つことで、その水の動きに乗れるので、有効エネルギーの消費が少なくても同じ距離を移動できる。（自転車競技の選手もこれを利用して、前を走る選手の後ろに空いた空間に後方から勢い良く流れ込む空気によって前に引っ張られる）。この効果の恩恵は、鳥にせよ、魚にせよ、自転車競技の選手にせよ、前とつかず離れずの距離、つまり体一つ分以内の距離を保っているときにしか得られない。これを知っていれば、移動している動物の群れのデザインが予測できる。この観念的な考察は何にでも当てはまる。船とそれが立てる波、潜水艦とベルヌーイの定理の作用を考慮したその先端部、ガンとその群れが乗って滑空するV字形の大気波動、後流（これまた大気波動の一種）に取り込まれた自転車競技の選手やレーシングカーの一団——そのどれもが質量を持ち上げ、流れに乗って動く。

ようするに、コンストラクタル法則は、動物のデザインとして進化した複雑な特徴の数々を予測する。スティーヴン・ジェイ・グールドの問いに対して、コンストラクタル法則はこう宣言する。進化のテープが巻き戻されて、泳ぐもの、走るもの、飛ぶものが再び登場したら、その形と構造は現在のものと同じ種類の移動形態の速度、羽ばたきや脚の動きの頻度、出力を示す。その循環系は、やはり樹状デザインをとり、その器官の大きさはやはりそれ相応であり、有用な運動と移動のパターンがあれば、それらの生き物はそれに従うだろう。進化は時の流れの中で、質量の移動を促進するという単一の方向性を持っているので、これを成し遂げるデザインは予測可能だ。

決定論とランダム性は、この同じ物理法則に安住の地を見出した。近くで見ると、私たちは多様性に畏怖の念を抱く。カモとガンの違いは多数ある。まして、生物と無生物の現象の違いはどれほどあることか。だが遠くから眺めれば、デザインの全体のパターンは一目瞭然だ。動物の三つのおもな移動方法は違いが目立つため、根本的に異なるという定説につながったことはすでに述べた。だが今見たように、コンストラクタル法則によって、この三つは根本的に同じだという認識が可能になる。熱力学的な不完全性どうしの釣り合いをとり、さまざまな抵抗を均衡させて合計の影響を減らす配置を生み出すという基本的な傾向によって結びついているのだ。これはもちろん、河川流域や稲妻、あなたや私の、進化を続けるデザインで明らかになったものと同じ傾向にほかならない。

# 第四章　進化を目撃する

たいていの人は、進化というのは想像するのが関の山だと思っている。生物の進化が起こるには気が遠くなるほど長い時間がかかるからだ。だが、この見方は間違っている。科学技術や運動、統治機関、生活水準といったものにおける変化に目を向ければ、私たちは好きなだけ進化を目撃できる。そうした進化のデザインが見分けにくいというなら、スポーツをじっくり見直してほしい。

たとえば、コンストラクタル法則が明らかになる前は、スポーツの進化は予測できなかった。けっきょく予測できないからこそ人は、バスケットボールやサッカーの試合、競馬、ドッグレース、ラクダレースなどで賭けをするのだ。共産主義体制下で暮らしていたころのジョークが思い出される。

問い　典型的なソ連人は、なぜ「プラウダ」紙のスポーツ面だけ読むのか？

答え　前もって知らないニュースが読める唯一の面だから。

不運にも、私はこのジョークとこれが意味することのいっさいを知っている。とはいえ、スポーツ面は当時でさえ面白かったし、熱心に読んでもいた。私は幼稚園のころからバスケットボールに親しみながら育ち、やがて国内一部リーグのレギュラーに、その後はルーマニア代表チームの一員に選ばれた。才能豊かなチームメイトに囲まれて大人になり、私も彼らのようになれること、彼らよりうまくなろうと夢見るのは称讃に値することを教わった。この点では、進化についても教わったわけだ。「より良くなる」というのは、単に運動競技だけでなく、進化についても言える。動くものはみな、より良くなるように、この地表をもっと流れやすくなるように進化する。

生物学者によれば、進化とは今も進行中の現象で、四六時中いたるところで起こっているという。だがそれはまた、極端なまでにゆっくりした過程で、多くの場合、その結果を目撃したり予測したりするのはきわめて困難なのだそうだ。

コンストラクタル法則を用いれば、進化を新たな観点から理解できる。（一）生物だけでなく、あらゆるものが進化すること、（二）そうした変化には予測可能な方向性があること、（三）私たちは多くのものが形を変える、つまりしだいに良くなるのを目の当たりにできることを、この法則は教えてくれる。これは、私たちが空に光る稲妻の樹状デザインに目を見張ったり、ご飯を炊いている鍋から漏れ出た湯気が筋状に立ち昇るのを眺めたりするときに起こる。

科学技術や言語、科学や文明の進化を含めた人間の歴史の中にも、進化を見ることができる。すべては比較的短い期間に（たいていはほんの数世紀か数十年、あるいは数年で）、流れを良くするように著しい変化を遂げている。本章では、普通なら進化とは結びつかないテーマであるスポーツに焦点を当て、この洞察について詳しく述べていく。スポーツはとくに実り多い研究分野だ。コンストラクタル法則のおかげで、ありふれた事柄を驚くほど斬新な視点で見られるようになることがわかるからだ。これまでみなさんは、レポーターが、スポーツは進化を続ける流動系だなどと言うのを耳にしたことがあっただろうか。一度もないはずだ。スポーツはまた、コンストラクタル法則を使えば未来が予測できるという強力な例証になり、選手のなかに勝者になるべく運命づけられている集団もあれば、敗者で終わる集団もある理由がわかる。それを通してこの章では、スポーツの進化を説明する初の物理理論を提示する。

## スポーツの進化とコンストラクタル法則

ここでは、広く人気のある競技を新たな観点で見直しながら、動物の移動についての考察も拡げていく。突き詰めれば、運動選手は質量の輸送者でもある。だから彼らも、地表でもっと動きやすいデザインを生み出すという進化の傾向を反映している。また、あらゆる移動はただ一つの原理に支配されているため、スポーツを探究すれば、生物学的な現象（水棲と陸棲の動物の外見が大きく異なる理由など）や科学技術（とくに車輪）の進化に関する、広範な、思いのほか相互に関連した疑問に答えていくことになる。

まず、世界水準の短距離走者になろうとトレーニングをしている人全員について考えてみよう。彼らはパリからロサンジェルス、ブルキナファソのワガドゥグーに至るまで世界各地に散らばり、中学や高校、大学、国立のトレーニングセンターなどに所属している。

毎年、この母集団からひと握りのサンプルが選ばれて、全世界の注目を浴び、声援を受ける。そのサンプルは、富や政治的なつてではなく、物理学（もっと正確に言えば運動学）に基づいて客観的に選抜される。とくに速い者が国内トップクラスの競技会や世界選手権、さらにはオリンピックに招かれて走る。年々、選手は速くなっている。コンストラクタル法則の視点から見れば、スピードスポーツは、地表を高速で動ける運動選手を見つけ出し、トレーニングし、その世話をする流動系だ。この流動デザインは、より速い選手や新記録を生み出すことで進化し、目に見えて向上する。だがそれはこの進化という現象においては瑣末なことだ。もっと重要ではあるものの、わかりづらいのは、スポーツでは、なぜ、どのように速度が増すのかだ。

私も研究仲間たちも、ある朝、目が覚めるとこの疑問に答えたくてたまらなくなっていたというわけではない。その答えを突き止める研究に大金が注ぎ込めるようにと、助成金を申請する者もいなかった。この疑問は、面白いアイデアのある所には自然に面白い頭脳が集まってくるという事実の結果として、たまたま生まれたにすぎない。面白いアイデアとは、飢えた者にとっての無料の食物のようなものなのだ。

二〇〇三年以来、私は毎春デューク大学で、フランス人の同僚シルヴィ・ロレンテとともに、「コンストラクタル理論とデザイン」という講座を受け持ってきた。そこから生まれたのが、私たちの共著『コンストラクタル理論によるデザイン』だ。[*1] ロレンテは、私たちの教材に含まれていないテーマでコンストラクタル法則に基づくデザインについて学生に研究レポートを書かせることを、早い時期に提案した。今ではこの学期末レポートが講座の目玉として定着し、新しい発想の源となり、デューク大学の学生の水準が非常に高いことを常に再認識させてくれている。二〇〇八年の春、ジョーダン・チャールズという学生が、動物の移動のデザインにまつわるコンストラクタル法則の予測を踏まえて、競泳の記録の進化を調べたいと申し出た。彼はただの学生ではなかった。デューク大学水泳チームの平泳ぎのレギュラー選手だった。彼の言葉を聞いた私は、自分がまだ現役のバスケットボール選手で、上達法を学びたいと思っていたころのことを思い出した。

私には、彼が見つけるはずの答えがわかっていた。だがそれを口にはしなかった。ただ過去一世紀にわたって、一〇〇メートルの水泳自由形と一〇〇メートル走における新記録の男女別リストを作るように言った。また、優勝した選手の大きさの進化を詳しく記録するように指示した。

彼が集めた最初のデータは、私たちがすでに知っていることを裏付けている。最速記録は、時代とともにコンマ数秒ずつ縮まっている[*2]（図26グラフA参照）。だが、肝心なのはグラフBの情報で、新しい勝者は前の勝者より体が大きい傾向にあるのだ。体が大きいとは、体が重い（体の質量$M$が大きい）か身長が高い（体長$L_b$が大きい）ことを意味する。そうした勝者は、時とともに上昇する点の集まりとしてグラフに現れる。この新発見を示しているのがグラフCで、グラフAとグラフBを組み合わせ、年という変数を排除し、勝者の速度と質量の関係を表した。点の集まりはだいぶばらつきが減り、速度が増す仕組みをいっそう端的に示している。すなわち、体が重くて背の高い者が速いのだ。点の間を横切る実線は、統計学的に有意の、点の相関関係を表す。こうした線は、コンストラクタル法則によってあらゆる動物に予測される速度と質量の公式（$V \sim M^{1/6}$）に一致する。

この発見からは、短距離走や水泳で速度を上げる体のデザインにとって背の高さが利点になるという予測ができるだけではない。体は細く、高さ／太さという細長比（S）の値も大きくなければならないことがわかった。体重が同じなら、体が細く背の高い選手のほうが陸上でも水中でも、速度の点ではっきり有利なのだ。

チャールズと私は、人間の体を高さ$H$、直径$L$の円柱に見立て（つまり私たちは質量$M$を$\rho HL^2$のスケールと見なした。ただし、$\rho$は体の密度）、過去一〇〇年間の一〇〇メートル走と一〇〇メートル水泳自由形の全記録保持者について細長比$S=H/L$を計算した。予想どおり、時がたつにつれ、彼らは体格が良くなったのに加えて、細長比も増えていたことが立証できた。

今度は、水泳の記録の進化をグラフにした図27で考えてみよう。図26と図27に示されたデータは基本的に同じだ。私が生物学者なら、この発見についてこう記述するだろう。ここに、男子の短距離走界（図26）と男子の水泳界（図27）という二つの動物集団があるが、両者の進化のデザインは同じだ。そして私が生物学者なら、女子の走者と泳者にも同じ進化のデザインを見つけたことに気づくだろう。進化の現象は同じだし、コンストラクタル法則によって予測される原理も同じだ。速度は質量の六分の一乗に比例して、あるいは身長の二分の一乗に比例して増加するのだ。

もちろん大きさがすべてではない。文化、スポーツ教育へのアクセス、食物、トレーニングの方法と設備、医療的ケア、選手の覇気も関係する。また一部の選手が使うような増強剤の蔓延もある。だが、こうした他の要因がみな同じならば、スポーツにおいても、あらゆる動物の

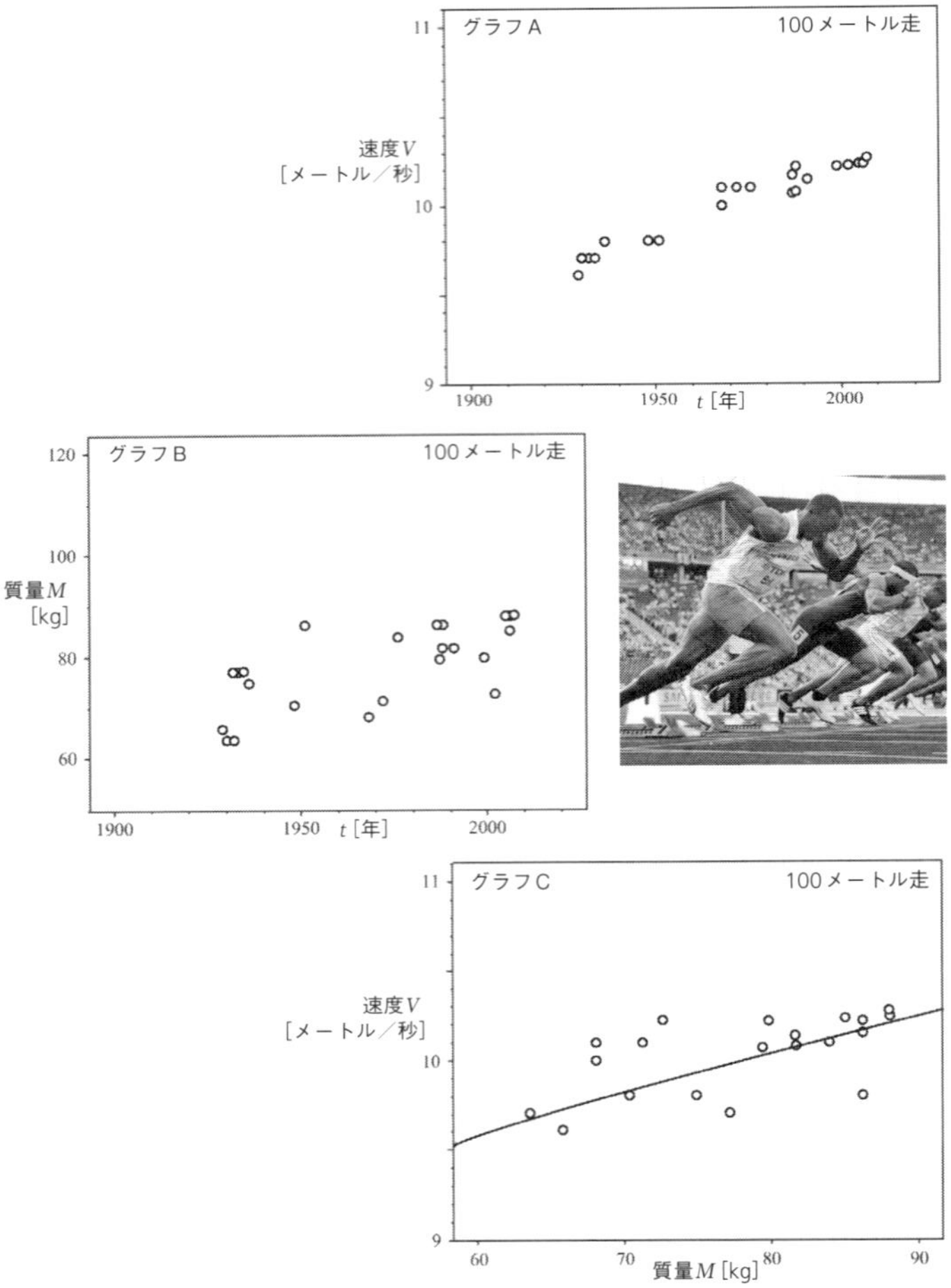


図26　男子の100メートル走の世界記録。グラフAは速度 $(V)$ と年 $(t)$ の関係、グラフBは質量 $(M)$ と年 $(t)$ の関係、グラフCは速度 $(V)$ と質量 $(M)$ の関係を表す。

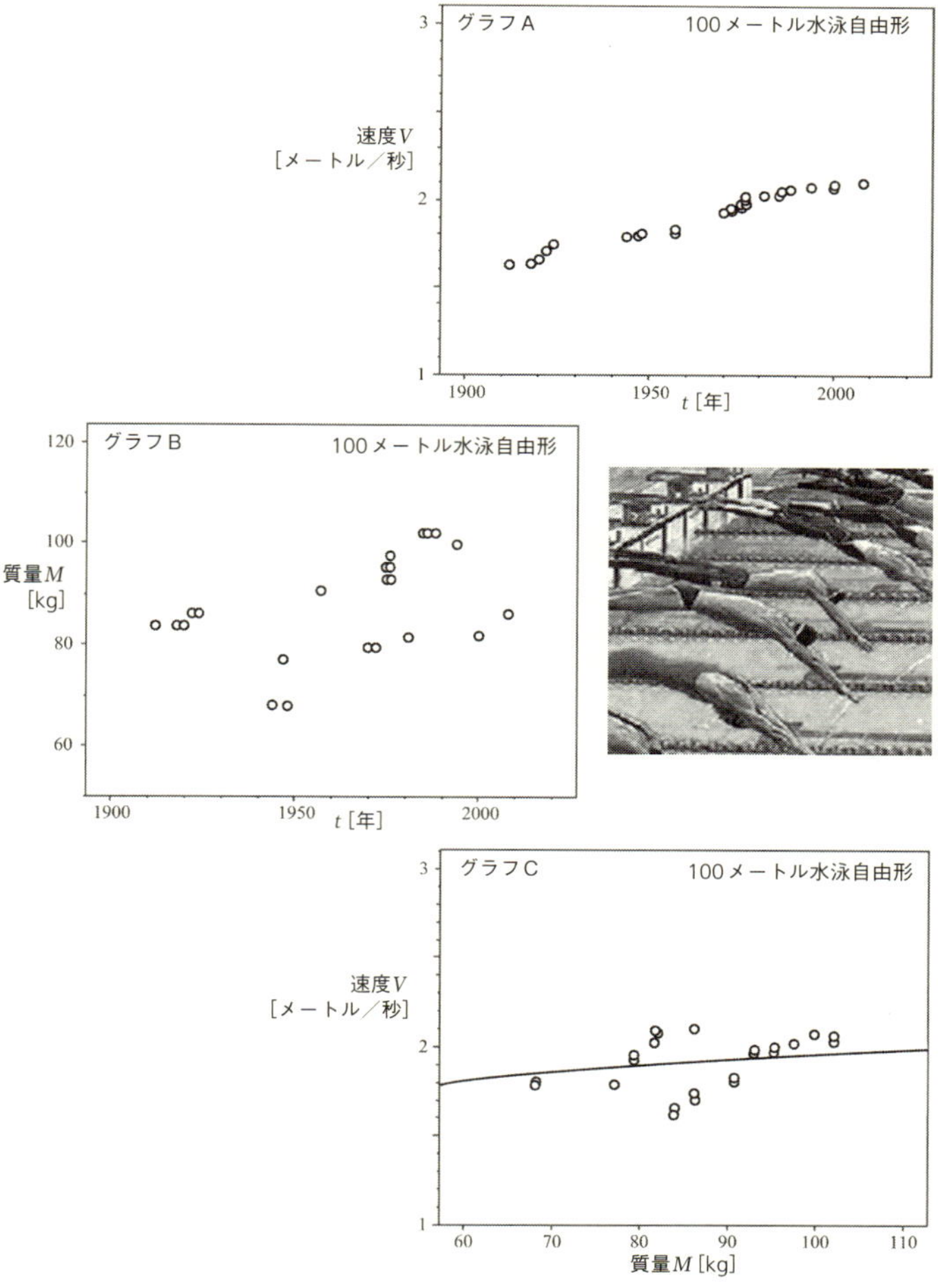


図27　男子の100メートル水泳自由形の世界記録。グラフAは速度($V$)と年($t$)の関係、グラフBは質量($M$)と年($t$)の関係、グラフCは速度($V$)と質量($M$)の関係を表す。

速度においてと同様、大きさが決め手になることがわかる。

チャールズと私は、二〇〇八年の北京オリンピックの二か月前に論文を専門誌に送った。それに添えた手紙には、この論文は北京で短距離走と水泳の両方の競技で起こることを予測しているから、ただちに掲載すべきだと書いておいた。残念ながら、掲載までの一連の作業に時間がかかり、発表されたのはオリンピックのほぼ一年後だった。そして報道界には、身長約一九六センチメートルのジャマイカの走者ウサイン・ボルトと、身長約一九三センチメートルのアメリカの泳者マイケル・フェルプスの勝利を「説明」することに成功した理論と解釈されてしまった。だが私たちは説明したのではない。予測したのだ。

論文は大きな反響を巻き起こした。なぜなら、この発見は最速の短距離走者や泳者だけでなく、勝つために走ったり泳いだりする必要があるスポーツ全般に当てはまることを誰もがたちまち理解したからだ。ほぼすべてのスポーツで速度が求められる。したがって、進化し、上達するために、コーチはより大きくて背の高い選手を見出して育成しなければならない。バスケットボール、アメリカンフットボール、サッカー、水球、バレーボール、ハンドボール、競馬などでは誰もがそれを目にする。マシュー・フッターマンは、二〇〇九年九月九日付けの「ウォールストリート・ジャーナル」紙の記事に、私たちの発見を「スポーツ進化についての大統一理論に最も近いもの」と書いた。*3

## 重心の位置が及ぼす影響

進化の法則がわかったから、デザインの進化を先取りして将来を予測することも可能だ。チャールズと私は、二〇〇九年の論文を次のような予測で結んだ。

将来、最速の運動選手はより重く、より長身になると考えられる。どんな体格の選手にも表彰台に上がる機会を与えるべきだとするならば、速さを競う競技は、体重別にせざるをえなくなるかもしれない。身体力スケーリング〔身体力と質量(体重)の関係〕を考慮すると、これは少しも非現実的なことではない。事実、近代的な競技体制が確立された当初から、このスケーリングは認識されていた。大きい選手は小さい選手よりも、持ち上げる力も、押す力も、パンチする力も強いため、重量挙げ、レスリング、ボクシングには体重別の階級が設けられた。同様に、大きい選手ほど走るのも、泳ぐのも速い。[*4]

成果はそれだけにとどまらなかった。その論文によって、近代スポーツが抱える、タブー視されているものの明白な疑問に取り組む、新たな研究の道が切り開かれたのだ。その疑問とは、速い選手はみな体が大きいからだと考えると、最速の短距離走者は黒人で、最速の泳者は白人であるのはなぜか、だ（図28）。

この難問は、ハワード大学のエドワード・ジョーンズによって私に突きつけられた。[*5] これは世界記録を破った勝者についてだけ言えることではない。実際、二〇〇九年にローマで行なわれた国際水連世界選手権では、一〇〇メートル自由形の決勝進出者は全員白人だった（図27）。その二週間後にベルリンで行なわれた世界陸上競技選手権大会では、一〇〇メートル走の決勝進出者は全員黒人だった（図26）。これは進化上の現象であり、当然同じ原理から予測できるはずだ。

ジョーンズの研究分野は、栄養学と、人体構造が肥満に与える影響だ。彼は大量の調査デー

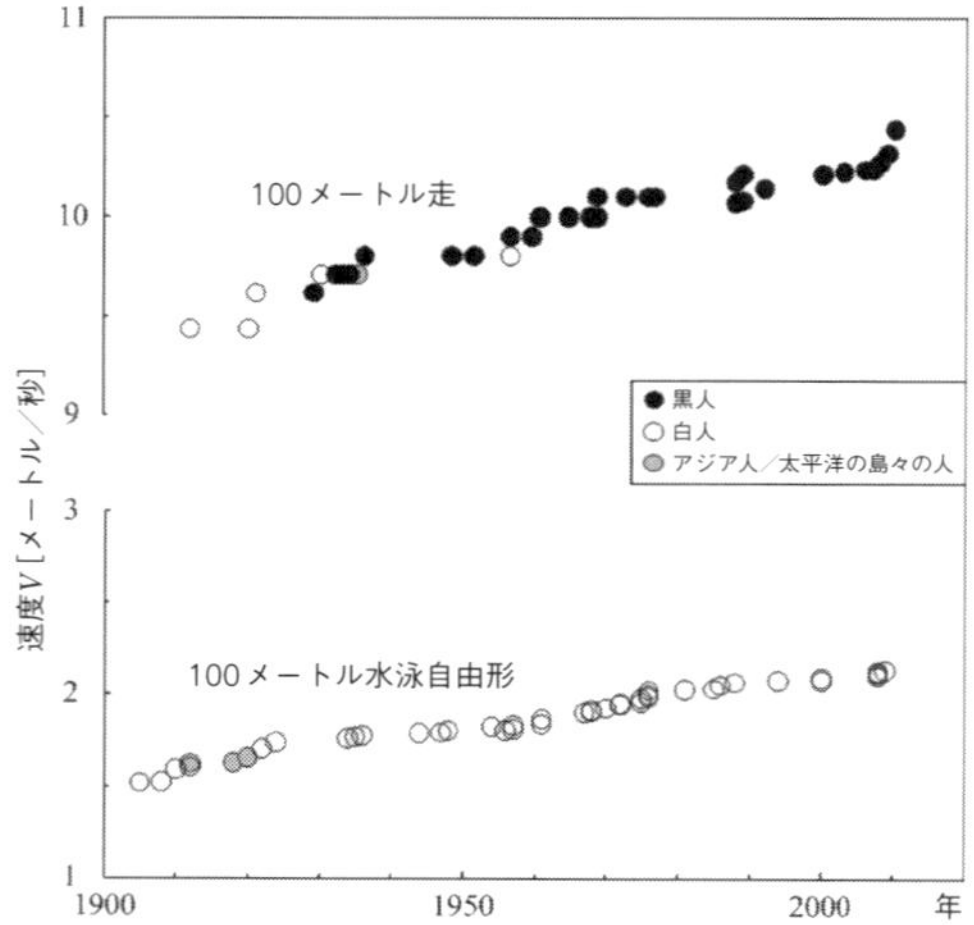


図28　近代スポーツにおける男子の競走（100メートル走）と競泳（100メートル自由形）の世界記録の進化に見られる人種の影響。

タを紹介してくれた。そこには、世界のさまざまな地域に生まれた人の身体構造に、規則的な差があることが実証されていた。

私たちは、図28の謎を解きにかかった。ちなみに、この図は性別には関係ない。速度を競うスポーツの勝者は女子も同じパターンを示す。黒人は短距離走に強く、白人は水泳に強いのだ（図29）。ジョーンズはアフリカ系アメリカ人であり、子供のころから運動選手だった彼の経験のおかげで、この調査は非常に順調に運んだ。私たちは、ポリティカルコレクトネス（政治的公正）の森で道に迷うこともなかった。何十年か前には、社会階級や、陸上競技場へのアクセス（とプールへのアクセスの不可）が、多少この問題に影響を及ぼしていたが、今はそのようなことはない。考えてみてほしい。白人は、競技

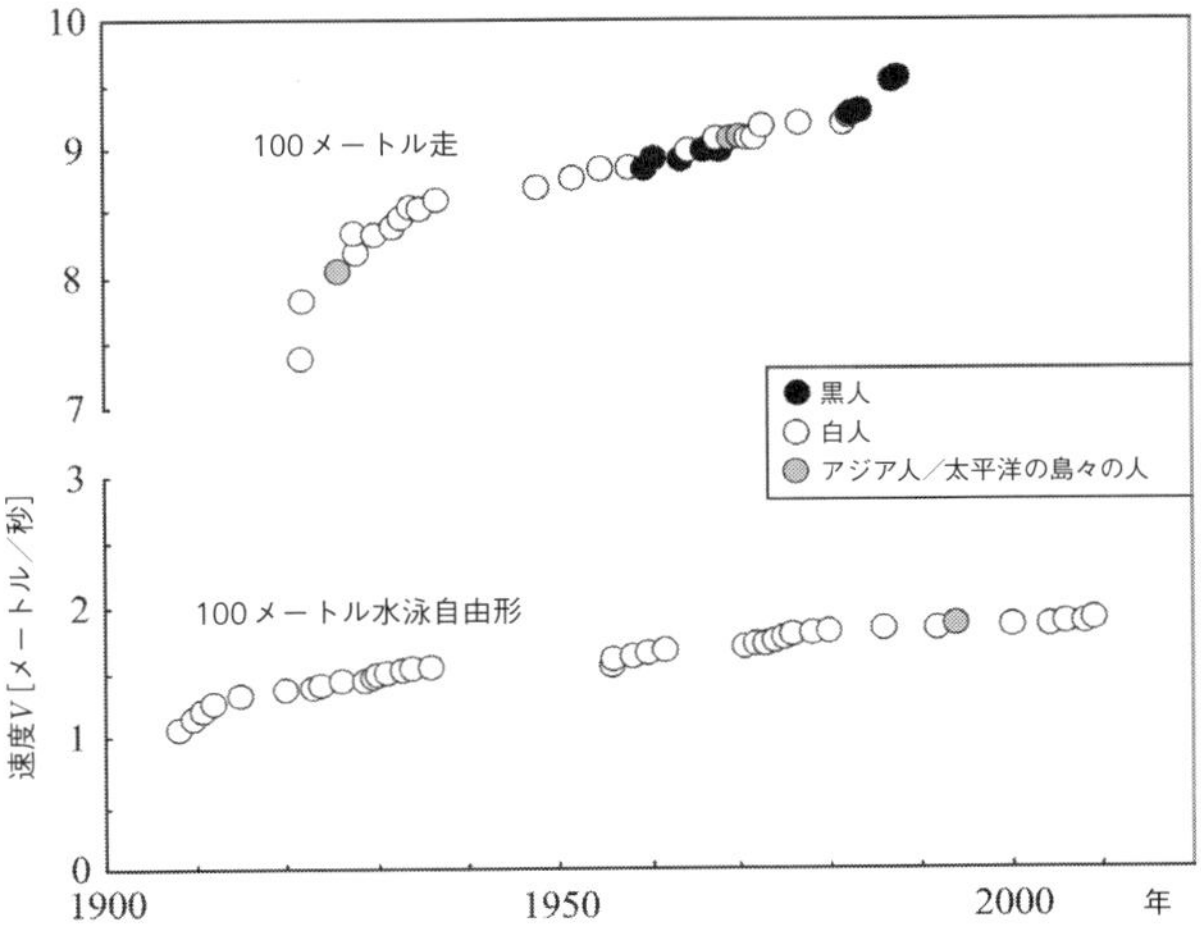


図29　女子の競走（100メートル走）と競泳（100メートル水泳自由形）の世界記録の進化に見られる人種の影響。

場へのアクセスを得られずに育ったから短距離走で不利益を被っているなどということがあるだろうか。

この問題は身体構造から説明できる。真っ先に目につくのは、集団として見た場合、黒人は白人よりも身体密度がおよそ一パーセント高いという事実だ。これは泳者が立ち泳ぎをしているとき、沈まないでいるには重要かもしれないが、水平方向に泳ぐ速さの違いは説明できない。そのうえ、図28、29のデータは水泳と短距離走の両方に関するものであって、水泳だけに関するものでもなければ、立ち泳ぎに関するものでもない。

必要なのは、この謎の両面を同時に解明する着想だった。私たちは数週間、頭を抱えた。だが答えが見つかってみると、それは明快で、美しく、反論の余地のないものだった。動物の移動に関してそれまで重ねてきた私の研究を手直ししているときに、二人で気づいた。動物は水中や地上や空中を移動するとき、水平方向と垂直方向の損失を軽減しながら、(波と同じように)前方へ落下する周期的な過程を繰り返しているのだ。体が前方へ落下し、再び上がる。つまり、走るものは地面から跳ね上がり、前方へ落下する。飛ぶものは翼を羽ばたかせて空中で上昇し、前方へ落下する。泳ぐものは自分の体より上に水を押し上げ、そのときできた波に乗って前方へ進む。体がより高い場所から落下したほうが、着地するときの速度が大きい。この落下速度は、前進速度に等しく、体高の½乗に比例する。長身のほうが速いということだ。

ただし注意すべきなのは、この場合の運動選手の体高が、頭頂から足の裏までの距離（図30の$L_1+L_2$）ではない点だ。走るときの本当の高さは、体の重心の高さ（$L_1$）だ。身長が同じ走者であれば、重心が高い（骨盤から足指までの距離が大きい、つまり脚が長い）人ほど有利だ。体重が、より高い所（$L_1$）から落ちてくるため、より速く走る力が得られる。

水泳の場合、決め手となるのは$L_2$の値であり、重心が低い泳者（骨盤から頭頂までの距離が大きい、つまり胴の長い人）が有利だ。泳ぐとき、水面から出るのは上半身（「波」）だ。泳ぐことによって波が生じる。つまり水泳は、その波に乗る技を競うものだ。波が大きければ大きいほど（上半身$L_2$が長ければ長いほど、水面から高く体を出せる）、波も泳者も速く進む。

同じ身長（$L_1+L_2$）の選手どうしなら、重心の高い人ほど走るのに有利だが、泳ぐのにはその分だけ不利になる。重心が低い選手には、逆のことが言える。つまり、泳ぐのには有利だが、その分だけ走るのには不利になる。

西アフリカ出身の選手はより細くて長い手足を持っていて、重心が他の選手より高いから、スポーツの進化についてコンストラクタル法則の予測が正しいなら、同じ身長で重心の低い走者よりも速く走れるはずだ。また、アジアとヨーロッパ出身の泳者は胴が長く重心が低いので、水の中では有利になるはずだ。これは謎の二つの側面を一度に解決する説明だろう。

多くの人々の身体測定を行なうと、西アフリカ人、ヨーロッパ人、アジア人の間には一貫した違いが見られる。公表された証拠は大変な数にのぼる（この厖大な測定結果を図30にまとめてある）。世界のさまざまな地域出身の一七の兵士集団を対象とする一四の個別の研究で身体測定が行なわれ、平均身長（体高 $H = L_1 + L_2$）と平均座高が比較された。座高は図30で定義した $L_2$ の長さとは必ずしも一致していないが、座高の違いは、集団ごとに $L_2$ がどう違うかを示している。

図30から三つの結論が得られる。第一に、アジア人は他の集団よりも身長が低い傾向があるが、同じ身長の人のうちでは最も座高が高い。図30によれば、アジア人は身長の低い人のなかでは、最も水泳に有利なはずだ。第二に、白人もアジア人と同じように、座高（ほぼ $L_2$）と身長（$L_1 + L_2$）の間に一定の相関関係を保って並んでいるが、彼らの $L_2$ はアジア人より低い。この相関関係は、身長の低い人たち（イラン人、ラテンアメリカ人）から、身長の高い人たち（ノルウェー人、イギリス人、カナダ人）まで変わらない。第三に、西アフリカ人の座高は他の集団の人の座高をかなり下回っている。彼らの平均座高（八七・五センチメートル）は同じ平均身長（一七二センチメートル）の他の集団の平均座高より三センチメートル低い。

もし座高が $L_2$ の値とほぼ同じであれば、走る速度を左右する長さ（$L_1$）は、白人よりも西アフリカ人のほうが三・七パーセント長い。逆に、泳ぐ速度を支配する胴の長さは、西アフリカ人よりも白人のほうが三・五パーセント長い。この $L_1$（または $L_2$）の三パーセントを超える

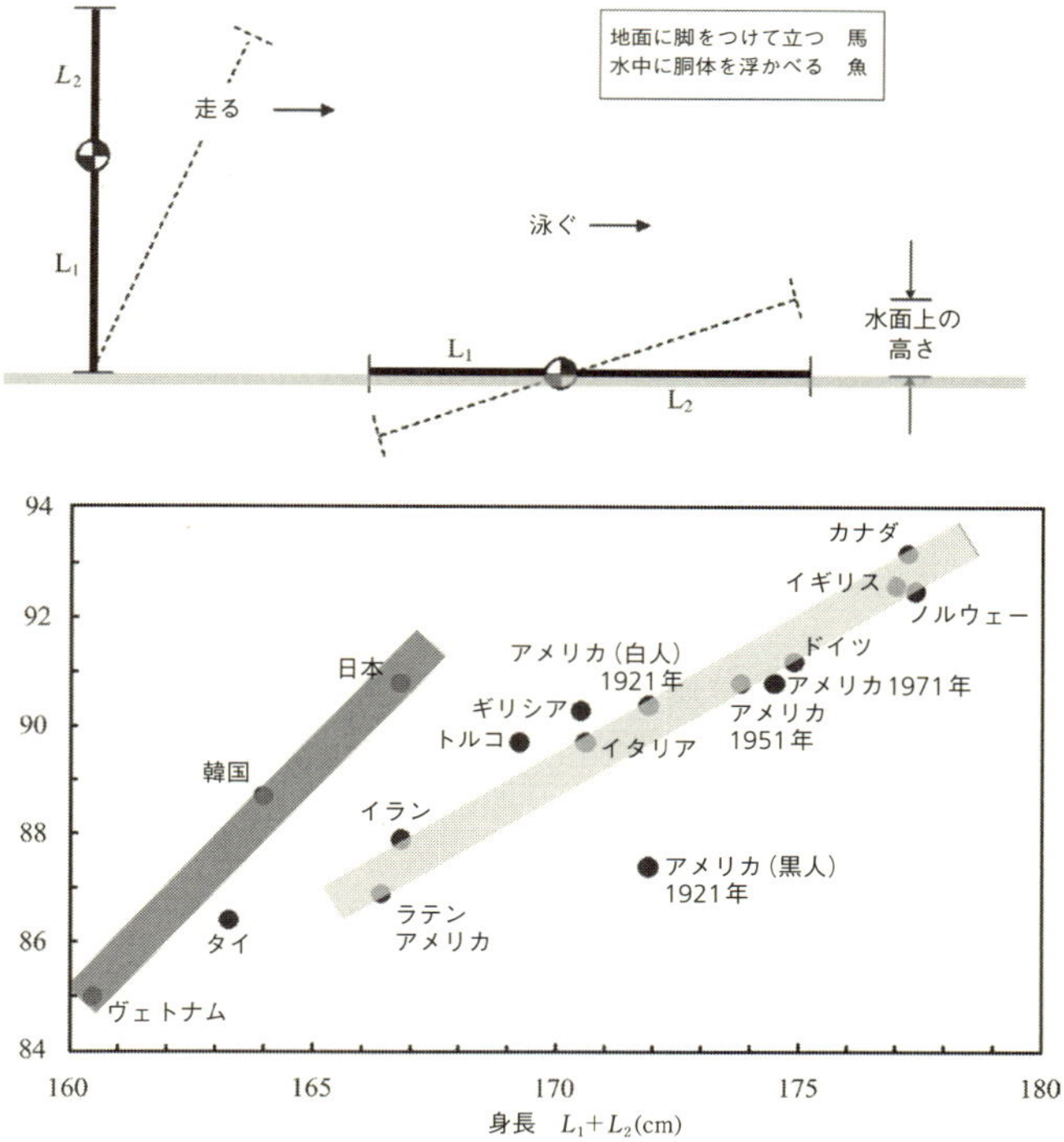


図30　前方へ落下する移動を行なうのにふさわしい体の部位の長さ。走る場合は$L_1$、泳ぐ場合は$L_2$が長いほうが有利。選ばれたさまざまな母集団に属する17の兵士集団の身長（$L_1+L_2$）と座高（$L_2$）。

差は他の測定結果とも一致している。たとえば成人女子の上肢と下肢の骨を比べると、白人よりも黒人のほうがかなり長い。下肢の骨について見ると、黒人女性が八〇・三±一〇・四で、白人女性が七八・一±六・二だ。この二・二センチメートルの差は、下肢の骨全体の長さの二・七パーセントにあたる。これは白人と黒人の座高の差である三・七パーセントと同じオーダーだ。

ようするに、この三パーセントほどの差が、黒人と白人の体における重心の位置の違いを生み、走ることには黒人が、泳ぐことには白人が向いているというように、速さを競う二つのスポーツに対する向き不向きを決めている。短距離走者にとって、重心の高さ（$L_1$）が三パーセント増加すれば、一〇〇メートル走で約一・五パーセント優勝速度が増すことを意味する。これは優勝タイムが約一・五パーセント縮むことを意味するので、たとえば、一〇秒だった記録は九・八五秒ほどになる。年々わずかずつ世界記録が更新されるのと比べると、これはずいぶん大きな差だ。実際、〇・一五秒の短縮は、一九六〇年のアルミン・ハリーから一九九一年のカール・ルイスまで三一年もかかった最速記録の進化に匹敵する。二つの集団の間にある$L_1$の三パーセントという差は、西アフリカ出身の選手がどれほど有利であるかを物語っている。

水泳に関しては、数字上の結論は同じだが、ヨーロッパ出身の選手が有利になる。重心から頭頂までの長さ（$L_2$）が三パーセント伸びると、優勝速度は約一・五パーセント増し、優勝タイムは約一・五パーセント縮む。一〇〇メートル自由形の優勝タイムは五〇秒のオーダーなので、優勝タイムは約〇・七五秒短縮されることになる。これが白人の水泳選手にきわめて有利なのは、たとえば一九七六年のジェイムズ・モンゴメリーから一九八五年のマット・ビオンディまで、一〇年間の記録の進化に相当していることからもわかる。

さらに、女性選手について一〇〇メートル走と一〇〇メートル水泳自由形の速度記録の進化を示した図29からも、この説明が裏付けられる。男女の別を除けば図29と図28に違いはない。女性の場合も短距離走の世界記録を出すのは黒人であることが多い。男性に比べて多少新しい傾向ではあるが、やはり歴然としている。水泳競技に関しては、男性同様、白人女性の優位は近代を通じて明白だ。

この発見は肌の色ではなく身体構造についてのものだ。私たちの発見が発表されたのと同じころ、フランスのクリストフ・ルメートルが一〇〇メートル走で一〇秒の壁を破ったという報道があった。ヨーロッパ出身の陸上選手としては初の快挙だ。だが、アフリカ系アメリカ人の短距離走者ジム・ハインズが一〇秒を切ったのは、四〇年も前の話だ。現在、ヨーロッパの解説者たちは、ルメートルの脚は（ヨーロッパの他の選手たちと比較した場合）並外れて長いことを指摘している。もっと的確な表現をするなら、重心が高い位置にあると言うべきだろう。スポーツ進化のコンストラクタル理論が、ルメートルが一〇秒の壁を破る前に予言していた利点だ。

これは、解決を待っている新たな謎についても、この線で理論的探究を行なってみようという誘いでもある。長距離走を一〇〇メートル走と混同してはならない。表彰台のパターンを見ればそれがいちばん明確になる。マラソンの優勝者は東アフリカ出身者が多いが、昔からそうだったわけではない。一九六〇年のローマ・オリンピックで、裸足で走ったエチオピアの軍人アベベ・ビキラが優勝したときには衝撃が走った。アベベは一九六四年の東京オリンピックでも勝利した。その後東アフリカ勢がマラソンで圧倒的強さを誇るパターンが短期間で確立し、今日では、マラソンではエチオピアかケニアの選手が優勝するものと思われているほどだ。だから、二〇〇八年の北京オリンピックでルーマニアのコンスタンティナ・トメスクが優勝したときのように、東アフリカ出身者でない選手が一位になるとみな驚く。身体構造はどの地域の出身であるかによって決まり、地理を物語り、地上での動きのデザインをうかがわせる。

図26〜30に基づく予測によって、スポーツ進化理論は生物学に貢献している。スポーツ進化について知れば、水棲動物と陸棲動物の外形が異なり、足が最も速い動物（チーター、アラビア馬、グレーハウンド）は重心の位置が高く、水中で最も泳ぎの速い動物は全身が胴で脚がないはずであることがわかる。また、陸上から水中へ進化した哺乳類（クジラやイルカ）の体の中には、退化した足や骨盤があることが見込める。発見するために動物を殺して解剖しなくてもいい。理論を持っているおかげで、はるかに強力になれるのだ。

## 車輪の発明

コンストラクタル法則の貢献は、生物学の分野にとどまらないし、私たちが現実に進化を目撃できるという発見にも限られない。この法則は、動くものをすべて支配しているので、広範囲の意外な結びつきを解明してくれる。人工の流動系（科学技術から社会制度まで）の進化し続けるデザインも同じ物理学の原理によって支配されていることを初めて明らかにしたのもこの法則だ。そういうわけで、動物の移動やスポーツに関する私の研究から、人やものの動きを促進するための大発明の一つ、すなわち車輪の進化について新たな洞察が導かれたのも不思議ではない。

科学の一般的見解によれば、車輪は人間が創り出したものであり、そのため自然のデザインではないことになる。私たちは一律にそう教えられる。そして人間は、地球上で動く他のすべての動物（とすべてのもの）から切り離された一段高い場所に位置づけられる。ダーウィンは墓の中で地団駄を踏んでいるに違いない。コンストラクタル法則は、動物の移動のデザインを予測したように、車輪も進化が予測可能な自然のデザインであることを明らかにして、この見方に異を唱える。

数ある発明のなかでも、車輪ほど私の専門分野である機械工学と密接に結びついているものはない。車輪の登場によって、人間の動きは従来とは劇的に違う次元へと飛躍した。車輪のおかげで、私たちはより少ない労力で、より速く長い距離を移動できるようになり、コンストラクタル法則が予測するように、燃料の単位当たり、動かせる質量が増大した。人間が科学技術を利用して地上での動きを増すなか、車輪は人間と機械が一体化した種の進化における転換点ともなった。

単純な分析をすれば、車輪が地球上での人間の動き方を劇的に変えた理由——そしてまた、車輪が、熱力学的な不完全性の影響を減らして、もっと動きやすくなるように進化を続ける他のすべてのデザインと同じ物語を語っていることが確認できる。ある質量（$M$）のものをある水平距離（$L$）だけ滑らせるとき、消費される仕事量（$W$）は重量（$Mg$）と$L$と摩擦係数（$\mu$）の積に等しい。$M$と地面の間に車輪を配しても、仕事量の公式は変わらない（$W = \mu MgL$）が、摩擦係数$\mu$は劇的に減少する。コンストラクタル法則は、すべての流動系（地表での人間の動きも含む）はしだいに流動しやすくなる配置を獲得することにより時の流れの中で存続する、としているので、小さい$\mu$から大きい$\mu$へではなく、大きい$\mu$から小さい$\mu$へという変化の時間的方向性は、この法則に一致する。

河川流域が日々より効率的な樹状の流動デザインを見つけるのと同じで、人間と、人間が運ぶ荷は、質量をより容易に移動させる方法を見つけた。どちらも、流れを促進するために摩擦などの不完全性を分配するデザインを反映している。ここで断っておく必要があるが、河道が誕生してもぬかるみに染み込む水がなくなるわけではない。同様に、車輪が発明されても滑りはなくならなかった。滑りは、車輪が誕生する前から存在していた動きに匹敵するほど小さい速度と長さスケールで今も存続しており、たとえばトラックの荷の積み下ろしをするときに見られる。古い運動デザインに、より良いデザインが組み込まれた。古いデザインは、依然として良い流動法であるかぎり、時の経過に耐える。複雑な形態が進化しても単純な形態が存続するのも、イルカやゾウとともに微生物やミバエが存在するのも、コンピューターの時代になっても人間が鉛筆を愛用する（私もその一人だ）のも、一つにはそのためだ。

車輪デザインの自然発生は、コンストラクタル法則によって二通りのかたちで予測できる。[*6] 第一に、人間が作った車輪の進化を考えてほしい（図31）。最初、車輪はただの円盤だった。車輪は縁のごく一部で地面と接触していた。接触によって生じる応力は円盤内に不均一に分配された（a）。最大の応力は、接触線付近に集中した。応力は円盤の両端の間を「流れる」ため、両端は反対側が引っ張られたり押されたりしているのを感じる。

最大許容応力が支持構造物全体にもっと均一に近いかたちで分配されれば、材料は少なくて済み、デザインはより「すっきり」する。太さが均一の一本の柱で重量$Mg$を支えるのであれば、材料はずっと少なくて済む。柱内部の応力は均一に分配される（b）。柱の体積は、ただの円盤の体積のほんの一部でしかない。

柱は円盤よりはるかに軽いが、一本の柱では十分でない。車輪をしっかり支えるには、三本以上の柱と堅牢な外輪と堅牢な軌道が必要だ（c）。柱が少ないほど車輪は軽くなる。そして時とともにより容易な運動に向かうというコンストラクタル法則の方向性は、車輪の技術の歴史的進化（aからdへ）によって裏付けられる。

第二に、車輪デザインの自然発生は、車輪の進化と動物の進化の結びつきを認識することによっても予測できる。陸棲動物は回転する物体として水平移動する。先に説明した「前方落下現象」という移動法だ。人体（図32）、あるいは馬の前半身、後ろ半身を想像してみよう。体

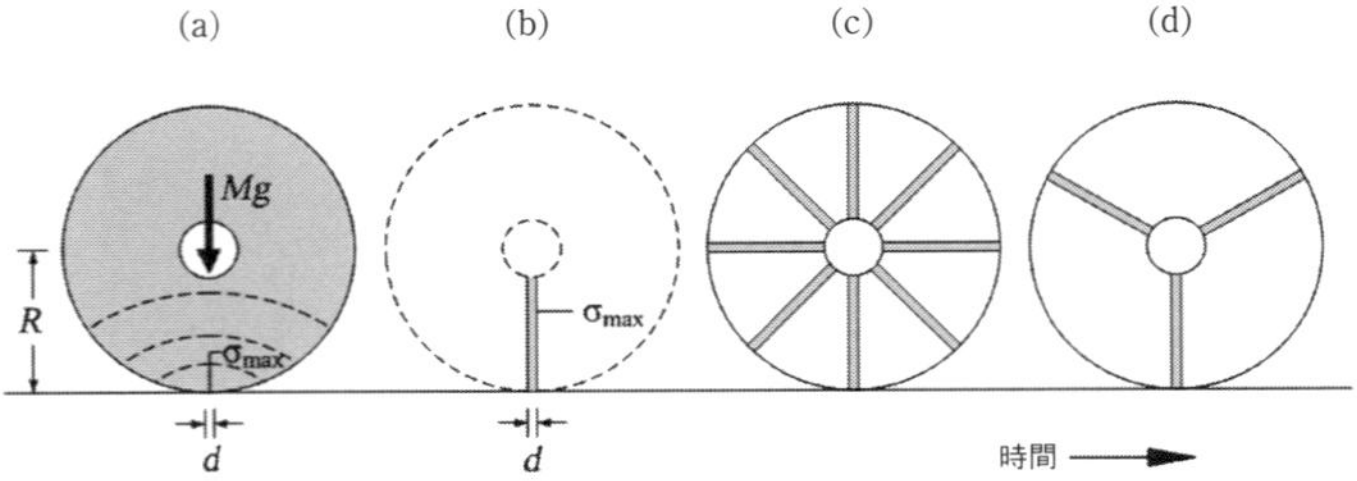


図31　コンストラクタル法則に基づく、古代の車輪から現代の車輪までの回転移動の進化。最大許容応力がしだいに均一に近いかたちで分配され、車輪は軽くなり、車輪を動かすために失う有効エネルギーが節約できる。

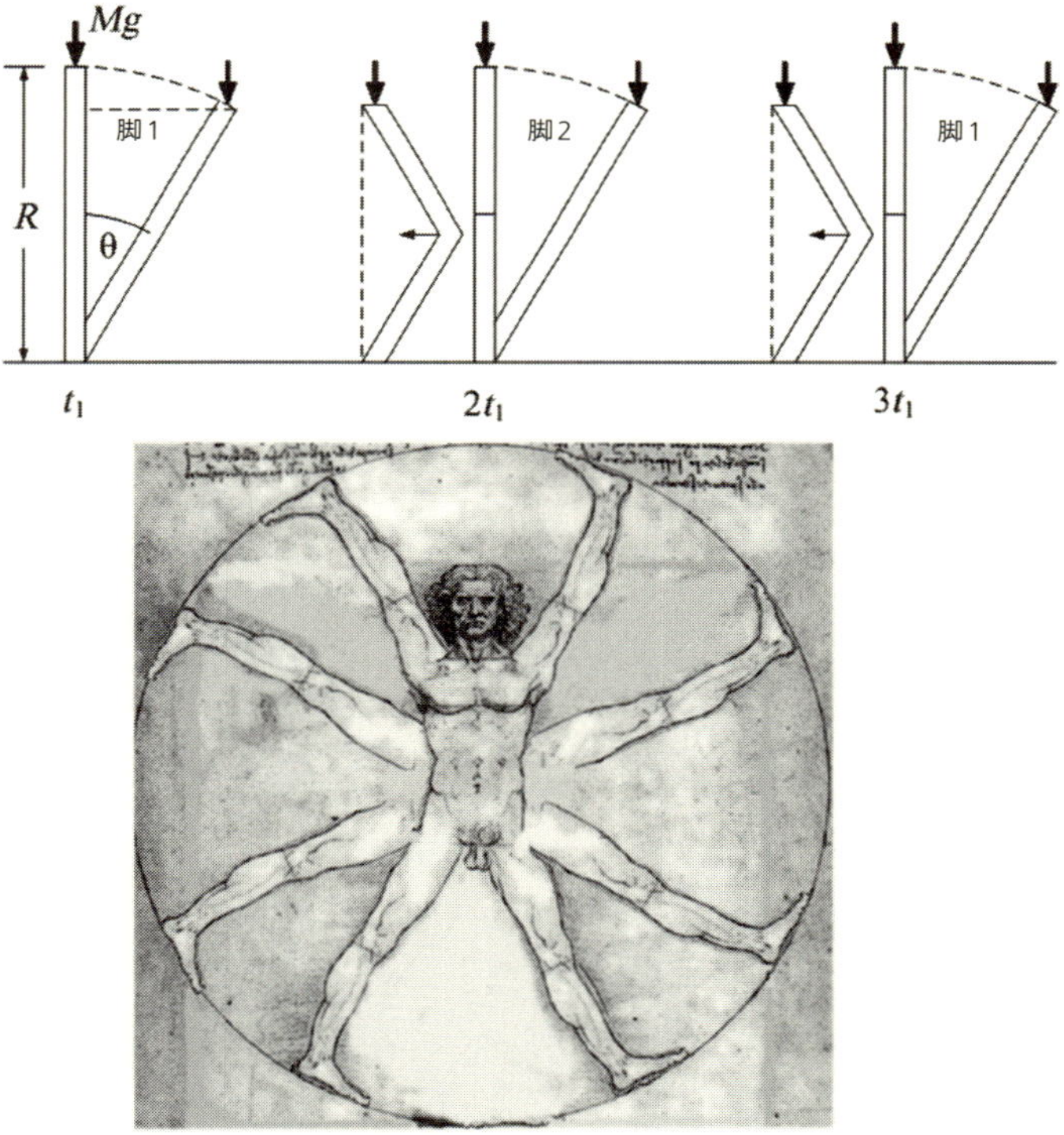


図32　前方落下移動を行なう動物車輪。$t_1$ では脚1を支えにして体が前方に落下する。$2t_1$ では脚2が体を持ち上げる。体はさらに一歩前方に落下する。そして $3t_1$ では体の周りを時計回りに回転する多くの足（下段の人間車輪を参照）ではなく、反時計回りに脚1が前方に動いて、三歩目を受け持つ。

を支えるのが柱一本だけなら、体重（$Mg$）は前方に落下する。図32上段左を見てほしい（$t_1$は一サイクルの円運動の最初の時間区分を表す）。

前方に落下する速度は下方へ落下する速度と同じオーダーで、$V \sim (Rg)^{1/2}$となる（地面からの距離$R$は、体の長さスケール）。ちなみに、$M \sim \rho R^3$（$\rho$は体の密度）であるため、移動速度は$V \sim M^{1/6} g^{1/2} \rho^{-1/6}$とも言える。これは走るもの、飛ぶもの、泳ぐもの（図23参照）や、速度を競う運動選手（図26、27）など、すべての動物に特有の速度として知られるものと一致する。体が大きいほど移動が速くなる。

この水平速度を維持するために、体のデザインとしては、衝撃を吸収し、伸びて、元の高さ（$R$）まで体重を押し戻せる第二の柱が必要となる。筋肉を使って脚を伸ばす自然なデザインが、図32上段中央（$2t_1$）に示された関節だ。$t_1$から$2t_1$までの間に、第二の柱（「脚」）は体重を持ち上げて前方に移動させる。

第三の脚があれば、第一と第二の脚の仕事を引き継ぐのだろうが、それでは動物が移動するために運ばなくてはならない器官は五割増しになる。そのため、前方落下移動の三歩目は、第三の脚が占めるはずだった位置に第一の脚が入って実行する（図32上段右の$3t_1$参照）。第一の脚は（図32下段、レオナルド・ダ・ヴィンチのウィトルウィウス的人体図を部分修正した人間車輪が示すように）時計回りの運動か、あるいは体の後ろからの、反時計回りの振り子運動によって元の位置に戻る。後者の方がずっと軽く、速く、そして（コンストラクタル法則と一致する）回転移動の自然なデザインだ。

二本の柱（脚）は、前後に振り子運動をしながら、完全な車輪 - 外輪 - 軌道の組立品の機能を果たす。たった二本のスポークを用いた車輪と、それぞれのスポークに均一に応力がかかる素材とでそれを行なう。これより強くて軽い車輪は存在しない。

動物の体は、地表を移動する動物の質量を運ぶ車輪であり、乗り物でもある。車輪をはじめ、こうした「発明」はすべて自然に起こったことであり、コンストラクタル法則が捉えた普遍的傾向の現れなのだ。

この自然現象は非常に広く認められる。その理由を解き明かすために、落下する物体は、な

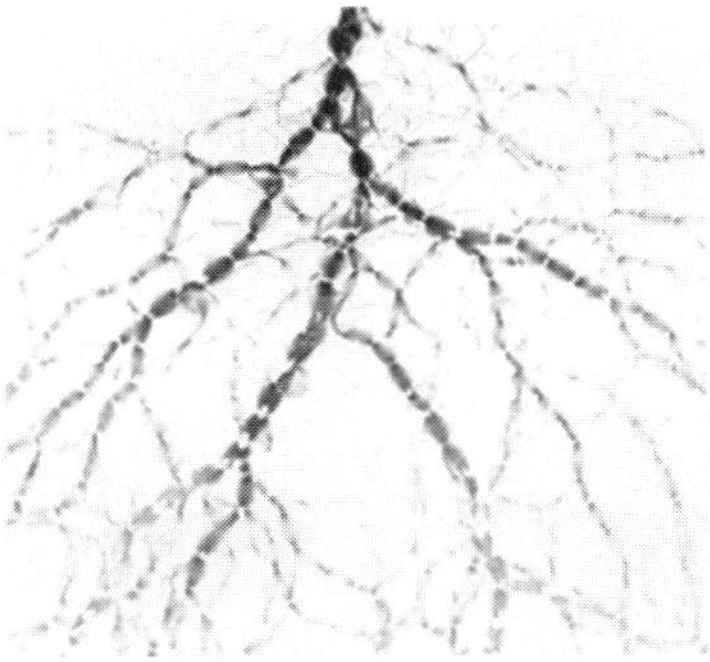

図33　生体組織や土壌に突然、力が加わると、運動量は、自ずと樹状の列を形成して高い応力を伝える粒子を通し、一点から隅々まで伝わる。生体はコンストラクタル法則に基づく傾向を持っているので、高い応力の流路に沿って、より強く多くの素材が割り当てられる。こうして強化されたものが骨や木の根になる。

ぜ一本の堅牢な柱を発達させるのか、すなわち、骨や骨格が存在するのはなぜかを考えてみよう。その答えは、変形可能な固体素材の力学と思いがけない関係がある。発射物が地面に激突したときのように、緩く固められた素材（粒子などで充填された空間）の一点に突然、力が加わると、運動量は図33に示したように、自ずと発生する高応力の線の樹状ネットワークを通じて隅々まで伝わる。[*7] 動物の体が、細かい粒が詰まった袋のように地面に叩きつけられたとしたら、こうした樹状の応力線が体内で形成されるだろう。コンストラクタル法則は、動物が機械的強度――より多く、より強い素材――を、高い応力の流路に沿って割り当てるはずであることを予測する。こうして必然的に現れる補強材が骨と腱だ。次章では、これと同じ予測が木の根や幹、枝にも当てはまることを見ていこう。

## 足のデザイン

動物の脚が柱のような形をしているのは、一点と体全体ではなく、足と股関節あるいは前足と肩という二点間の応力の流れを促進するためだ。脚は二点の間を流れる応力のための柱だ。この応力が二点間しか流れないのは、それぞれの点が、それを中心に自由に回転できる蝶番《ちょうつがい》になっていなければならないからだ。応力が一点と一立体領域との間に流れる場合、生体の固体部分の構造は胸郭のように堅牢で樹状になる。胸郭は二本の木の幹（背骨と胸骨）にたくさんの枝がついたような形をしている。骨の柱の断面が円い理由は、応力を流れやすくするのとはまったく関係ない。それはコンストラクタル法則が、ありとあらゆる方向からの力に曲げられても折れない強くて軽いデザインを求めるからであり、だからこそ木の幹も枝も根もすべて、やはり断面が円いのだ。

頑丈な柱の断面が円くなったのは、ランダムな横曲げの力に強くなくてはならないからだということがわかったので、そこから新たな予測、つまり顎のデザインの予測がぱっと頭に浮かんでくる。歯列は湾曲したナイフの刃のようなもので、顎と同じU字形になっている。そうしたナイフで最も軽いのは、一枚につながったU字形の刃のはずだと言えるかもしれないが、そのような形だと歯の先端から顎という方向以外から力がかかると簡単に欠けてしまうだろう。ほぼ円筒状になった歯から成るU字形の刃にすれば、ずっと強く（裏返して言えば、より軽く）なる。門歯は奥歯と完全に同じではない。それは力のかかる方向が、口の奥に比べて前のほうが少なく（実質的に、前歯で噛むときの垂直方向だけ）、奥歯で噛むときは、さまざまな方向から水平の剪断力がかかるためだ。

自然は車輪のような動きのデザインだけでなく、速度を変えるためのデザインも進化させた。大きいものほど速いのであれば、地面から重心までの高さ（体が前方に落下する高さ）が増すほど速くなるはずだ。

図34は、爬行《はこう》、四足歩行、二足歩行という動物の体の動きの進化を示している。この三種類の動きの象徴としていちばん良く知られているのがヘビと馬と人間だ。この進化には時間的方向性があり、体の大きさが一定なら、平均速度（チーターのような足の速い動物の瞬間的な全力疾走だけでなく、生存期間を通じた地表での質量移動のための速度）は、図34の左から右へ向かって段階的に増すだろう。

次に体の大きさ（$M$）と形（$D_c/L_c$）が、図34の（b）と（c）のように一定だと仮定する。この動物は速度を変えられるのか。答えはイエスだ。動物は長いほうの辺を地面に対して垂直にすることによって、つまり身長を高くすることによって、より速くなる。コンストラクタル法則の方向性は（b）から（c）へと向かうもので、これも動物の移動の進化と一致する。二足歩行による移動は四足歩行による移動から進化したのであり、その逆ではない。

速度を変えるための動物のデザインには、多くの例がある。たとえば、人間には二つの速さの移動法がある。歩くことと走ることだ。馬の場合には大きく分けると三つで、ウォーク（常《じょう》歩《ほ》）、トロット（速歩《そくほ》）、ギャロップ（襲歩《しゅうほ》）だ。人間と馬は、移動の各サイクルで、重心が落ちる位置を高くすることによって速さを増す。

馬の体の動きは、ウォークからギャロップまで跳び上がる高さを段階的に増すかたちで、急

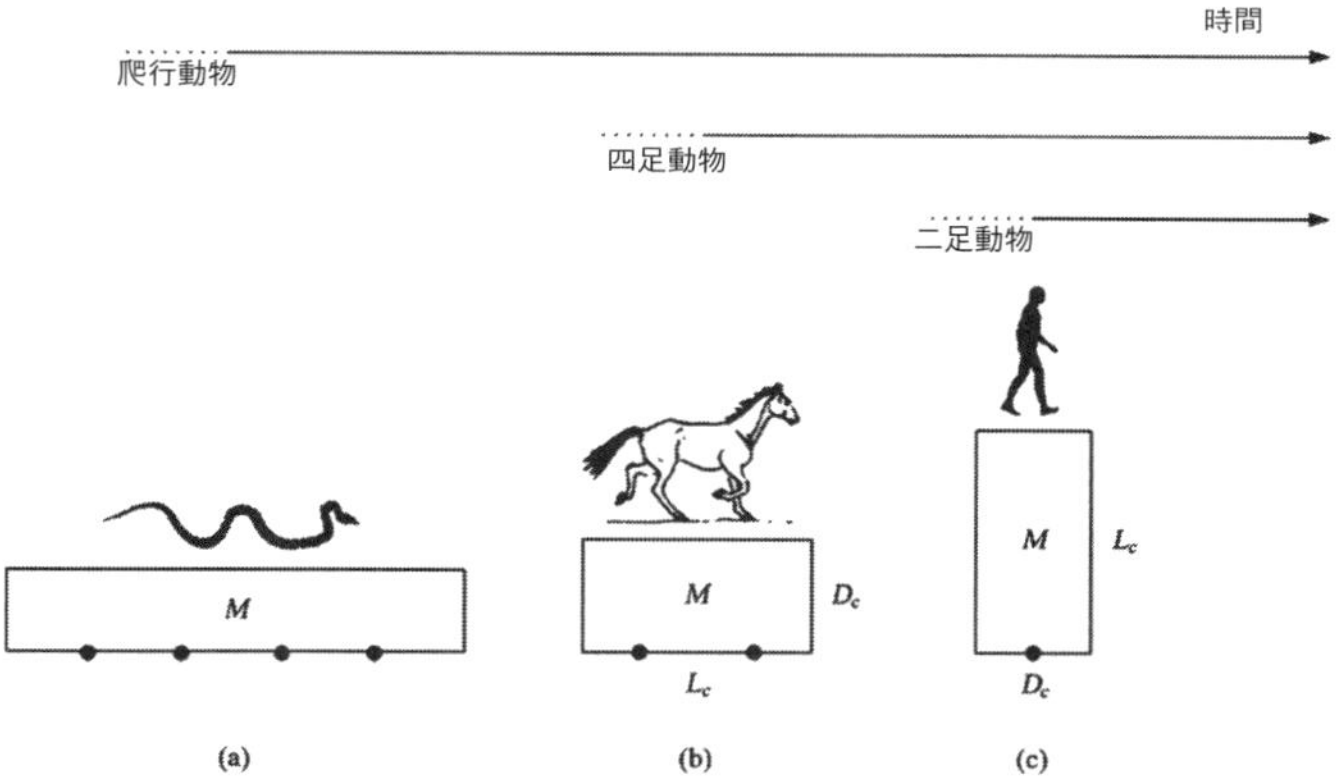


図34　動物の体は、これまで考察してきた単一スケール（$R$）とは違い、多重スケールの形をとる。依然としてごく単純ながらもっと現実に近い形は、長さスケール$L_c$で太さスケール$D_c$を小さくした細長い体（つまり$M \sim \rho L_c D_c^2$）だ。まず$M$が一定で、$L_c$は（a）と（b）のように水平方向を向いていると仮定する。速度を上げるための進化は、高さが増す移動デザインへと向かう。それは$D_c$の値が大きくなるデザインへの進化を意味する。コンストラクタル法則が要求する時間的方向性は（a）から（b）へと向かうもので、これは動物移動の進化のデザインと一致する。つまり四足歩行運動は、爬行運動のあとに生じたのであって、その逆ではない。爬行運動のあとに、爬行運動と四足歩行運動が混在し、そのあとに爬行運動と四足歩行運動と二足歩行運動が混在するようになった。新たな運動のデザインはそれぞれ、既存のデザインに付加される（組み合わされる）。新しい運動はそれ以前の運動を排除したりはしない。速度は、水平な体が高さを増すにつれ、すなわち細長くなくなるにつれて増す。（a）と（b）を比べてほしい。速度はまた、体が垂直に立ち上がるときにも増す。（b）と（c）を比べるといい。この時間的方向性においては、地面と接触する「車輪」の数が減っていく。図32に示したように、そうした車輪の一つ（一個の黒い丸）が二本の脚に相当する。

激に変わる。三種類の動きのデザイン（リズム）を持つ動物の体は、一つのエンジンと三速の変速機を持つ乗り物のようなものだ。

自然の進化のデザインは、車輪に似た移動法や、速度の転換をもたらす体の動きの変化にたどり着いた。その長い進化の歴史の中では、人間が発達させた体のデザインはまだ新しい。とはいえ、地球上をもっと動きやすくなるという同じ自然の傾向に由来する。そうしたデザインの特徴は、地球上で自分の質量を動かすための、私たち自身の進化のデザインの一部でもある。そしてこれは、人間と機械が一体化した種の進化の現れであり、自然界の他のどんなデザインとも同じ現象だ。

## 生への衝動としてのデザイン

工学は、他の科学にはできないかたちで自然界のデザインの解明に貢献している。生物学者や地球物理学者は、自らの研究する現象が厖大な時間スケールを持っていることが多いため、そうした分野で「進化」を目撃したり検証したりするのは困難だというもっともな主張をする。一方、私たちは、動物のデザインを回転運動と速度の転換と同種の、前方落下運動として提示することで、自然界のデザインや進化に関する昨今の議論に重要な教訓を与える。私たちは人間のデザインや科学技術の進化を研究することで、生きている間に実際に進化を目撃し、検証することができるのだ。そうした進化のデザインは、生物と無生物のデザイン現象を結びつける、コンストラクタル法則の時間的方向性をはっきり示している。

同じ進化の方向性やデザインは、勝利するという共通のゴールを目指す人のさまざまな集団で別個に現れる。本当の目的は速度ではなく勝つことで、勝つとは社会的地位を上げること、より良い暮らしをし、より長く生きること、そしてより遠くへ移動することだ。その目的は人生そのもので、その背後にあるのは、生きたいという衝動だ。その衝動は保存（あるいは自己保存）の本能としても知られ、何ものにも優る。

異なるスポーツ群が単一のデザインに向かう進化は（そしてまた、スポーツでは特定の特徴を持つ者が選択されてきたという事実を見れば）、異なる動物種の進化が同じ形態や運動様式に向かうことを説明するのに役立つ類例となる。たとえばサメとイルカだ。一方は魚類、他方は哺乳類で、魚類は哺乳類よりずっと古い。とはいえあらゆる流動系には、時がたつにつれて流れを促進するデザインに進化する傾向がある。陸棲の哺乳類は魚類とは違うデザインを持っている。異なる環境で動くからだ。ところがイルカとクジラは、水中へという一種の進化のUターンを代表しており、魚類（サメ）に似たデザインに戻り着いた。魚類を模倣したのではなく、コンストラクタル法則に基づくと、それが水中運動に適した体の進化の方向性だからだ。

バイオミメティックス（生体模倣技術）など忘れてしまおう。生き物で他の生き物を真似ているものはいない。どれほど頭が良くても、イルカはサメを真似てはいない。両者は異なる。壮大な歴史の中で、それぞれが自らのデザインの進化という映画の今日というコマを生きているのだ。人間と機械が一体化した種としての飛行機の場合、アホウドリやV字形の鳥の群れを真似ているのではない。これらの動物（鳥類と、人間と機械が一体化した種）は、似ても似つかない。前者は鳥類、後者は哺乳類、一方は古い生物、他方は新しい生物だ。それにもかかわらず、飛行機はうまく飛ぶようになるにつれ、外観が互いに似てくるし、鳥の形に近くなる。進化上の変化の方向性は何にとっても同じであるために、飛行機は鳥類と同じ特徴にたどり着いたのだ。素晴らしい一致ではないか。

こうした洞察を通じて、コンストラクタル法則は、より幅広く、はるかに鋭い進化観を提供してくれる。それによって私たちは、進化が生物学だけでなく、物理学の現象でもあることを理解する。そして、乗り物の車輪の進化からスポーツの進化まで、身の周りのあらゆるものに注意を払うことで、さまざまな進化が目撃できることに気づくのだ。

# 第五章　樹木や森林の背後を見通す

ノースカロライナ州ダーラムの自宅近くに、デューク・フォレストと呼ばれる美しい森がある。そこで大王松《だいおうしょう》、半纏木《はんてんぼく》、落羽松《らくうしょう》、赤柏《あかがしわ》、ヘロッシー樫《かし》、紅葉楓《もみじばふう》、四手《しで》、ヒッコリー、南部砂糖楓《さとうかえで》といった、まさに詩のような名前を持った大木の下を歩いていると、足元で落ち葉が砕けるのが感じられ、宙を舞う鳥たちの声が聞こえる。

それは穏やかで、心静まる経験だ。そして、じつに啓発的でもある。ヘンリー・デイヴィッド・ソローが言うように、「私は森に行った。なぜならじっくり物事を考えて暮らし、人生の本質的事実だけに直面し、それが教えてくれるものを自分が学ぶように努め、いよいよ死を迎えるときになって、自分が充実した人生を送ってこなかったことに気づくような羽目になりたくなかったからだ[*1]」

ソローの言葉には昔から共感を覚えてきたとはいえ、彼の探究手法にはあまり気乗りがしない。森を散歩するのは楽しいが、池のほとりの小屋で独り暮らしをするというのは私の理想ではない。私は文明が好きだ。文明が与えてくれる身体的な快適さは素晴らしい。もっとも、自然界のいたるところに現れる樹状パターンを調べるために費やしたこれまでの年月には、詩人や哲学者、神秘主義者、さらには庶民が、地球上のあらゆるものの相互連結について古くから伝わる漠然とした概念や苦労して手に入れた知恵を、どれほど頻繁に樹木を使って表現するかに、強い感銘を受けてきた。

　私たちは家系図《ファミリーツリー》を作って互いのつながりを示す。戦士たちはオリーブの枝を差し出して矛を収め、和解する。図書館の分館や銀行の支店、政府の部門といった言葉を使って統合組織の各部を表す。どんな学問分野にもさまざまな研究部門がある〔英語では「分館」「支店」「部門」のいずれも、枝を意味する「branch」という単語で表す〕。それに、アダムとイヴは知恵の木の実を食べて禍《わざわい》を招いた。アルベルト・アインシュタインは、「あらゆる宗教、芸術、科学はみな同じ木に生えた枝だ」と主張している[*2]。この手の例は他にもたっぷり挙げることができるだろう。自然界の統一性という考えは、人類そのものと同じぐらい古い。だがこれまではずっと、勘や当て推量、第六感のままで、科学的な（つまり合理的で確認可能の）証明がなされることはついぞなかった。コンストラクタル法則は、このミッシングリンクを提供し、長年比喩を使って説明されてきた原理を特定することにより、こうした詩的な骨に肉付けをする。第一に、自然界にはこれほど素晴らしい多様性が見られるとはいえ、動くものはすべて流動系であることをこの法則は明らかにする。次に、流動系は自由を与えられれば、時がたつにつれてしだいに流れやすくなるように進化することを予測する。第三に、この普遍的な傾向で、私たちが自然界のデザインと呼ぶパターンが説明できることを、この法則は示す。最後に、あらゆる流動系が地球規模の流動のタペストリーの中で他の流動系とつながっており、それらに形作られているという事実をこの法則ははっきりさせる。

## なぜ樹木は存在するのか

統一性の目に見えるシンボルという役割を長らく果たしてきた樹木に注目することで、こうした発見の探究を続けることにしよう。樹木がなぜあのような外見をしているか（なぜ特定の形と大きさの根や幹、枝、葉を持たざるをえないか）を知るにつれ、効率的で調和のとれたデザインが自然界で自ずと進化することを示す証拠がさらに見つかるだろう。この過程で、私たちは自分と身の周りのあらゆるものとの相互連結性と統一性を、感じるだけでなく理解することになる。

皮肉にも、コンストラクタル法則は、科学の正統的学説に疑問を呈しつつ、非科学者が抱く世界に対する印象の正しさを立証する科学的原理だ。たいていの人はソローのように、森を歩いているときに自然の統一性を直観する。彼らの心は圧倒的な「自然界のデザイン」の感覚で高揚する。一方、科学者は世界を薄切りにしたり細切りにしたりするように訓練されているため、たいていは森のことを多様性とランダム性の実験室と見なす。森は彼らにとって、分類や区分、専門化を通して理解する複雑で紛らわしい環境なのだ。そこで、柏槇《びゃくしん》の権威になる研究者もいれば、テーダ松の大家になる研究者もいる。誰もが何かしらの専属なのだ。

一見すると、このように差異に的を絞るのは理にかなっている。どの森であれ、大きな木や小さな木、ほっそりした木や頑丈な木、軟木や硬木、大きな葉や針のような葉、数の少ない木や多い木など、異なる植物がいっしょくたになってびっしり生えている。単一の種を眺めたときにさえ、完全に同じ木も枝も葉もない。

多様性に的を絞る科学界に異議を唱えるにあたって、木を見て森を見ずという古い格言どおりの過ちを犯しているのだと、ついつい言いたくなる。だがじつは、過去の研究者たちは最善を尽くし、持てる道具と知識を通して理解を深めていった。ただ、コンストラクタル法則が発見されるまで、木や森のデザインは必然的に規定されるという決定論的な事実を科学的に説明することはできなかったのだ。生物学における植生《しょくせい》の定説はダーウィンに倣い、樹木をこう説明する——すなわち樹木とは、増える一方のさまざまな競合する要求に駆り立てられ、非常に複雑な進化の過程の間に出現する生命ある構造だ、と。樹木は日光を受け、二酸化炭素を吸収し、水を大気へと運ばなければならない。そしてその間、こうした資源を巡って近隣の樹木と競争を展開する。自己修復性を持ち、力学的に頑丈で、強風や枝に積もる雪に耐え、動物に傷つけられても生き延びなくてはならない。干魃《かんばつ》や害虫にも対抗する必要がある。そして、適応して形を変え、開けた空間へ向かって伸び、高い応力がかかる部分は大きくならなくてはならない。

この説明自体は正しい。だがそこには、原理と物理的な仕組みが欠けている。樹木はなぜこうしたことをすべて「しなければ」ならないのか。なぜ、まるで独自の頭脳を持っているかのように振る舞わなければならないのか。そして、完全に同じ木はないにしても、なぜどの木もみな樹状なのか。それにこの説明は、なぜ樹木は存在するのかという、根本的な疑問を無視している。コンストラクタル法則は、流れを促進する普遍的な傾向から樹木の形と構造が予測できるのを示すことで、こうした疑問に答え、自然界のデザインの統一理論を提示する。

## 流動系としての樹木

手始めに、樹木を流動系として認識するのが難しいことを認めよう。もし何か動かないように見えるものがあるとすれば、それは木だ。風に葉を揺らすことはあっても、自然界では、樹木はしっかり根を下ろしたものの典型だ。だが、樹皮の内側ではまったく異なる物語が展開している。樹木は盛んに活動しているのだ。河川流域が大地から河口へと水を運ぶための流動系であるのと同じように、樹木や森林は大地から大気中へと水を運ぶために年中無休・昼夜兼行で働いている揚水所だ。コンストラクタル法則の第一の疑問である、何が流れているかという問いから始めるなら、答えは水となる。樹木は水を運ぶためのデザインだ。まず、根で周囲から水を吸い取り、幹を通して枝に運び、葉が光合成のために日光を捉えようと気孔を開くときに放出するという樹木のデザインは、この仕事を効率的に行なうように調整されている。じつは、あなたが大切にしている椿や梔子《くちなし》に水をやっても、木はほんのわずかしか使わない。大半はまた、大気中に戻される。

これを理解するカギは、「高」から「低」への流動の原理が握っている。熱力学の第二法則によれば、自然界は局地的にも全体的にも、湿気の多い所から少ない所へ水を動かす傾向を示すことになっている。木も草も、湿気の少ない空気が大地から水分を吸い取るために使うストローのようなものだ。大気のことを利己的な利用者だと非難する前に、大気が過飽和状態になると雨というかたちで大地に水を補給することを思い出してほしい。

コンストラクタル法則は、樹木と森林が現れて存続するのは大地から大気への水の迅速な移動を促進するためであることを教えてくれる。この法則は、樹木はみな生き延びるために近隣の樹木と競争する個体であり別個の種であるというダーウィン説の見方を改良するものだ。一歩下がって眺めると、ダーウィンの記述にはいたるところで人間的なものが投影されているのが見て取れる。それは、西洋人が生存のための「闘争」を説明するときに用いがちな記述だ。自分自身の経験から引き出した意味合いを、周りの世界に投影するのを避けるのは難しい。科学の歴史は、主観的な分析を客観的な基準で置き換えるための、進化を続ける努力としても読むことができる。

樹木やその他の植物があらゆる河川流域や雨粒、大気と海洋の循環とともに、自然界における水の循環流動を促進する、巨大な地球規模の流動構造の一部であることを、コンストラクタル法則はその統合的な取り組み方を通して教えてくれる。こんなふうに考えるといい。始めに水があった。熱力学の第二法則により、水は環境内のすべての水分を平衡状態にする自然の傾向に支配されている。そして、コンストラクタル法則により、その動きを促進するために、広範な変形と接続の流動デザインが現れた。植物が水の流れのためのデザインであることは、樹木の存在（大きさ、密度）と降水量との間の地理的相関関係が雄弁に物語っている。

樹木が「発生する」のは、そこに水があり、（上方へ）流れなければならないからであって、「木は水を好む」からではない。同様に、河川流域が現れるのは、水があり、（下方へ）流れなければならない場所だ。どちらも、局地的な水の流動と全体的な水の流れを促進するために現れ、進化する生きた系だ。ともに、地球上でより多くの質量（この場合は水）を動かすデザインを生み出すコンストラクタル法則の傾向の現れだ。進化の歴史を通じて、この流れを促進するために、適切なデザインが適切な場所に現れてきた。たとえばサボテンは、比較的大きくて乾燥してはいないが、そのデザインは風にわずかの水を渡すためのものだ。この外への流れは、乏しい降水量に伴う内への流れと釣り合っている。サボテンの中に蓄えられた水は、サボテンを食べる砂漠の動物の動きを通して流れており、そのおかげでサボテンの流動系は、動物との共生がなかった場合と比べてずっと広範囲に拡がることができる。

これはどれほど強調しても足りない。なぜならこれは、コンストラクタル法則が提供する新しい視点を体現しているからだ。砂漠に比較的わずかの植物しかないのは、植物を維持する水が不十分だからというのが従来の見方だった。これはそれなりに正しいが、砂漠にはほとんど水がないからほとんど植物が必要とされないという非常に重要な点を見落としている。つまるところ、砂漠に揚水ポンプが多数必要なわけがあるだろうか。同様に、たいてい山頂よりも谷間に多くの樹木が生えているのは、標高が下がるにつれて水の量が増え、谷の方が大気に戻すべき水が多いからだ。

河川はコンストラクタル法則に従い、流れなくてはならない水がある場所に発生する。稲妻は電気を帯びた雲が放電しなくてはならないときに発生するし、樹木は大気中よりも地中に多くの水があるところにたっぷり生える。動物は流れる水がある場所に、動物という質量流動として発生する。動物が水源近くをうろつくのは偶然ではない。ほぼすべての動物がおもに水からできている。動物の質量流動は、地表を水の質量が動いていると考えることができる。河川も稲妻も樹木も動物も、自らの中や自らに沿って流動する流れを処理するために現れるデザインだ。それらは自らのために存在するのではなく、地球規模の流動のために存在している。流動系を個別に眺めることも可能だが、流動系は周りを流れるものすべてと協働し、地球上のあらゆるものの動きを良くするように進化する。

さらに、すべての現象に繰り返されるパターンも見て取れる。コンストラクタル法則が発見されるまでは、無生物の系と生物の系の進化を結びつける者はいなかった。河川には、そこを泳ぐ魚に伝えるDNAはない。それでも私たちは、河川流域と循環系のデザインが樹状構造を持つはずであることを予測し、現に持っていることを見出す。この共通性は、両者の進化の歴史がコンストラクタル法則という単一の原理に支配されてきたことに気づいたとき、初めて理解できる。

## 樹木の根をデザインする

こうした考えを念頭に置き、根や幹から枝や葉に至るまで、コンストラクタル法則が樹木のデザインをどう予測するか、さらに詳しく見てみよう。[*3] まず注意すべきだが、樹木は二種類の流れを処理しなければならない。一つは地中から大気中への水の動きで、もう一つは風によって引き起こされる応力の流れだ。したがって樹木は、内部を通過する水の流れを良くし、吹きつける風に対する機械的強度を与えるような構造を持たなければならない。この要件を満たすために、紙と鉛筆とコンストラクタル法則を使って製図板に向かうにあたり、こう問う必要がある。もし、樹木などまったく頭になく、白紙状態からこの二種類の流れを促進する系をデザインするとしたら、私たちが描く図は最終的に樹木のように見えるだろうか。

水の流れを追うには、根から始めて、根がこの流れをどう処理すべきかを考える。私たちが描き出す木の根は多孔性で、さまざまな深さで水が系に入れるような（あらゆる側からの）横方向の流れと、地中から水を持ち上げられるような縦方向の流れの、二種類の水の流れを可能にするものでなくてはならない。縦方向の流れ(貫通水路)は横方向の流れよりも抵抗性[*4]が低い。地面に近づくにつれて根の図の幅を拡げ、下方のさまざまなアクセスポイントから入ってきて増える一方の水を処理できるようにしなければならない。私たちが描く根は、円柱、円錐、先端がこれ以上ないほど尖った針、先端が丸い指形など、思いつくかぎりの形をとりうる。根を通り抜けようとする流れにとって、どれがいちばん適しているだろうか。

可能な形はたくさんあるが、図35（b）の円錐形（ニンジン形）が全体として最も抵抗が少ない。[*5] はたして、森に入ると、あらゆる根が基本的にニンジン形であるのがわかる。どれも、しだいに先細になっているのだ。驚くまでもないが、これは第二章で河川流域のデザインを予測したときの図と同じになる。河川流域も、縦方向の主流路に水が川岸から横方向に浸透する根系《こんけい》だからだ。

水が円錐形の根に流れ込んだ今、その水が上

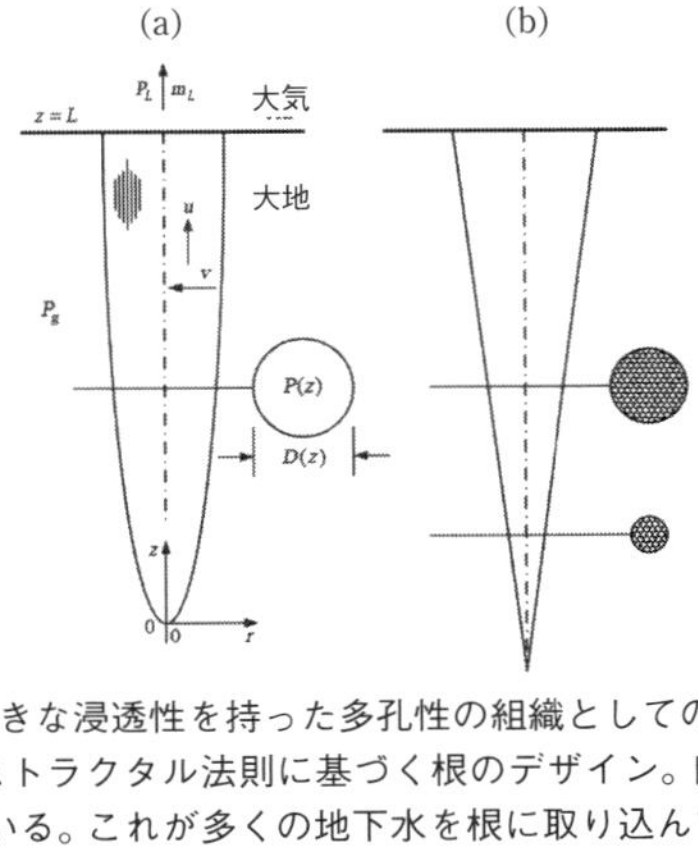


図35　縦方向に大きな浸透性を持った多孔性の組織としての根。(a) 任意の形の回転体。(b) コンストラクタル法則に基づく根のデザイン。自然による根のデザインは (b) に似ている。これが多くの地下水を根に取り込んで幹の中を引き上げられる形だからだ。図中の円は根の先端から$z$の距離での断面の形を表している。図 (b) では、根の断面の中に、管の束の断面が見える。

へ、外へと動くための最善の方法は何だろう。私たちの図からは、体積と長さが一定の単一の導管は、断面が円形で直径が均一なときに、最も流れやすいことがわかった。円形の断面が良いのは、ありとあらゆる方向への曲げに対して最も大きな抵抗を提供するからでもある。だからこれと同じデザインが、たとえば血管にも見られる。森林に話を戻すと、少し地面を掘ればわかるように、根は円形の断面をしており、その中の管も円く、直径は均一だ。

個々の根から根系全体に進むと、コンストラクタル法則からは樹状構造が予測される。これが立体領域（土壌）から（地表面での）単一の点への流れを提供する最善の構造だからだ。河川の流域であれ、稲妻や肺の気道、あるいは脳のニューロンであれ、十分な速度を持つ、一点から一領域への流れがある所には、必ず樹状構造も見つかるはずで、それは、この構造が効率的な流動デザインであるゆえだ。「十分な速度を持つ」ためのしきい値は、それぞれの流動系の環境に固有だが、概念上は、図10に示した最初の流体のうねり（渦）の誕生同様、予測可能だ。したがって、根のために考えうるありとあらゆるデザインのうち、現に進化したのは、水の流れを促進するためにデザインしていたら私たちが行き着くだろうものだった。だから樹状のデザインは予測可能と言えるのだ。

だが、機械的強度はどうだろう。ここではコンストラクタル法則は私たちの流れの概念を押し拡げ、樹木だけでなく骨や橋、その他の固体のデザインを理解する新しい方法を提供してくれる。物体は自らが破壊されかねない二つの力に耐える強度を持たなければならないことに、技術者と生物学者は昔から気づいていた。物体を破壊しうるその二つとは、物体自体の重さと外界の力だ。たとえば橋は、自重と橋を通るものの重さを支え、風などの環境要因の衝撃に耐えるだけの強度を必要とする。私たちの脚の骨は、体重に加えて、動いたり跳ねたり着地したりするときに生み出される力も支えられなければならない。

今まで技術者はこうした力の動きを静的に説明してきた。彼らは、ある物体に応力がかかり、その応力のもと（枝の間を吹き抜ける風や、橋の上を走る自動車）が取り除かれると、応力がなくなると言う。私の研究仲間のシルヴィ・ロレンテは大胆にも、物体中の応力流動を認めた。[*6] 棒の両端を持って引っ張ると、かけられた力は一方の端からもう一方の端へと流れる。一方の端はもう一方の端が引っ張られているのを「感じる」。もし棒の断面が均一なら、応力は阻まれることなく全体を通って流れる。なぜならこれは、固体素材から成る立体領域を使って、最小で最軽量の塊の中に応力を収める効果的な方法だからだ。したがって、たとえば一片の鋼鉄のような固体でさえ流動系であり、そのデザインは河川や鳥、その他、その動きが肉眼で見て取れるもののいっさいのデザインと結びついている。

これを念頭に置いて述べておくが、樹木の構造に関する最新の考察は、自らの重みに屈するのに抵抗する能力に焦点を絞ってきた。だが、樹木の重さは比較的静的で、大きさに比例して増える傾向にある。それよりはるかに有害な要因は、ランダムかつ破壊的なことで名高い風の力で、これが樹木をたえず危険にさらしている。あまり突き出たものはへし折られるのが常だ。今日私たちに「デザイン」という印象を与える植物の構造は、この絶え間ない攻撃の結果なのだ。

頭をゴツンとやられたら爪先まで衝撃が伝わりうるのと同じで、風は樹木の端々まで震え上がらせ、応力を引き起こしてそれが樹木の中を流れていく。樹木のデザインはこうした応力を均一に分配し、最も強い応力(と折れる可能性)を全体に拡散させ、その結果、どの部分も耐えうる最大限の応力に耐え、各部に生き残る最大の機会を与える。ロレンテが提唱した、応力の最も容易な流動という原理を使えば、嵐によって、太く重い枝も細く軽い枝もへし折られる理由が説明できる。どの部分も等しい危険にさらされており、また、等しく守られているのだ。この原理から、骨(体を走る応力のための、言わば「体の橋」)のデザインも予測できる。長い骨は断面が円く、直径が均一になる。それが応力を均一に分配するための、最も軽いデザインだからだ。また、骨は両端でキノコ状に拡がる。腱や靭帯の固定装置の役割を果たすからだ。

木の根に戻ると、私たちは見事なデザインを予測し、実際にそれを見出せる。水の流れを促進する円形の断面と分岐構造は、樹木を安定させもするのだ。もし風が一方向からしか吹かなければ、I型鋼のような断面のほうがうまくいくし、鶏の胸骨は現に、そういう断面になっている。羽ばたきが生み出す胸部の応力さえ処理できればいいからだ。だが、風はあらゆる方向から樹木を吹き抜けていくので、樹木の繊維が曲がるときに最も高い応力を線維の間で分配するのには、円形の断面が最適だ。強風の中で体を安定させるために街灯の柱を握りしめるように、木の根は大地にしがみつく。

## エッフェル塔の秘密

この発見に基づいて、世界でもとりわけ有名な樹状建造物であるエッフェル塔（図36）を見直すことができる。一八八九年に姿を現したとき、高さ三〇〇メートルのこの歴史的な建物は世界一高い人工建造物で、それまで記録を保持していた高さ一六九メートルのアメリカのワシントン記念塔の二倍近くあった。古代エジプト人が建てた方尖塔《オベリスク》に似たワシントン記念塔は、モルタルを使わない空積《からづ》み構造の典型だった。この塔は、使われている石自体の重みで構造を保っている。ギュスターヴ・エッフェルは、自らの異論百出のデザインを一八八八年に説明したとき、これは「ギリシア様式でもゴシック様式でもルネッサンス様式でもない。鉄で建てられるからだ。……これが劇的な大作になることだけは確かだ」と言って、その独創性を吹聴した。その秘密はもちろん、自然なデザインにあった。

技術者はずっと、エッフェル塔のデザインに頭を悩ませてきた。このような構造物は、塔全体が最大の荷重を支えられるように、高くなるほど狭まる割合が落ちるべきだというのが常識だったからだ。だが、ギュスターヴ・エッフェルの塔の上側はピラミッドのように直線状に先細になっている。これは、エッフェルが同時代の人が気づいていなかったこと、すなわち、彼の塔はあまりに高いので、木と同じように、風による水平方向の曲げと、自重による垂直方向の圧縮に均一に抵抗しなければならないことに気づいていたからだ。エッフェル塔はこのように一見すると不完全だった（典型的な形状から逸脱していた）ため、これまで謎だった。エッフェルのデザインが天才的なのは、塔の基部の（自重の下での）圧縮に対する強度と、（水平方向の

図36　草木のデザインは、水と応力という二つのものの流れを促進する。ギュスターヴ・エッフェルの頭に二つのデザイン目標（機械的強度と、大地から大気中へと水を汲み上げること）があったなら、エッフェル塔はエッフェル・ツリーになっていたかもしれない。

風に起因する）上部の曲げに対する強度を組み合わせた点にある。

## 幹と枝をデザインする

さて、ここで理論上の木に戻り、地上に進もう。コンストラクタル法則が予測する自然の卓越した単純性と効率性をなおいっそう堪能できるのがこの部分だ。第二章で見たデザインを思い出してほしい。本流へ水を引き込む川の流域は、その水を分散させる三角州に似ており、心臓から血液を運ぶ血管系は、血液を心臓に戻す血管系に似ている。樹木でも同じことが見られる。根が水を集めて上へ運ぶのに対して、幹は枝と葉を通してその水を上へ、外へと分散させる。樹木もまた無数の形をとりうる。そこで私たちは問う。水は上に動き、風に起因する応力は地面へ、あるいは地面から流れるので、幹の中を進むこの二つの流れのためにふさわしいのは、どんな形なのか。

驚くにはあたらないが、私たちが理論に基づいて描き出した幹のデザインは、根のときに得られたものと同じ形になる。今回は、下端で太く、高くなるにつれて狭まる。水は途中で低い枝へ分散するので、上に行くほど量が少ないからだ（図37）。このデザインは枝にも当てはまる。根や幹と同じで、枝も円錐に近くなるはずだ。（系は水を吸い上げ、より大きな流路へと吸い込むの

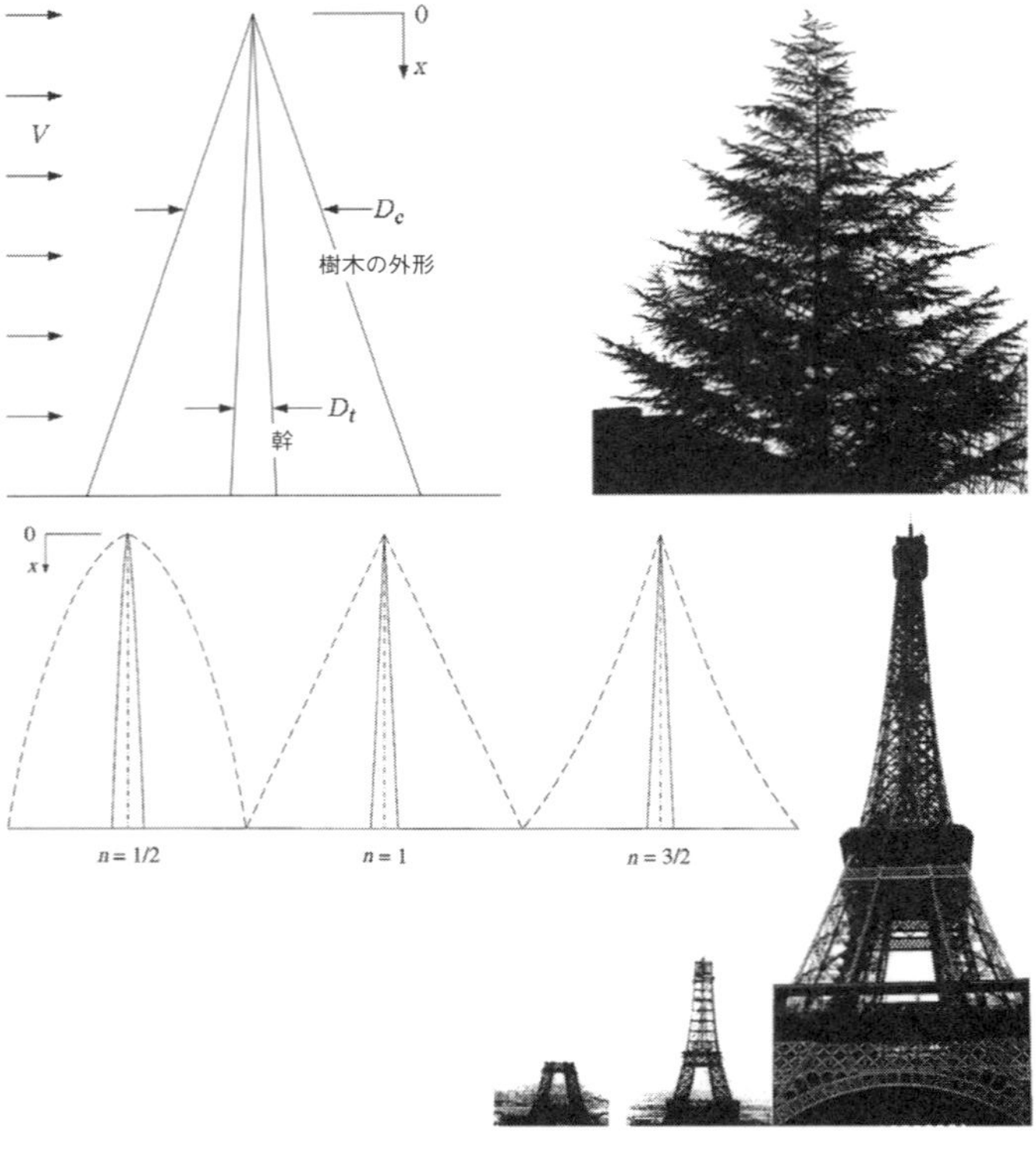


図37　中段の三つの図は、幹の形が樹木の外形にかかわらずほぼ円錐形になるはずであることを示している。

で）地下に深く潜るほど小さな根が多く見つかるのと同じで、木の上へ行くほど小さな枝が多く見つかる。水を大気中に戻すのには、これが効率的なデザインだからだ（図38）。

森の中では、この単一のデザインというイメージには当惑するかもしれない。異なる樹木の外形はとても違って見える。枝垂《しだ》れ柳《やなぎ》をポプラや胡桃《くるみ》と混同する人はいない。だが、これは人をヘアスタイルで判断するようなものだ。葉をすっかり取り払ってしまえば、あらゆる木や草の幹や茎、枝が先細になっているのがわかる。どれも本来、円錐形をしている。そして、根の場合に見られたのと同じように、水の流れを促進する円錐形のデザインは、幹や枝を通る応力の流れを処理するのに適した形でもある。このように、自然は樹木の中を巡る複数の流れを処

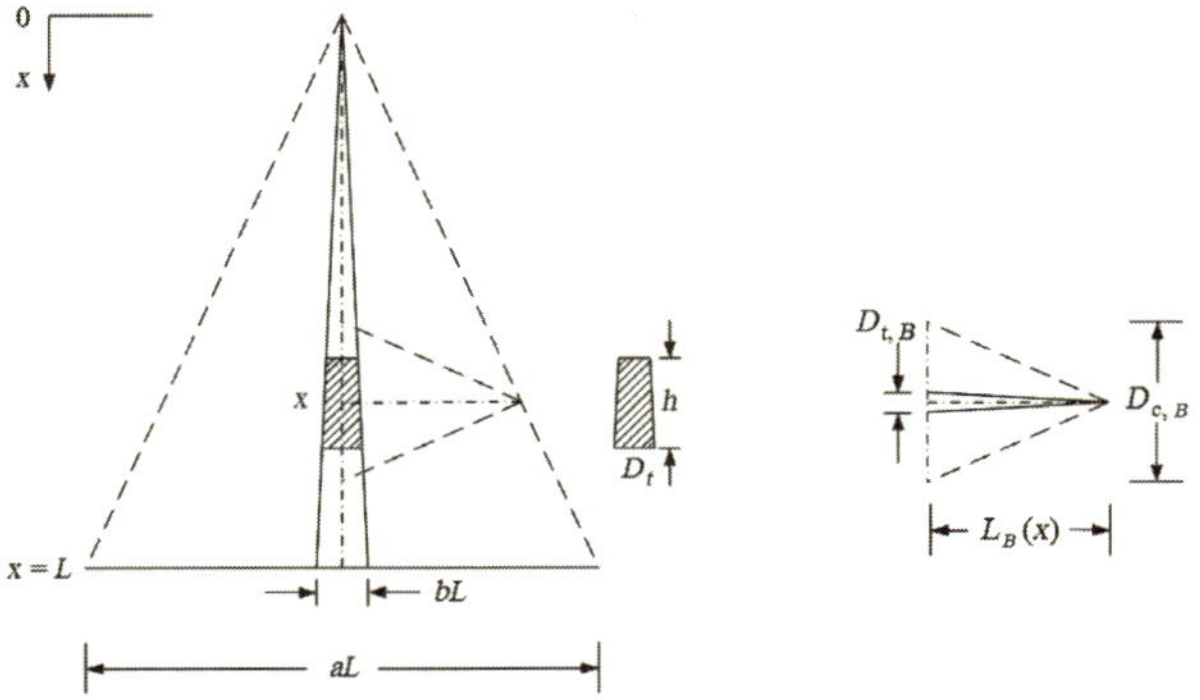


図38　コンストラクタル法則に基づいて予測した幹。定数比は$h/x$（$h$は幹から突き出している枝一本当たりの幹の区分の高さ、$x$は枝の高さから幹の先端までの距離）。

理するための、優雅で均一なデザインを示す。これらの流動構造はすべて、根と幹と枝が円錐形を発見した結果だ。

河川流域と動物の移動についての考察で見たように、良いデザインはほぼ例外なくスケーリング則を伴っている。芸術や建築の名作の多くが目を楽しませてくれるのは、それらが美しい均衡から生まれる調和を実現しているからだ。[*7] 木や草のデザインには割合の規則があまりに多く含まれているので、幾何学者か芸術家が思いついたのではないかと考えたくなる。じつは木や草は、最も単純な解決法がしばしば最善で、自然はうまくいく方法をいったん発見すると、それをひたすら推し進めることに気づかせてくれる。

木々をさっと眺めれば、下のほうよりも上のほうが枝が多いことがわかる。これは偶然の結果ではない。非常に明確なデザイン原理が働いているのだ。それを理解するために、高さ一〇フィートの木を思い浮かべよう。幹は多くの区分の積み重ねで、それぞれの区分は、幹から枝が一本だけ出ている範囲に相当するとしよう。つまり、区分の数と枝の数が一致するわけで、枝が密集している部分では、区分は短くなる。最初の区分の長さが一フィートなら、この区分と幹の長さの比は一対一〇ということだ。すると、これが幹全体に沿っての枝の分布を決める割合となる。

したがって、枝の生えた幹の二番目の区分は、一対一〇というこの割合を保つためには、長さ一〇分の九フィートでなければならない。三番目の区分は長さ一〇分の八・一フィート……という具合になるはずだ。この割合は常に一定だが、幹の区分が短くなり続けるので、枝の数はしだいに増えていく。

外に飛び出して庭の木にこのスケーリング則を当てはめる前に思い出してほしいのだが、コンストラクタル法則があらゆる面でそうであるように、これも樹木がどのような外見を持つはずかを予測している。実際には、このデザインを厳密に反映している実例はほとんどない(農場で育てられたクリスマスツリーはかなり近いが)。現実の世界では、多数の環境要因が枝に影響を与えている。たとえば、強風で枝が曲がったり、もぎ取られたりする。木が密生した森や山の北側の斜面では日光が不足し、下のほうの枝に災いする。局地的な環境条件以外にも、個々の木の形や構造に変化を生み出す要因は多数ある。その結果、局地的な条件や特有の変化にも影響される自然界では、幅広いパターンが見られる。コンストラクタル法則は、あらゆる木のデザインの詳細まで予測しない。あらゆる木が流れを促進するデザインを進化させる傾向を明らかにするのが、この法則だ。

木の枝と高さの間の比例関係は、めったに実現しないが、この関係は木の進化を説明するデザインの方向性だ。木はより良い流動パターンを生み出す。この比例関係のおかげで、木のデザインの有名な経験則をいくつか(紙と鉛筆だけを使い、わずか数行で)予測することも可能になる。その一つがレオナルド・ダ・ヴィンチの法則だ。彼のノートには目を見張らせられるが、その一ページには、先端に向かって細くなるのに伴う幹の断面積の減少分は、それぞれの幹の区分から生えている横方向の枝の断面積に等しいと記されている。この洞察は断面の大きさの観察にしか基づいていないが、正しい。だが、レオナルドには、なぜそうなるのかがわからなかった。その理由は、コンストラクタル法則が予測するとおり、樹木の中を進む水と応力の流れに関係している。

## 樹木を流れる水のために

水は、「仮導管《かどうかん》」と呼ばれる、相互連結したストローのような一連の管を通って樹木の上へ、外へと移動する。その様子を思い浮かべるには、仮導管代わりに一〇〇本のストローで木を作っているところを想像するといい。この木の最初の枝にたどり着くと、ストローのうち一〇本が分かれて、最初の枝に水を送り込む。これによって、一対一〇というスケーリング則がこの木のために定められる(この割合は木や草によって異なるが、個々の木や草では均一だ)。

次の枝が生えている幹の区分に進むときには、幹の中には九〇本のストローが残っている。二番目の枝へは九本のストローが分岐して入っていく。この調子で、水を運ぶストローの一〇パーセントが、枝ごとに分岐して入っていくことを、幹の先端まで繰り返す。レオナルドが見て取ったとおり、二番目の幹の区分と最初の枝の断面積の合計は、最初の区分の断面積に等しい。三番目の幹の区分と二番目の枝の断面積の合計は、二番目の区分の断面積に等しい。

枝一本に割り当てられた幹の区分の高さと、その枝から幹の先端までの距離との間には比例関係があること（h～x 図38参照）を、水の流れと応力の流れを促進する構造をデザインする理論を使って、私たちは予測できた。

コンストラクタル法則の結果として得られる別の経験則に、フィボナッチの数列がある。長い歴史を持つこの数列は、先行する二つの数の和がその次の数になっており（0、1、1、2、3、5、8、13……）、黄金比とも関係が深い。植物では、幹周りの枝の螺旋《らせん》状の配列というかたちで見られる。コンストラクタル法則に基づく樹木のデザインでは、そういう配列が求められるのだ。

螺旋状にならざるをえないのは、次のような理由による。木や草が大地から大気中へ水を効率的に移動させるには、枝の一本いっぽんが近くの枝の影響を最も受けづらい空間へ横向きに伸びていなければならない。どの枝も大気中へ水を放出しており、水を発散する他の枝からいちばん遠い所に最も乾いた空気があるからだ。どの枝も、最も湿度の低い空気を含む空間に向かって伸びていく。枝どうしの干渉を減らす必要性は、コンストラクタル法則の言い換えであり、大地から大気中、つまり幹の根元（点）から木全体（立体領域）へ移動する水の流れを最も良くすべく形を変える傾向ということだ。樹木の周りに点々と見られる乾燥した空気の塊は、樹木の周りを逆向きに回転しながら幹の先端に向かって上っていく二本の螺旋として思い浮かべることができる。

二重螺旋構造は、新奇なものではない。コンストラクタル法則の貢献は、交差を繰り返しながらこのループを形作る曲線が螺旋でなくてはならないのを予測した点にある。では、なぜ螺旋を成す必要があるのか。それは、$h$と$x$の間に予測される比例関係（図38）と、やはり予測される円錐形の木の外形が、螺旋を描くための規則になっているからだ。円錐の表面に螺旋を描くためには、円錐と、ある特定の割合が必要で、その割合に従い、螺旋の回転は円錐の頂点に近づくにつれて密になっていく。

これが理論の力というものだ。私は植物学者ではないが、コンストラクタル法則が与えてくれる原理を通して、現在植物学が研究している多くの現象を予測することができる。樹木の外形がコンストラクタル法則に基づく構造をとっていることから、どんな樹木の総体積も、樹木の外形の総体積（$\sim L^3$）を特定の数で割ったものと予測できる。ただし、$L$は幹の長さ（そして、構造全体の長さスケール）。また、葉の体積に対して最適の木部の体積の割り当てがあり、大きな木は小さな木よりも単位体積当たりの木部が多くなっているはずだ。さらに、同じ大きさの木でも風が強い地域にあれば、木部の割合が大きいに違いない。一本の木の全質量流量は、その長さスケール*L*あるいは、上から見た時の樹木の外形の直径に比例しているはずだ。植物のデザインのこうした特徴はすべて、どの植物を測定してみても一律に当てはまる。

## 森を見る

ここでもう一度、デュークの森に戻ろう。その小道を散歩していると、驚くべき多様性に遭遇する。大小さまざまな樹木が豊かな光景を織り成している。一見すると、樹木の大きさの分布は無秩序に思える。大きな木の間に適所を見つけて、小さな木が点々と隙間を埋めている。だが、この配置には秩序があることがわかったとしても、みなさんは今さら驚くこともないのではないか。それぞれの木が、大地から大気中への水の流れを促進するようにデザインされた個別の揚水所であるのと同じで、森全体も、同じことを壮大な尺度で達成するために大小の樹木を取り揃えた、一つの巨大な揚水所だ（図39）。すべての樹木が流動系で、コンストラクタル法則に従って進化しなければならないことは、すでに見た。この原理から、私たちは木々に共通のデザインを予測した。だが、そこで終わりではない。樹木が他のすべての樹木や植物、さらには環境とも分かちがたく結びついており、それらに形作られているのを認めることで、私たちの理解ははるかに大きな飛躍を遂げる。

どんな流動系でも、基本構成要素やそれより大きな構成体はみな、時がたつにつれて流れを良くするパターンを生み出す普遍的傾向に導かれているはずだ、とコンストラクタル法則は宣言する。樹木はより大きな流動系である森林の構成要素だから、その大きさと分布は、自らの流れを楽にするデザインを生み出す森林の傾向によって決まるはずだ。

ある意味で、自然は巨大なロシアの入れ子細工の人形のようだが、人形の中に人形が入っているのではなく、流動系の中に流動系が見られる。それぞれの木や森は単一の存在だが、すべてが互いに供給し合い、形作り合っている。個々の細流や小川が刻々と形を変える流動系で、大きな河川流域の進化を続けるデザインの一部でもあるのと同じだ。動物の移動に関する第三章で、肺と心臓の形と構造が二重の効率性を示しているのを見たことを思い出してほしい。肺と心臓は、酸素を供給し、血液を循環させるための良いデザインであると同時に、最低限の有効エネルギーで体を動かす動物にとって効率的なデザインの構成要素でもあるのだ。どの樹木も、独立した揚水所としてうまく機能すると同時に、森林という、はるかに大きな揚水所の構成要素でもある。

私は研究者仲間と、二〇〇八年に「理論生物学ジャーナル」に発表した論文で、樹木と森林の関係を探究した。最善の揚水所のデザイン、つまり、最善の樹木の分布は、少数の大きな木と多数の小さな木から成るはずだと私たちは予測した。水を移動させるために林床全体を植物

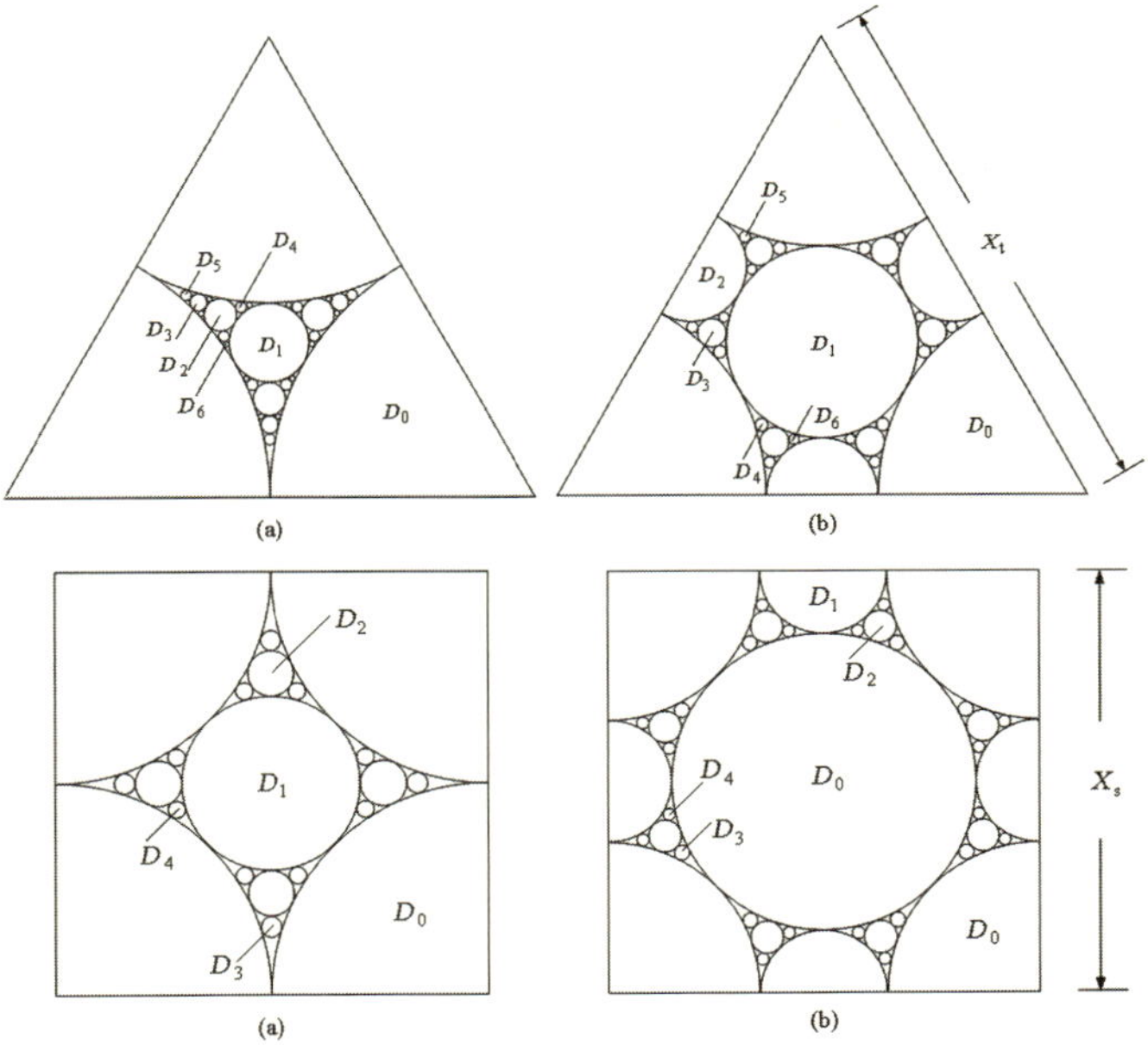


図39　林床のデザインは、さまざまな大きさの外形の樹木が織り成すタペストリーだ。(a) アルゴリズムに基づいた、しだいに小さくなるスケールの生成。(b) 全体的に水の流れを良くするため、大きな樹木が多いデザイン。$D$は樹木の外形の直径。$X_t$と$X_s$は正三角形と正方形の辺の長さ。

で覆うのにはそれが良い方法だからだ。私たちは、樹木を揚水所とし、一定の領域を樹木で覆い尽くすことを目指す一連のデザインによって、この考えを試した。まず、背の高い木々から始めた。高木のほうが多くの水を移動させるからだ。私たちはコンストラクタル法則に基づき、それぞれの木が自らの長さスケールに比例して全体的な流動率に貢献すると予測した。そして、いちばん背の高い木々に1というランクを与えた。決めた領域内にいちばん背の高い樹木をできるかぎり多く配置すると、その間に隙間が残った。そこで2というランクを与えた、少し低い木々でその隙間を埋めた。前より多くのスペースが埋まったが、まだ隙間が残った。そこで私たちはこの手順を繰り返し、全領域が利用されるまで順に小さな木で埋めていった。

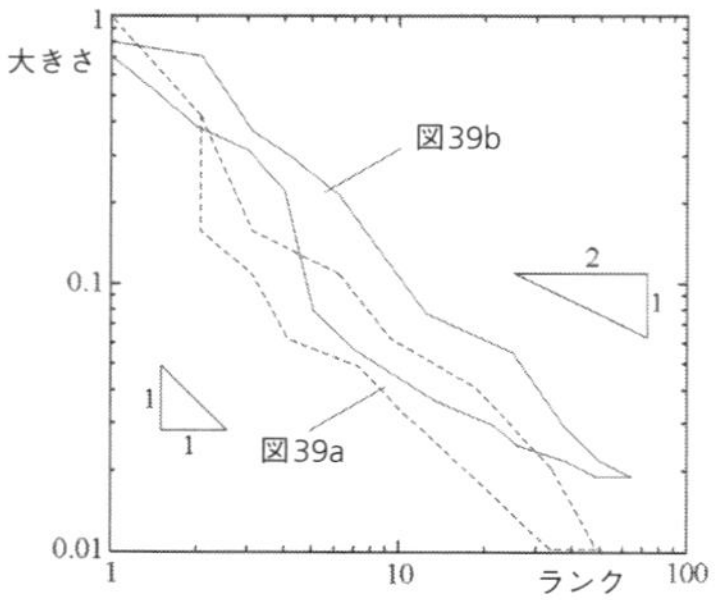


図40　林床に見られる樹木の外形の大きさと、大きさに基づくすべての樹木の外形のランク。図39の内容をグラフにまとめたもの。最大の樹木の外形は座標軸で1というランクを与えられている。すべての樹木の外形は、右下がりの線として、−1/2から−1の傾きで連なる。これは経験的に知られている。この分布はコンストラクタル法則によって予測できる。

すると、でき上がった図面からは、仮に完全に予測できていなかったなら驚くようなパターンが浮かび上がった。さまざまな大きさの木々すべての間に階層的関係があったのだ。どの領域でも、とても大きな木の数は少なく、小さい木ほど多くなった。私たちがコンストラクタル法則に基づいて描いた森の樹木を大きさによってランク付けすると、両対数グラフには、一定の傾き（−1と−½の間）の直線が現れた（図40）。実際の森で私たちの予測を検証すると、これと同じように、さまざまな大きさの木々が階層的に分布していることがわかった。

## すべては地球という流動系の構成要素である

私たちは森林の樹木をはじめとする植物が予測可能な階層を持っていることを示した。少数の大きな木、多数の小さな木というのが、林床デザインの青写真だ。林床ではあらゆる種類の植物の間でダーウィン説に基づく生存競争が行なわれているにしても、そのデザインはあらかじめわかっている。これはまた、自然界における階層制《ヒエラルキー》の出現のための物理学的基盤でもあり、それについては次章で探究する。

ようするに、根から森林まで、植物構造の出現を純粋に理論的な基礎の上に置くことは可能なのだ。そのカギを握るのは、自然界のデザインを、コンストラクタル法則に支配される物理現象として捉える統合的な見方だ。大局的に見ると、個々の森林は、河川や海洋や気象パターンを含む地球規模の流動系の構成要素で、この流動系は、流れを良くするためのデザインの生成と進化に向かう普遍的傾向を反映している。この文脈では、森ははるかに大きい地球規模の系の一器官と言える。同様に、個々の動物は、大陸を流動する全動物の一器官と言える。

この統合的な取り組み方からは、生物圏と大気圏と水圏は別個の存在ではなく、連動した環境で、ともに流動し、自らをデザインしていることが明らかになる。私たちはこの考え方から、それらのデザインと、流れ、動くものすべてのデザインを予測できる。

この洞察はまた、勝者と敗者というダーウィン説の概念の正当性に疑問を呈する。時とともに繁栄する種もあれば衰退する種もたしかにある。「競争相手」、すなわち近隣の他者を押しのけられるからこそ栄える種さえあるようだ。だがコンストラクタル法則は、あらゆる流動系を、自らの流れを良くするためにデザインを進化させる単一の生物（つまり全地球）の構成要素として見ることを教えてくれる。あらゆる流動系は競い合うのではなく、協働しているのだ。勝者と敗者という考え方は、進化が時間的な方向性を持たないゼロサムゲームであったなら、道理にかなっているかもしれない。だが、流れは全体のために流れやすさを増すように形を変えるのだから、全体が勝者となる。

私たちは、コンストラクタル法則に基づいて取り組めば、植物のデザインの本質的な特徴を予測できることを示した。もし進化のテープを巻き戻して最初からやり直したら、そしてもし植物のデザインが再び現れたら、進化の過程は同じ種類の根や幹や外形、つまり今日私たちが目にする林床のデザインとスケーリング則を一貫して生み出すはずだ。進化には方向性があることがここからわかる。進化はランダムな出来事の物語ではなく、時とともにしだいに良くなっていく流れのデザインの出現と進化を巡って展開し続ける大河小説なのだ。

コンストラクタル法則は、進化についてのダーウィンの考えに物理的原理の後ろ盾を与える。この法則は、特定の変化が他の変化よりも良い理由を説明し、そうした変化は偶然ではなく、より良いデザインの生成を通じて現れることを示してくれる。コンストラクタル法則はまた、進化についての私たちの理解を拡げ、生物学的変化という自然の傾向が、無生物の世界を形作るものと同じ傾向であることを示してくれる。

コンストラクタル法則とはそういうものだから、私たちが森の中を歩くときに感じる統一性の圧倒的な感覚の科学的証拠を提供してくれる。大地も、樹木も、大気も、私たち自身も、本当につながっている。いっさいのものは、同一の普遍的な力によって形作られ、創造の一大交響楽を奏でながら、それぞれが全体を支えているのだ。

# 第六章　階層制が支配力を揮う理由

自然界に形や構造、配置、パターン、リズム、類似性があるのは、人間にとって大きな幸運だ。規則と秩序があるので、自然は知ることができ、信頼でき、全体として予測可能だ。この幸運な巡り合わせのおかげで、科学が誕生し、今日まで発展し、私たちの幸福な生活を支えている。たとえば、水が特定の温度で沸騰したり、種子が芽を出して果物や野菜になったり、流動系が動きやすくなるように進化したりすることが見込めなかったなら、率直に言って、私たちはＳＦテレビドラマシリーズ「トワイライト・ゾーン」のような、およそ想像のできない世界に身を置く羽目になる。

第四章で見たとおり、人間が出身地によって重心の位置が違うのと同じく、樹木もそれぞれ特異な違いを遺伝子にコード化されているので、松は必ず松のように見え、枝垂《しだ》れ柳や椰子《やし》と混同されることはけっしてない。

私たちは科学の黎明期以来、この世界を支配する自然法則の理解を深めるよう努めてきた。

現代の科学的方法は、研究結果は立証可能かつ再現可能でなければならないという考えに基づいている。つまり、誰がどこでやっても同じ実験からは同じ結果を得て当然ということだ。今日、小学生でさえ、知性とは無縁の自然の力を研究するときに、こうした原理の威力を認める。だが、自然界を支配するもっと難解な諸法則や諸関係が人造の地表をも形作っているかどうかという疑問に対する答えは、そこまで明白ではない。さまざまな統治機関が定めた規則は、あまりに気まぐれで矛盾しているように見えることが多く、人間にまつわる諸事におけるパターンや予測可能な進化という考えは、パターンや予測可能な進化のない物理的な世界同様、想像しがたく思える。身の周りのいっさいのものに取り組むときに私たちが抱いている独特の思い込みや予想の取り合わせはなおさらそうだ。

だからといって、もちろん人間は諦めたわけではない。西洋思想の究極の目標はこれまでずっと、複雑な社会制度を説明するために、科学に見出せるものと同じぐらい確固とした原理を見つけ出すことだった。だが、そうした試みの多くは、科学を活用するかわりに濫用してきた。カール・マルクスが提示した「科学的な」歴史観は、私たちが経験に学んで信頼しなくなるまでに、厖大な数の人を悲惨な目に遭わせ、死に至らしめた。社会ダーウィン主義者は一九世紀末から二〇世紀初頭にかけて、裕福で強力な人や人種は他の人よりもうまく環境に適応しているので上位に立って当然であると主張した。さらに時代が下ると、作家や社会科学者はエントロピーの概念とハイゼンベルクの不確定性原理を誤用し（あらゆる系は無秩序に向かうと示唆したり、究極の知識は不可知であるという概念を広めたりして）、社会についての悲観的で相対主義的な議論を展開した。

今から振り返れば、真相は明白で、彼らはイデオロギーを推進するために科学を誤用していたのだ。著名な人物の名を引き合いに出すのは科学ではない。とはいえ、自然の統一性という感覚を擁護するのに直感しか拠り所のない神秘主義者と同様、こうした試みは正しい勘を反映していた。知識とは、よくこのようなかたちで深まるものだ。思索家は厖大な観察結果やデータの山について考え、それらを結びつけたり説明したりするパターンを見つけようとする。人は内心では「きっと何かある」と言いながら、厳密にはそれがいったい何なのか、今の今まで突き止めることができずにいた。

こうした試みは、広く受け入れられている別の思潮への不満も反映している。それは、人間を物理的な世界から分離し、科学的知識を身の周りの世界を操作するための道具とする考え方だ。「私たち」と「それ」というこの実際的な取り組み方からは莫大な見返りが得られた。文明と科学技術の繁栄は、私たちが自然に対する理解を深め、しだいに自然を支配するようになったからこそ実現した。私たちはこの知識を利用して生活を快適にし、進歩を遂げた。だが、じつは人間は科学が明らかにしたさまざまな法則に深遠なかたちで支配されているという、私たちが昔から漠然と抱いていた概念は、そこからほとんど締め出されてしまった。これらの法則が人間を駆り立て、促し、形作り、私たちがどう生き、愛し、働き、遊ぶかについて行なう選択を導いているという昔ながらの感覚は、この取り組み方では説明できない。

だが、今やその説明が可能になった。

## 社会制度を説明する物理法則

コンストラクタル法則から生まれるとりわけ強力な洞察は、社会制度とはそれが地表で体現する流れの流動性を高めるために現れて進化する自然のデザインである、というものだ。この進化には、有効エネルギーの単位当たりでより多くのもの（たとえば人やものや情報）を動かせるようになるという、時間的な方向性がある。じつは社会の構造と歴史は、河川の流域や三角州、乱流、血管、動物の運動、呼吸、樹枝状凝固など、自然界の他の複雑（ではあるが、社会と比べると単純）な流動構造の進化とあまり変わらない。どれもみな、脈打ち鼓動するデザインで、時とともに進化し、流れやすくなる能力次第で存続もすれば消え去りもする。コンストラクタル法則を使うと、地理学や人口統計学、情報工学、統治機関、経済学で現れるじつにさまざまな「パターン生成」現象を予測することが初めて可能になる。

これは常識におおいに反する。だが同時に、人間もこの世界から誕生し、身の周りのいっさいのものを生み出したのと同じ流動によって創られたという事実に思いが至れば、少しも驚くにあたらない。人類の登場は、過去との訣別ではなく、地球の流動のデザインと進化の長い歴史という、より大きな物語の一章にすぎない。私たちも自然の一部であり、その統一性はすべてを含む——私たちをも。人間の特別の才能は、自然と別個に行動する能力ではなく、他の動物の流動と比べて、より長い期間、より多くのものをより速く、より遠くまで、より安価に移動することを可能にする、複雑でたえず進化を続ける自然なデザインを生み出す能力なのだ。

デューク大学の私の同僚で社会学者のギルバート・W・メルクスが書いているように、このコンストラクタル法則に基づく視点は、社会科学で優勢なさまざまな取り組み方とはまったく異なる。それらの取り組み方は、構造は社会的行動ややりとりの文脈を決める既定の事実であるという前提に立つ。[*1] 構造は静的、やりとりは動的と見なされる。公平を期すために言うが、構造の移り変わりについての文献はあるものの、そうした変化は例外であり、新たな安定構造期へつながる、構造崩壊あるいは「革命」の時期とされている。

コンストラクタル理論は社会的構造（経済、統治機関、教育機関など）を、静的ではなく動的な流動系と見なす。構造は安定しているとは見なさない。生きた流動構造は既定の事実として解釈せず、つねに変化しており、流れを良くするためにたえず進化していると考える。流動構造の進化は、時間と環境の相互作用を反映している。環境は重要だ。なぜなら環境も進化し、流動が起こる条件を変えるからだ。このように、環境はいかなる流動構造にとっても本質的な側面なのだ。その環境はと言えば、時間と空間の中で相互作用する、重複し、絡み合った一連の流動と定義できる。

複数の絡み合った流動から成るこうした環境を、私は「タペストリー」と呼ぶ。自然界ではタペストリーは「生態系」とか「地形学的特徴」といったラベルを貼られるかもしれないし、人間が作り上げた環境では「経済」あるいは「社会」と呼んでもいいかもしれない。だが、タペストリーの中の流動系はどれをとっても、より良い道筋を探してその配置を変えており、しかもそれは他の流動系もみな同じことをしているという文脈でのことであるという類似性を、すべてのタペストリーは共有している。

社会の流れは他のあらゆる自然の流れと同じ原理に従って現れ、進化すると主張することで、コンストラクタル法則はイマヌエル・カントにまでさかのぼる長い伝統に異議を唱える。この伝統は、人間の知識には自然についてのものと人間についてのものの二つの異なる領域があるとしている。この視点が最も有名なかたちで現れたのが、マックス・ヴェーバーの「同情的理解」の概念かもしれない。この考えによると、社会的行為者の行動は思考と文化に動機を与えられており、行動の理由の理解を可能にし、その理解は動機を考慮せずに行動を記述する説明とは性質が非常に異なるという。

もし人間は水滴と違って考えることが可能だと認めるとすれば、なぜ社会的流動が河川のネットワークに似てくるなどということがあるのか。理由はいくつかある。第一に、社会的流動もそれが通過する物理的な世界の制約を受けている。だから、人間の動きは自ずと、抵抗が少しでも小さい道筋に沿うようになる。時がたつにつれて、高速道路網や鉄道網のような交通システムは、河川が直面するのと同様の地理的難問に応じて、河川流域に非常によく似た樹状のパターンを発達させる。

自然の流動系と社会の流動系の類似に関しては、別の説明もある。すなわち、系を構成する人々それぞれに固有の特徴は流動構造の特徴には無関係であるというものだ。オークの木の葉は一枚いちまい異なるが、同一の木の系の成員として同じような機能を果たす。ヴェーバーの官僚制の概念も同じような前提に基づいている。官僚組織の規則が結果を決めるのであって、その官僚制に所属する個人に固有の特徴がそれを決めるわけではないというのが、その前提だ。

第三の説明は、個人の動機は大勢の人がかかわる状況では帳消しになるというもので、これは集合行動の分野で研究されるテーマになっている。最後の説明は、人々の動機はある程度違いうるものの、たいていの人はたいていのときに、自分の行動の費用を減らして便益を増やすことを願う合理的行為者であるというものだ。これは合理的選択理論の基本原理で、この理論は現代の経済学の根底を成す。自分の便益を最大化するように人々が行動すれば、効率の良さを示す、あるいは示すと思われる社会的ネットワークが自ずと構成され、誰もがそれに引きつけられるというわけだ。

コンストラクタル法則は、人々やものがより容易に、より安価に移動できるように進化を続ける流動系を社会組織が構成するという、一般的傾向を捉えている。この傾向は人間の願望ではない。物理的特性だ。

## 流動系としての社会

これまでの章で、ほぼすべての流動系には一点から一領域へ、あるいは一領域から一点への流れがあることを見てきた。人間の組織ははるかに複雑だが、やはり一点から一領域へ、あるいは一領域から一点への流動系だ。統治機関や会社、宗教団体、大学、スポーツチーム、通信網や輸送網、都市、国家などは、(もの、サービス、人、情報などの)流れを生み出し、現実の流路を通して一つの領域へと伝える。たとえば科学は、知識という自らの流れを組織して広めるために、科学法則や学校、信奉者、図書館、定期刊行物、書物といった現実の流路を生み出す。宗教は、信者に教義を伝える流れのために、礼拝用の建物、聖職者、聖典などの現実の流路を創り出す。軍隊も、戦略や物資、兵員、乗り物などの流れのために、現実の流路を切り開く。

　フォード・モーター社についての次の簡潔な説明を考えてほしい。セダンもＳＵＶ（スポーツ用多目的車）も木に生《な》ったりはしない。それらを生産するために、フォードは周辺地域から工場（点）まで原材料に流れてもらう必要がある。これには、工場と供給業者の間の通信ライン（「鋼鉄一〇トンとタイヤ一〇〇万個を送ってくれ」）や、そうした物資を工場へ運ぶために作られたさまざまな輸送経路（道路、鉄道、空輪などの経路）を含む、多数の流路がかかわっている。現在ではそうした流路は、フォードが効率を高められるように、世界中に戦略的に配置されている。工場では、管理者は通信の流路を使って組み立てラインの労働者と機械を監督する。自動車ができ上がると、現実の流路を通して世界（領域）へ送り出されて販売店に届き、今度は販売店が独自の通信の流路（広告、口コミなど）を通して消費者に接触する。こうした流路はすべて時とともに進化する。拡大するものもあれば縮小するものもある。だが定着するのは、流動系が時の流れの中で存続するのを許すような変化だ。

　これが多くのビジネスの基本デザインになっている。デザインという言葉で本書が意味するのはとても具体的なもので、時がたつにつれて流動系が生み出す現実の図だ。これは類推や比喩を使った象徴的な話ではない。コンストラクタル法則は抽象的な理論ではなく、純粋な物理学であり、観察可能な自然であり、統一原理だからだ。この法則は地球上での物理的存在の動き、つまり、私たちが見たり聞いたり感じたり味わったり触れたりできるものの流れを予測する。それは白い紙に描かれた黒い線であり、地図上の道だ。この図は視覚的な示唆ではなくデザインそのものだ。稲妻は電気を雲から大地へ移動させるために、まさに電光石火の早業で進化する樹状構造にほかならない。河川流域は、ある領域から河口まで水を移動させる樹状構造を持つ、水路の集まりにほかならない。フォードは材料や製品、情報が流れる、地球規模の巨大な流路と隙間の構造にほかならない。もしこれらの流れが止まれば、工場は死んだ建物となる。

## ヴァスキュラライゼーション

この点を理解するためには、言葉を明確にする必要がある。これまで「樹状構造」という言葉で、自然界に満ちあふれる、その……樹状の構造を指してきた。これは、非常に正確な絵を描き出す鮮明なイメージだ。とはいえ、コンストラクタル法則に関する私の研究が長年のうちに進化するなかで、この言語的象徴——コンストラクタル法則についての情報を他者に伝えるためのこの流動系——がその中を流れる意味合いのすべてにはアクセスを提供していないことに気づいた。私はこれまで本書の中では「樹状構造」より良い言葉を使うのを我慢してきた。

それがあまりに長たらしいからだ。その言葉とは「ヴァスキュラライゼーション（脈管生成）」だ。この単語のほうが優る。コミュニケーションのための流路として優れている。生命の相互依存性という主要な考えを捉えているからだ。樹木は一点と一平面領域あるいは一立体領域との間のつながりを示唆するのに対し、「ヴァスキュラライゼーション」は生命を与える流動と、生命に満ちた塊（空間領域あるいは平面領域）という枢要な考えも含んでいる。この言葉は、平面領域あるいは立体領域全体に、滋養になる場合の多い流れを行き渡らせるためにデザインが現れることを思い出させてくれる。この現象の最もなじみ深い雛型は、私たちの循環系の血管構造で、それが人間の体のあらゆる細胞に生命を与える血液を送り届ける。同様に、ビジネスが時の流れの中で存続するには、生命を与えるアイデアや材料や品物を労働者と顧客の全員に送り届けなければならない。

この、活発で脈動するデザインという感覚は、一六年前に私が初めてコンストラクタル法則を明確に表現したときの言葉にも表れていた。「有限大の流動系が時の流れの中で存続する（生きる）ためには、その系の配置は中を通過する流れを良くするように進化しなくてはならない」。これはまた、生きているとはどういう意味かについて、序章で私が提示した一見すると過激な定義にもさかのぼる。序章で私は、流動し存続するために動き、形を変えるものはすべて生きていると述べた。ここでさらに正確さを求めて言い換えよう――脈管構造を通過する生命維持の流れを良くするために進化するものはすべて生きている、と。体の中を流れるものがなくなれば、私たちは死ぬ。河川の流域に水が流れなくなったら、その流域も死ぬ。ある企業に出入りする物質と情報の流れが止まったら、その企業は活気を失い、死ぬ。これはいっさいのものに当てはまる。

## 階層制というデザイン

人間社会の組織がこの物理の原理に支配されていることを示すには、二つの特徴を見つけなければならない。そうした組織の流路のパターンが、一点から一領域へ流れる他の流動系に見られるような形と構造を持っていること、そして、そのパターンが時とともに流れやすさを増すように進化することだ。

そして、現にそれが見つかる。どんなふうに見つかるかを知るためには、自然のデザインの要とも言える特徴、すなわち階層制《ヒエラルキー》を紹介する必要がある。階層制は不平等の象徴とされ、評判が悪いが、良いデザインにはどうしても欠かせない。階層制は、ある存在に恩恵をもたらし、別の存在には不利益をもたらすのではなく、（ある河川流域の水全体だろうが、ある社会の人全員だろうが）流動系全体のためになるから自然に現れる。

階層制が進化するのは、良い流動には多くのスケールの構造、すなわちさまざまな大きさの流路が伴うことが多いからだ。私たちは通勤や通学をするとき、高速道路や大通り、広い並木道、脇道、自宅の玄関からガレージや通りへ続く小道など、多くの流路を通る。高速道路は多くの自動車が高速で走れるが、それよりは小さい通りばかりか、袋小路と比べてさえも重要性で優るわけではない。あらゆる目的地に向かってその中を進む流れ（私たち）を行き渡らせるため、すなわち全領域へのアクセスを与えるためには、全部の道が必要なのだ。少数の大きな流れが、多数の小さな流れに注ぎ込み、またその逆も起こる。効率的な輸送システムは、あらゆる構成要素の間の適切な均衡を図る。社会における人や富、知識、教育の分配も含め、他の流動系が、多くのスケールを持つ自らの流路の間の適切な均衡を保たなければならないのと同じだ。一律に階層制が現れるという事実は、コンストラクタル法則が普遍的な物理の原理であるというさらなる証拠と言える。

すでに何度も見たとおり、コンストラクタル法則は発見されるのを今や遅しと待ち受けていた。この法則はいたるところであまりに明白に現れていたため、私たちは何世紀にもわたって逆に避けて通ってきた。科学者の勘、詩人や神秘主義者の比喩、慣用句やことわざ（たとえば、「生命の木」「流れに身を任せる」「最も楽な道」「長いものには巻かれろ」「すべての道はローマに通じる」）は、彼らがどうしても捉えきれない現象を示唆していた。階層制にしても同じだ。およそ二四〇〇年前、アリストテレスもそれをほのめかす有名な文句をひねり出した――「単一、少数、多数」。アリストテレスは三つの異なる政治制度を定義していたのだが、自然界のデザインの階層構造も示唆していたわけだ。私たちの研究グループでは、この最も本質的な特徴は、シルヴィ・ロレンテの「少数の大きなものと多数の小さなもの」という洞察によって伝えられ、教えられている。ロレンテの洞察はアリストテレスの洞察よりも真実にはるかに近い。階層は数だけではなく大きさをも意味するからだ。「少数の大きなものと多数の小さなもの」は、他の人が「複雑な」デザインと「階層制」の出現というふうに説明するものを簡潔に言い表している。

　まず河川流域を取り上げよう。そこにはいつも本流が一つある。ミシシッピ川やドナウ川、セーヌ川がそれだ。本流は、その流動系のうちで最も幅が広く流れが速い構成要素だ。本流にはおもに少数の大きな流れが水を供給している。大きな流れは、平地全体から河口へと水を運ぶ巨大な系にある、多数の支流や細流によって維持されている。樹木を考えてみてもいい。樹木には幹という単一の主要な流路と、少数の大枝と、多数の根や小枝や葉がある。大地から大気中へ効率的に水を流動させるのに、そのどれもが必要だ。

　それと同じ階層構造が私たちの体内にも見られる。酸素を供給された血液は心臓を出て一本の大きな本流である大動脈（循環系のドナウ川）に入り、それがしだいに分岐し、少数の動脈と多数の毛細血管になる。今度は深呼吸してほしい。呼吸系の単一の本流である気管を空気がさっと下っていくのを感じてみよう。空気はそこから肺に入り、少数の気道を満たし、多数の微細な肺胞をいっぱいにする。稲妻や雪の結晶、溶岩流、森林、珊瑚《さんご》群体、蟻塚《ありづか》の構造から、果ては埃の塊の構造に至るまで、多くのスケールを持つ流動系はすべて少数の大きな流路と多数の小さな流路から成る階層構造を示す。

そしてまた、人間社会の組織にも同じデザインが見つかる。ほぼどんな統治機関にも指導者が一人（族長、王、スルタン、大統領、首相、知事、市長など）がいて、川の本流同様、情報と権威の最も重要な流れを処理しなければならない。その指導者は、上席顧問たちという少数の流れに支えられており、その顧問たちは、官僚制度を形成する多数の個人と協働し、彼らを監督する。この階層制（ビジネスの世界では「垂直的統合《バーティカル・インテグレーション》」と説明されることが多い）は、大半の企業（一人のCEO、少数の重役、多数の労働者）や、大学（一人の学長あるいは総長、少数の副学長や副総長、それより多い数の部署の責任者、さらに多い数の学部長や学科長、そして多数の教授や学生助手や学生）や、スポーツチーム（一人のヘッドコーチ、少数のアシスタントコーチ、多数の選手）の構造の特徴となっている。

もちろん軍隊は、この階層的指揮系統の典型的な例であると同時に主要な実験所でもある。たとえば古代ローマ人が帝国の版図を拡げられたのも、軍隊の階層的デザインに負うところが大きい。今日アメリカは世界最強の軍隊を保有しており、その主要各部門には複雑な階層制が行き渡っている。もっぱらこの構造を分析する書物が何冊も書かれてきた。コンストラクタル法則を使えば、この構造は少数の大きな流路と多数の小さな流路を持つはずであることが予測できる。そして、アメリカ軍の指揮系統を以下のように概観すれば、そのとおりであることが確認できる。

大統領がただ一人の最高司令官で、主要な決定のすべてに責任を持つ。大統領の下には国防長官がいて、中央軍を指揮し、中央軍が陸軍、海軍、空軍、海兵隊の司令官たちと戦略を練って実施する。

合衆国陸軍士官学校の防衛・戦略研究プログラムの責任者ブライアン・デ・トイ中佐が私に語ってくれた話では、軍隊の編成は多様ではあるものの、明確なパターンも存在するそうだ。一般的に、最大の集団は軍で、一人の中将が指揮にあたる。軍内の作戦行動／戦闘部門は通常二つ以上の軍団から成り、これもたいてい中将の指揮下にある。各軍団は二～五個師団から成り、師団は少将が指揮する。指揮系統を下っていっても、同じパターンが繰り返される。各師団は三、四個旅団を擁し、旅団は三個大隊以上から編成される〔通常、旅団は二個連隊以上から、連隊は二個大隊以上から成る〕。各大隊には三～五個中隊が、各中隊にはたいてい三、四個小隊が、各小隊には三、四個分隊があり、分隊は二班に分かれる。

ここでぱっと目につくのが、この階層デザインには河川流域の進化に見られるものに非常によく似た、予測可能な構成パターンがある点だ。つまるところ、四倍の法則で、各集団が四つほどの下位集団からできている。

社会制度は他の流動系と同じ基本的理由で階層構造を生み出す。一点から一領域へと一領域から一点へというパターンは、階層構造があったほうが、ないよりも系内の流れを効率的にするからだ。コンストラクタル法則自体は価値判断をいっさい下さないことに注意してほしい。啓蒙された民主政体と硬直した独裁政体は、ともに階層制を見せるし、経営がうまくいっている会社もうまくいっていない会社にしても同じだ。では、コンストラクタル法則は何を予測するかというと、動くものは流れやすいデザインを生み出すという傾向の自然な帰結として階層制が現れるはずであるということだ。コンストラクタル法則はまた、硬直した階層制は自由に形を変える階層制に、いずれ道を譲ることも予測する。だから独裁政体は比較的短命で、民主政体には持久力があるのだ。

## 流れの良い組織の構造

これまで私たちは、ある河川流域全体、循環系、樹木、大学、あるいは会社という、一枚のスナップショットをずっと見てきた。そしてそこには予想どおり、少数の大きなものと多数の小さなものという法則を特徴とする多くのスケールの流路の階層構造が見つかった。もっと焦点を絞っても、同じ観察結果が得られる。たとえば循環系では、小さな動脈は、それが血液を送り込んでいるさらに小さな動脈や毛細血管のネットワークにとっては本流となる。

当然ながら、人間の組織にも同じ現象が見つかる。アメリカ軍の概略を説明したときに見たように、大統領が本流だ。大統領は国防長官や将軍などと協働し、さまざまな位に就いている部下から成る、階層的にデザインされたネットワークに命令を伝える。全員に上位者がおり〔大統領にとっては、デザインを形作っている全体が上位者〕、底辺の兵士以外は全員が自分の縄張りを持っている。たとえば、大尉は中隊にとって権力の主流であり、中尉は小隊の成員に対して同じ機能を果たす。カトリック教会も、教皇、枢機卿、大司教……という、巨大で複雑な階層制を持っている。だが、聖堂区の段階では地元の司祭が、修道士や修道女、侍祭、礼拝者などから成る階層制の頂点に立つ。企業全体を眺めると、CEOが本流だ。だが、権力の段階を落とし、上級・中級管理職から工場の職長へと下っていくと、支流だった彼らが部下に対して本流となる。

階層制はほぼどんな尺度でも見つかる。流動構造はコンストラクタル法則に従って進化するからだ。階層制は流動構造の最終的なデザインではないが、たえず動的に現れる。地面から滲《にじ》み出た水が集まって細流を作るやいなや、少数の大きな流路と多数の小さな流路から成る階層構造が出現し、それが進化して各地で地球を覆う巨大な河川流域となった。同様に、多細胞生物の内部構造も階層構造を持っている。ただしそれは、人間のような動物に見られるものよりははるかに単純だが。

流動系は、階層を持つ容易な流動のためのデザインをたえず生み出す。これは、わかりづらいこともある。一つには、流動系はより良い階層制の配置へと常に進化し、いつも形を変えているからだ。初期のカトリック教会は階層制ではなかったと、ある作家がラジオで言っているのを聞いたことがある。この発言は本人には正しく思えた。彼は原始的な教会の集団を、その後（とくに、四世紀にローマ皇帝コンスタンティヌス一世がキリスト教を受け入れ、西ローマ帝国全土に広めたあと）現れた、非常に組織化された構造と比べていたからだ。初期の教会の階層制はもっと局地的で、あまり手が込んでいなかったが、それぞれのキリスト教徒の地域社会には指導者がいたし、ごく初期には、聖パウロが教義の普及のための本流だったことは確かだ。

これは、ある流動系が他の流動系よりも若く、進化の程度が低いから、階層制を欠いているという誤った思い込みを際立たせてくれる。すでに見たとおり、河川流域は、細流の作る流動系よりも複雑な流動系だが、どちらも階層制のデザインを示している。同様に、アメリカ合衆国の政府は、アフガニスタンやパキスタンの広い範囲にわたって統治権を握っている部族長や後軍指導者のネットワークよりもはるかに入り組んだ階層制のデザインを持っている。だが、後者のネットワークも、階層制が支配していることに変わりはない。

これによって、コンストラクタル法則が提供する重要なポイントと新鮮な視点が強調される。進化を続ける構造の脈管デザインは、流動系の大きさ次第なのだ。大きい構造は小さな構造よりも多くの分岐の段階、つまり複雑なデザインを持っている。逆に、小さな流動系は分岐の段階の少ない、単純な樹状構造を生み出す。

複数のスケールから成る、一点から一領域への流動系はすべて、階層制を持った、より流れやすい配置を生み出すものの、最も単純なデザインをひたすら繰り返してどんどん複雑なパターンを作るわけではない。最も細かい部分は、最大の図の単なる縮小版ではない。一つのサイズがすべてにぴったり合うはずもないのと同じで、一つのデザインがすべてにふさわしいはずもない。流動系は、流れを行き渡らせる領域の大きさにちょうど十分なだけの複雑さを生み出す。流動系は自らにとって都合の良い構造を創り出す。各構造の複雑性はほどほどで有限だ。自然界のデザインという現象は、時とともに複雑性が増すようなものではない。どの流動系も、流れ、生きるために適切な段階（種類）の複雑性を獲得するように進化する。「単純」な生物が、他のもっと複雑な生物が出現するのを尻目に、何十億年も存続してきた理由の一端もそこにある。自然界のデザインという現象は、時がたつにつれて単純になった蚤《のみ》や条虫の珍しい事例にも及ぶ。より大きな複雑性ではなく、全体的な流れやすさへと向かうのが自然界の傾向だ。この方向性が見失われがちなのは、自然界の流動系の多くが時とともにしだいに大きくなり、その複雑性が有限ではありながら増すからだ。

肺の二つの肺胞の間にある小さな立体領域に照準を合わせても、二三段階の分岐を伴う人間の肺に似た構造は発見できない。そのかわり、拡散作用を行なう、柔らかくて湿った組織があり、明確に分かれた流れは見られない。同様に、各地の聖堂区にも階層構造はあるが、それは全カトリック教会に見られる階層制の縮小版ではない。そこに見られるのは、そこでの流れを効率的に処理するような、進化を続ける流路の構造だ。[*2]

## 階層制と科学

私がとりわけ関心を抱いている流動系、すなわち科学の知識を調べることで、社会制度における階層制が進化の過程で出現する様子を詳しく検討してみよう。科学とは、自然について語れることであり、自然界（私たちの身の周りと体内）での物事のありようと、その機能の仕方についての知識だ。科学は最も未熟な状態では、多数の観察結果の集積にすぎない。太陽は天空で輝いている。太陽は温かく感じられる。夜には太陽は姿を消す。月が現れる。気温が下がる。もし科学がそのような言明のただの集積だったなら、あまり役に立たないだろう。科学者たちは時とともに、この情報の大洪水を、河川流域が進化したのと同じかたちで組織し、改善した。つまり、流動を一体化（集約）し、情報の流動を速くする配置（つながり、結びつき）へ向かわせたのだ。

たとえば、先史時代の人間は、物の落下についてほとんど知らなかった。重力という概念は、まったく持っていなかった。狩人たちは獲物に当たるように石や槍を投げることを経験を通して学んだ。各世代が次の世代へこの知識を伝えた。この情報の流動は有効ではあったが効率はあまり良くなかった。その作業のコツをつかむためには、一対一で訓練を受け、直接経験を積む必要があったからだ。時がたち、人々が厖大な測定値を集積するにつれ、科学は進歩した。古代ギリシアやローマの兵士は、矢や石弓で敵を攻撃するときにどれほど敵に近づけばいいかを判断するための基本的な公式を開発した。これは知識の進歩と言える。狩人（細流と最初の本流）が持っていた勘は、こうした計算（物体の落下についての情報が流れる新しい本流）に取ってかわられた。この知識を持ち、戦場で兵士たちにその知識を流す流路を生み出した軍隊は、それを欠く敵よりも優位に立った。

やがてガリレオが、それまでの測定値をすべて無用にする原理を言葉にまとめた――物体は予測可能な割合でしだいに速度を挙げながら落下する。個々の計算の集積の代わりにできる単一の公式を、ガリレオはこの世界に与えたのだ。人々は彼のおかげで、どんな物体が落下する速度も予測できた。彼の発見は、書物や弟子など、さまざまな流路を通って拡がった。ガリレオが擁護したコペルニクスの発見をはじめ、他の多くの科学的大躍進とは違い、この発見は競合する考えや凝り固まった定説による抵抗をあまり受けなかった。そして、知識の流れを良くしたので、科学の階層制の中で新しい本流となった。実際、ニュートンの運動の法則から熱力学の法則まで、偉大な発見はすべて、何か新しいことを教えてくれるだけではなく、人間の知識を系統立て、簡素化した。厖大な測定値を原理で置き変え、その原理が、自然界では物事がどうあるはずかについての知識の階層的な流動における新たな本流の役割を果たした。こうした発見のおかげで、科学の書物は一新されたばかりか、薄くなり、それを使って教えたり学んだりするのも楽になり、情報を持っている人から、持ちたいと望んでいる人への情報の流れを良くした。今日、コンストラクタル法則は、一見すると広範囲に散らばった多くの現象（生物と無生物のデザインと進化）を、単一の物理的原理を通して結びつけている。

私たちは脳が大きくなっているおかげではなく、時の流れの中で見られるこの流動デザインの進化のおかげで、「より多くを知る」のだ。私たちは、置き換えによる単純化の過程を通じて、新しい情報の絶え間ない流動についていく。時とともに、順を追って、経験的な情報（たとえば測定値、データ、複雑な経験的モデル）は、ずっと短い要約の言明（たとえば概念、公式、構成関係、原理、法則）に置き換えられる。経験的事実（観察結果）は、河川流域の丘陵の斜面のように、非常に数が多い。法則は極端に数の少ない大河のようなものだ。言明の階層制は自然に現れる。情報の流れを良くするからだ。この階層制は、あらゆる流動系が自らをデザインしたりデザインし直したりする、果てしない奮闘の現れだ。コンストラクタル法則が予測するとおり、流動性の優る配置が既存の配置に継続的に取ってかわる。

河川流域では、湿地や雨の後に生まれる細流の始まりは、あまり系統立っていない、生《なま》の科学データの集積に似ている。時がたつにつれて、それらは、細流や小川や支流から成る、しだいに複雑な、そしてより良い流路を生み出し続ける。科学では、進化を続ける流路は、言語やテーマ、法則、学校、弟子、図書館、専門誌、書物だ。同じことがあらゆる社会制度の中でも起こる。文明とは、ますます良くなる流れの物語だ。政治、経済、科学技術、その他いっさいの進化を続けるデザインは、人やものやアイデアの動きを改善する流路を生み出してきた。あらゆる変化が流れを良くしたわけではない。悪いアイデアが出てくるのは避けられず、凝り固まった権力は全力を尽くして自らの限られた権益を守ろうとすることが多い。短期的には、進化はぎざぎざの線のように見える。だが長期的には、時の流れの中に明確な方向性がある。存続するのは、動きを促進する流れだ。そして、それが進歩というものだ。

空が頻繁に雨を大地に降らせているのと同じで、科学者はたえず新しい観察をしている。どちらの流動系も、以前から存在しており、かつ進化している。河川流域を眺めたときには、以前から存在しているというほうが、進化しているというよりも理解しやすい。なぜなら河川流域のデザインは、何百万年もかけて現れてきたからだ。その長い年月の間、その流路の一つひとつが自らの配置を変え続け、特定の地理的領域の中で水を動かすための、しだいに良い方法を見つけてきた。

地表に新しい大河川が出現するのを私たちが目にしない理由を、この時間の要素が説明してくれる。河川流域はあいかわらず進化しているが、しっかり確立されてもいる。しかし、仮に地球温暖化にまつわる恐れのうちでも最悪のものが現実となるか、他の何かしらの大変動が起こって現在の系が劇的に変わるかすれば（たとえば、アメリカの中央部が砂漠化し、サハラ砂漠が氾濫原になったとしたら）、二つのことが起こるだろう。（少なくとも、アメリカにとっては）最悪の筋書きでは、ミシシッピ川が干上がり、サハラ砂漠だった場所に新しい階層制の流動デザインが生まれる。

科学は河川流域よりもはるかに新しく、はるかに複雑な流動系だ。だから、科学的知識の図は、変化がずっと速い。この分野に降ってくる雨粒（生のデータや観察結果、創造的な頭脳）がきっかけとなり、流れ（知識や、究極的には人類の動き）を処理するためのより良い流路（新しい法則）が、はっきり目に見えるかたちで創造される。こうした新しい流路が、これまで得られた観察結果と今後得られるだろう観察結果すべての流動を処理できるのであれば、その流路はさらに深まり、しっかり確立される。

これは余談だが、科学的な考えが根づくまでに長い時間がかかるように見えるのも、一つにはこのせいだと言い添えておこう。マックス・プランクが述べたように、「新しい科学の真理が勝利を収めるのは、反発する人々が納得し、その真理を理解するからではなく、彼らが最終的に死に絶え、その真理に慣れ親しんだ新しい世代が育つからだ」[*3]。既存のものより優れた法則がないために、研究者たちは新しいデータを古い流路に押し込もうとする。彼らがそうするのは、既存のデザインに依存し、その恩恵に与《あずか》っているからだ。その既存のデザインのことを「体制《エスタブリッシュメント》」と呼ぶ。体制は応戦するが、十分な数の葬儀ののち、新しい構造、新しい体制になる。真に独創的な考えはこの型を破り、既存の構造を流動性に優る構造に置き換える。これこそ、科学の進化に関してコンストラクタル法則が予測することだ。

## 階層の上下は支え合う

この見解は、階層制の別の重要な側面を際立たせる。流動系の全構成要素の相互連結性と相互依存性だ。大局的に見ると、河川流域は、細流や小川、本流を使って平地から河口へ水を移動させる。それとまったく同じように、私たちの呼吸系は、微小な肺胞や気管支、気管を使って肺を酸素で満たす。CEOは管理職と労働者を使って自社の製品を生み出し、それを卸売業者や顧客に行き渡らせる。大統領や首相や独裁者は、顧問や無数の官僚を使って自らの政策を立案し、国中に広める。本流は小さな流路よりも幅広く速い流れを促進するが、全領域に流れを行き渡らせるには、どの流路も欠かせない。階層制が現れるのは、あらゆる流動系が同じ有限の領域を通過する流れを効率的に動かすために、さまざまな大きさの構成要素の適切な組み合わせを使うからだ。

この発見は、常識の誤りを暴く別の洞察につながる。階層制が現れるのは、流動系全体のあらゆる構成要素のために良いからだというのが、その洞察だ。大きな構成要素は小さな構成要素を必要とするし、その逆も正しい。個が多数を支え、多数が個を支える。大きな川は河川流域を流れる多くの小川を支え、そうした小川が河川流域に水を提供している。市民（政治における細流）は政府を支え、政府は市民に尽くす。労働者（ビジネスにおける細流）は彼らを雇う会社を支え、会社は労働者を支える。組織化したいという衝動は、利己的なものなのだ。

コンストラクタル法則が提示する画期的な洞察の一つは、デザインの統合的な側面（流動系の全構成要素の間に自然に現れる均衡）だ。ダーウィン説の支配的な進化モデルには、協力という考えが入り込む余地があるが、このモデルはおもに個体間の闘争という考えに基づいている。「善良なる私」対「悪辣な隣人や社会」という構図だ。生物は乏しい資源を巡って競い合う。

私たちは環境などと競い合う。それはおおむね、勝者と敗者の物語だ。

　ところがコンストラクタル法則は、調和へ、ともに均衡を保つ流動へと向かう動きが自然界のデザインの中心的傾向であることを明らかにしてくれる。河川流域における河道の分岐の比率や、肺における気道の分岐の比率が予測可能であるという第二章の考察を思い出してほしい。[*4]そこでは、こうした関係や自然界の多くのスケーリング則が現れたのが、全体的な流れにとって効率的なデザインだからであることを示した。これらのさまざまな水路や血管に協働するように命令している者など誰もいないが、それでもこうした水路や血管は協働し、それぞれが全体の流動性能を上げるために役割を果たしている。同様に、人間の組織もさまざまな流れの適切な均衡を見出したときに栄える。従業員は特定の地位を得ようと奮闘し、彼らがそれに成功するか失敗するかは、本人にとっては重大な結果をもたらしうる。だが、企業が効率的に機能するには、その時点での企業の規模に応じた、各階層の従業員の最適な組み合わせを見つけ出さなければならない。企業の規模は景気の良し悪しで変化するものだ。だから、熱心で才能ある人も、しばしば職を失うことになる。彼らがどれだけ力を尽くしても、より大きな系の刻々と変化する需要と、もはや一致しないためだ。

　さらに広い範囲を見渡すとわかるのだが、公の流路があらゆる流れを促進しきれないときには、闇取引や密輸が始まる。たとえば共産主義体制下では、ほぼすべての商品の闇市場が栄えていた。政府が人工的なデザインや制約を課したからだ。アメリカでは今日、あまり闇取引は行なわれていないが、たとえば、不法移民や非合法の薬物などの闇市場は、流れを妨げる法律に対抗して出現したものだ。

## 階層制の予測可能な調和

ここまでは、樹木や河川流域といった、どちらかと言えば自己充足型の流動系で、調和や均衡に向かう傾向を見てきた。樹木の場合も河川流域の場合も、流動系が多くのスケールの流路とその隙間の適切な均衡を見つける傾向があることは、容易に見て取れた。今度は視野を拡げて、この階層制の予測可能な調和が、さらに大きな流動系の中でどのように現れるかを見ることにしよう。さまざまな流動ネットワークを形成する、一見したところ独立した流動系すべての間の関係を同じデザインが支配していることが、コンストラクタル法則のおかげで発見できる。これはそうとう斬新な見解であることは承知している――だが、全体を眺めてみれば明白でもある。

この視点を獲得するために、私たちが地球を周回する宇宙ステーションにいると仮定しよう。眼下には無数の流動系で覆われた広大な地表があり、そうした流動系の一つひとつが自らの流れを容易にするために時とともに進化している。しだいに流れやすくなるために変化する地球規模の系の一部として、それぞれが他のすべてと結びついている。どの河川流域も、海流や地球規模の気象パターンなどを含む地球規模の系の一部であり、この系は地球上の熱と水分のすべてを平衡状態へと向かわせる傾向を持っている。どの企業も、地域や国家や世界の経済の構成要素だ。こうした大きな系はもちろん進化している。河川流域が属する地球規模の系は、経済の系と比べるとそれほど複雑ではなく、はるかに古いので、経済の系よりも高いレベルの統合性を示す。その流路は適切な場所や組み合わせを見つけるためにより多くの時間をかけてきたので、しっかり確立している。経済の流路も時とともに統合性を増し、しだいに流れやすくなると考えるべきだろう。実際、そうなってきており、私たちはそれを「国際化《グローバリゼーション》」と呼ぶ。

国際化は文明そのものと同じぐらい古い。それは、人類が初めて移住し、個人や部族が（ものとアイデアの両方の）交換を開始したときに始まった、進化を続けるデザインだ。今日の世界は、この長い物語の最新の一章にすぎない。そこでは、科学技術のおかげで全世界が適切な流路（人、もの、アイデア）を適切な場所に、安価で容易に設置できるようになった。

私はこの現象――一見すると独立した流動系が、やはり階層制を見せるより大きな系と結びついているという事実――を、自分たちの研究グループがコンストラクタル法則を植物のデザインに応用したときに探究してみた（第五章参照）。コンストラクタル法則を使って木や草や根のデザインを予測したあと、私たちは以下のように推論した。森林は大地から大気中へ水を移動するための巨大な揚水所だから、大地から大気中への流れを最大化する階層制のデザインをやはり示すはずだ。少数の大木と、多くの木や草や苔などが、しだいに小さな尺度で見つかるはずだ。それから私たちは、自らの理論から導かれる結論を実世界で確認した。

これは、以前に書いた本の結論と一致している。その本では、私は研究仲間たちとコンストラクタル法則を使って、はるかに複雑な流動系で同じ驚くべきパターンを予測した。人間の定住地の大きさと分布だ。[*5] このときも、純粋な理論から始めた。人口の流動系はある領域（大陸）に人とものとサービスを行き渡らせなくてはならないというのが、その理論だ。流動系がこの分布を効率的に行なうには、お互いや全領域と比例した、さまざまな大きさの定住地が必要となるはずだ。

人間の定住地は、人やもの、アイデアなどを動かすための流動系だ。自然界の他の流動現象と同じで、定住地の進化は、そうしたものの移動時間とコストを減らすようにできるかどうかにかかっている。ごく単純に言えば、文明は農地と市場の共存を意味する。その領域に住む人が、農産物（や他のものやサービス、情報）を、狭い範囲で工業製品を作ったりサービスを提供したりする人と交換する。狭い範囲というのは、最初は集落で、それが村、小さな町、ついには都市になる。

進化は科学技術に依存している。以前より著しく大きな定住地は、科学技術によってより大きな距離の移動時間が劇的に縮小されたときに、初めて現れうる。人口が集中したときの土地の割り当てられ方から、大きな定住地と周囲の地域の人口の比例関係も予測される。この均衡のとれたデザインは、人間の定住地の進化の各段階で現れるはずだ。

こうしたことを念頭に置き、私たちは人口の比例関係を維持しながら、しだいに大きな構成体を生み出していった。定住地を加えるにつれ、階層制は二つのかたちで発展した。最小の要素から最小の構成物へと、複数の領域が一体化し、人口は、数か所の農地に暮らす農家群から数か所の商人群、最終的には一か所の交易場所（小さな町と言えるかもしれない）へと、集中の仕方を変えていった。この連続的変化は、構成体の領域が、利用可能な領域の大きさに達したときに終わった。この最高の集中段階では、大都市の数は一つか二つだった。

あらゆる定住地の大きさとランクの分布を、対数を使ってグラフにすると、森林の樹木について予測したときと同じパターンが生まれた。右下がりの線だ。この理論は、この線が科学技術の進化のせいで、元の位置と平行を保ったまま上に移動するはずであることも予測していた。時とともに、どの単位領域もしだいに多くの住民の暮らし（動き）を維持するようになる。

次に、一六〇〇年以降のヨーロッパの都市の大きさと分布をグラフにし、この結論を実世界で試してみた。すると、データから私たちの予測が正しいことが立証された。さまざまな都市の人口は常に比例しており、グラフでは必ず右下がりの線になった。他の研究者たちが記録した世界各地での人間の定住地の大きさと分布も、この結論を支持している（図41）。

とはいえ、これはどうしても指摘しておかなければならないが、多くの領域がまとまるこの構成は、時とともに地表で人間の定住地が形成され、発展し、結びつく様子とは異なる。多くの領域がまとまる様子（図41右上）は、ある領域に住む人が定住地に住む人の数と比例していなくてはならない（両方の数が、同じ領域と比例する必要があるから）ことを私たちが発見したときに、そのタペストリーが頭の中でとる具体的な形と構造を表しているからだ。

本物の大地の上、歴史の中で、定住地は時とともに密度を高め、それぞれ大きくなる。だが、同じ割合で発展するわけではない。速く大きくなるものもあり、十分な大きさに達すると、近隣の小さな定住地を取り込む。そして、このように成長を続ける定住地のうち、さらに少数（特別なごく少数）が、その特別な少数に割り当てられたように見えるますます広い領域の人口の増加に比例して、なお成長を速める。こういう具合にして、ついには地上に単一の巨大都市が誕生する。

出現してくる人口分布図は国ごとに異なるので、多くのスケールのデザインにつながる進化はランダムに見えかねない。理論家にとっては幸運なことに、これはとくに問題ではない。真の難問はパターン、つまり全体の一般的な特徴や振る舞い、進化だ。この問題は、一見すると

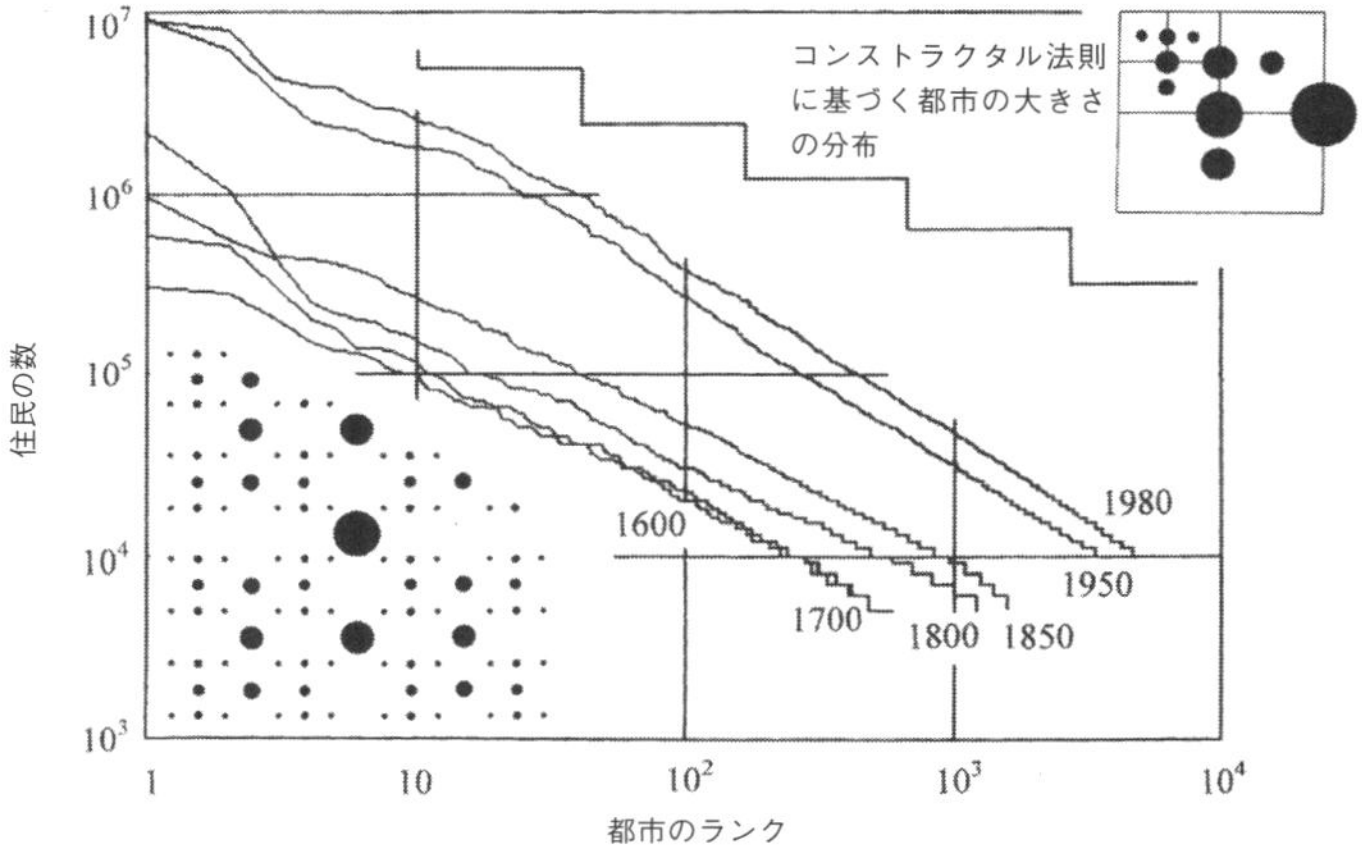


図41　都市の大きさは、最大(横軸上で1)から最小まで、ランクに沿って並べてある。どの時代にもほぼ直線となり、科学技術や生活水準やGNPの上昇に伴って、時とともに上に移動する。これらの線は1600年から1980年までのヨーロッパにおける都市の人口とランクの関係を表している。右側の階段状の線は、コンストラクタル法則に基づいて予測した分布を表している。右上の詳細図は、どの都市の大きさも、一領域から一点への流動にその都市が参加している領域の大きさと釣り合っていることを示している。左下の詳細図は多くのスケールの人間の定住地が地上にどう分布するかという予測を示している(少数の大きなものと多数の小さなもの)。このパターンは、右上の詳細図から作図線を削除すると得られる。

無関係の郡や国家や大陸を統一し、図41に示したパターンによって完全に予測される。これこそ、純粋に観念的な考察とコンストラクタル法則の力だ。

## ジップの法則

私がこの発見の幅広さにようやく気づいたのは、二〇〇五年にサン・ヴァリー著述家会議でこの理論を発表したときだった。発表のあと、都市計画部に勤務する技術者のJ・S・アダムズがやってきて、ジップの法則と呼ばれるものを私が予測したと言う。聞いたこともない言葉だった。ジップの何？　ジップとは誰なのか。

その後知ったのだが、ジョージ・キングズリー・ジップはハーヴァード大学の言語学者で、彼が行なった研究の一つに、特定の単語が英語の中にどれほどの頻度で現れるかというものがあった。彼は一九三五年に発表した論文で、どんな単語の使用頻度も、頻度表のランクと反比例することを報告した。つまり、最も一般的な単語は、次に一般的な単語二つの二倍の頻度で現れ、その二単語は、次に一般的な単語四つの二倍の頻度で現れるということだ。これを両軸がランクと頻度の対数のグラフに表すと、右下がりの線になる。

ジップの研究は、ブラウン大学のヘンリー・クセラとW・ネルソン・フランシスという二人の学者がコンピューターを使って英語の慣用法を幅広く研究して、より精緻なものにした。英語で最も一般的な単語である「the」は、二人が研究したじつに多様なテクストに出てくる単語の七パーセントを占め、次に一般的な「to」と「of」は、全単語のそれぞれ約三パーセントに相当することがわかった。こうして順位と頻度の研究を続けると、三番目に使用頻度の高い単語群は、二番目の単語群よりも大きかった。使用頻度の四番目、五番目、六番目……と、しだいに大きくなっていく単語群を調べると、ジップのグラフの線が正しいことが裏づけられた。そして、およそ一三五単語が、英語で使われる全単語の半分を占めることがわかった。考えてほしい。私たちは「ameliorate（改善する）」や「egregious（言語道断な）」といった単語はめったに口にしない。

「to」と「of」が「ameliorate」と「egregious」を使用頻度で凌ぐことに異議を唱える人はいないだろう。「ameliorate」と「egregious」は辞書戦争というダーウィン説の闘争で、勝ちを収められなかった。単語の階層制は、自然に現れたというのが真相だ。書き言葉と話し言葉でのコミュニケーションでは、単語と文は、私たちが表現したいと願う考えや気持ちを表す流れを運ぶ流路であることに気づけば、これははっきりする。この流れを効率的に広めるために、流路の階層制が、大きな流路（「to」や「of」）と小さな流路（「ameliorate」や「egregious」）から進化した。どの流路も、地球上での情報の流動と私たち自身の流動（移動）に必要だ。

ジップは最後に著した本に『人間の行動と最小努力の原理――人間生態学序説（*Human Behavior and the Principle of Least Effort: An Introduction to Human Ecology*）』という題をつけた。したがって、またしても正しい勘が働いた事例が見つかったことになる。他の研究者たちも、さまざまな領域で自然に現れる階層制を個々に説明する原理を創り出してきた。たとえば、社会における富の分配（パレートの原理）、数字が現れる頻度（ベンフォードの法則）、学術刊行物の流動（ロトカの法則）などだ。私は彼らの結論を確かめてみたわけではないが、自分で予測していてもおかしくなかった。

## メディアの趨勢

最近の例を挙げれば、二〇一〇年七月八日付けの「ニューヨークタイムズ」紙に掲載された「メディアはメディア」と題するデイヴィッド・ブルックスのコラムは、インターネットが階層制を「粉砕する」という常識を反映していた。一見すると、この洞察は明白に思える。アメリカの強力な新聞（と、あまり強力ではない新聞）が無数のブログに押しまくられるのを目の当たりにしてきた人なら誰もが知っているとおり、主要メディアはワールドワイドウェブに徹底的に打ちのめされている。ノートパソコンやビデオカメラを持った無数の人が、現代ジャーナリズムという巨人に取ってかわりつつある。

階層制の成り立たないただの無秩序が、この世界に解き放たれたのだ。

この見方は、新しいメディアと従来のメディアのことを、同じ縄張りを巡って争う敵対勢力、二人の戦士に仕立てている。だが両者は実際には、ある領域（地表をより容易に移動するために情報を受け取り、使う人々の住む領域）に情報を広める全体的な流動系の中で互いに補い合う流路であることを、コンストラクタル法則は明らかにしてくれる。河川流域が大地から河口へ水を運ぶのと同じように、インターネットや新聞などのメディアは、情報のための流路だ。

従来の流路が縮小するなかでインターネットが拡大しているのは、伝統的なメディアが生み出す構造と比べてインターネットのほうが大量の情報を（しかも、より効率的に）流せるからだ。この入り組んだデザインについてはさまざまな見方があるだろうが、インターネットは少数の大きな流れ（たとえば、ユーチューブやフェイスブック、ブルックスの「ニューヨークタイムズ」）と、何百万ものブログと個人のウェブサイトや、毎日送られる何十億通もの電子メールとインスタントメッセージなどといった多数の小さな流れが注ぎ込む、新しい大きな河川流域（情報時代のミシシッピ川）と考えることもできる。科学のデザインと同じで、インターネットのデザインも、情報の流れを促進するために、私たちの目の前で進化している。「コンプリート」というウェブ解析会社による追跡研究から、ウェブサイトの上位一〇個が、二〇〇一年にはアメリカでのウェブページ閲覧の三一パーセント、二〇〇六年には四〇パーセント、二〇一〇年には七五パーセントを占めたことがわかっている。

あらゆるものが、情報のための全体的な流動系の、進化を続けるデザインを形作っている。インターネットの台頭は、階層制の終焉ではなく、階層制の進化と、コンストラクタル法則に基づくデザインを反映している。インターネットはこれまでのものよりも大きく強力だ（流動性が高い）。それと同じ理由から、馬車は自動車に主役の座を奪われたものの消し去られはしなかった。馬車でも自動車でも行きたい所に行かれるが、自動車のほうが馬車よりもずっと優れており、両方あればなお良い。人とものを移動させるためにますます流動を良くする進化は、コンストラクタル法則で予測される。馬車から自動車への移行は、その進化の中で継続的に起こったのであって、突然の劇的変化ではなかった。この階層制の構造は自然に現れる。情報の流動を促進するからだ。そして、今度は情報の流動が、地球上での私たち自身の移動を促進する。このデザインの変化は、視覚（目）の出現に似ている。視覚が出現したおかげで、動物の動きは暗中模索から「誘導」移動へと進歩した（第九章参照）。

コンストラクタル法則を使って言えば、こうなる。古い階層制は時代に取り残され、より優れた階層制が世界に解き放たれる。

## 社会制度のデザイン

最後になるが、人間の社会制度は自然界の他の事象と同じように現れ、進化するという発見は、「コンストラクタル・パラドックス」とでも呼べそうなものを引き起こす。人間には意識があるので、私たちが自らを効率的な流動系に組織しうることが比較的容易に理解できる。河川流域や稲妻と違い、私たちは利口で有能だから、過去から学んで未来に対して支配力を揮うことができる。統治機関や会社、宗教団体などの進化を眺めると、人間の知性が働いているのが見て取れる。それらの進化は、計画的で、打算的で、目的のあるものだ。

そのせいで、人間の行動が自然の傾向に導かれているという事実を認識するのが難しくなりかねない。私たちはこれほど思考と議論を重ね、厖大な業績の記録を誇り、闘争に満ちた苦悩の歴史をたどってきたにもかかわらず、自然なデザインを生み出してきた。そして、それによって私たちが残す遺産は、河川流域の遺産と同じだ。私たちはそのようなデザインなしでは不可能なまでのものを動かしたのだ。

スティーヴン・ジェイ・グールドの生命のテープを巻き戻して再生したら、多くの物事が変わるだろうが、コンストラクタル法則に基づく動物の運動のデザインは変わらないだろうことは、第三章で示した[*6]。同様に、もし人間の歴史のテープを巻き戻し、録画ボタンを押し直したら、そこには今私たちが知っているものとは異なる場面や登場人物が映るだろうが、私たちの社会制度が持つ階層制のデザインは残るだろう。

それは、こんなふうに考えることができる。時を通じて、人々は無数の流れを生み出してきた。超越的な考え、缶切り、奇跡の特効薬、フリスビー、映画、バスケットボール、空調、屋内トイレ、玉突き台。どれも役に立つが、必然の所産だったとは言えない。もし歴史が別の方向に進んでいたら、私たちは別のさまざまな流れを目にしていたかもしれない。だが、そうした流れも、それが役立つ人々全員に到達するために、多くのスケールの流路を通る私たちの流れを促進する（つまり、あらゆる人が地球上をより簡単に動けるようにする）ことだろう。

人間の社会制度が、自然界の他の事象と同じように、進化を続けるデザインを持っていることを認識すれば、私たちは自分よりもはるかに大きな力が働いている事実に注意を喚起される。地表での私たちの動きは、身の周りのいたるところに見られる動きともども、同じ原理に支配されていることが、そこからわかる。

歴史がはっきり示しているのは、人間の組織が他の流動デザインのように進化しているということで、それは、そうした組織が自然とは別個のものではなく、自然の一部だからだ。統治機関は国家に規則や政策を行き渡らせなければならない。インターネットは知識を世界中に広めなければならない。そして、会社は品物やサービスを顧客に届けなければならない。そのすべてが階層を持った脈管のデザインを生み出し、その流れに身を任せるのだ。

第七章 「遠距離を高速で」と「近距離を低速で」

たいていの人は空港が嫌いだ。やたらに高いサンドイッチや「天候不順のための予想外の遅延」よりなお悪いのが、大勢の人と狭い場所に閉じ込められて身動きもままならない感覚だ。だが、ハーツフィールド・ジャクソン・アトランタ国際空港は違う。ここは離着陸数が非常に多い、世界でも有数のハブ空港と言ってよく、毎年九〇〇〇万人近くが利用するのだが、この空港の通路を進んだり地下の列車に乗ったりするときには、流れているように思える。このように自然と楽な動きができることもあって、国際航空輸送学会は一貫して、世界で屈指の（たいていは最高の）効率的な空港という評価を与えている。このアトランタ空港がデザインの傑作であることは、建築家や技術者や乗客には簡単に見て取れる。本当に興味深い疑問は、なぜそれほどうまく機能するか、だ。[*1]

従来どおりの取り組み方で答えを見つけようとすれば、製図板に戻ることになる。空港の青写真をじっくり眺めれば、各通路、エスカレーター、エレベーター、コンコースの列車の配置を見極められる。これらの空間と、そこをせっせと通過する旅行客の関係を調べ、それから他にも何千という計算をすれば、この巨大なジグソーパズルのピースがすべて、じつにうまく組み合わさっていることが理解できる。

それをすべてやり終えたら、今度は効率的な空港を自ら建設するのに役立つモデルを作れるだろう。科学はおおかた、こういう手法で機能する。研究者と技術者は、どんな状況を与えられても、そこにかかわる要素を実際に測定してデータを集める。それが、近代的な空港を形作っている無数の構成要素であろうと、地球規模の気候を左右する、太陽による加熱と海流や気流との間の複雑な相互作用であろうと、同じことだ。腕利きのシェフさながら、研究者と技術者はたえず自分のレシピを微調整し、自分のモデルにさまざまな特徴を加減し、異なる重みづけをし、「機能する」モデルを創り出す。

この場当たり的な取り組み方は骨が折れるものの効果的で、多様な現象の探究が可能になる。その一方で限度もある。原理の不在を反映しているからだ。さまざまな変数の相互作用や選択を支配している法則がわからないので、変数を手当たり次第調整していかなければならない。砂糖を一カップ加えたときにケーキがちょうど良い味になるのがわかったものの、半カップや二カップが適量ではない理由が、本当のところは理解できないでいるのと同じようなものだ。あるいは、稲妻や河川流域の樹状パターンを目にしながら、なぜ両者が似ているのかわからないようなものだ。

コンストラクタル法則は、それより優れた取り組み方を提供してくれる。この法則を使えば、もっぱら変数の調整に依存しなくても済み、もっと優れたものを作り上げられる。

たとえば、第三章で考察した質量と速度の関係や、生き物は有効エネルギーの単位消費量当たりの移動可能距離を増やすように進化するはずであるという発見のおかげで、私たちはより優れた自動車や船舶、飛行機を生み出せる。第五章で説明した、樹木などの植物のデザインは水分と応力の流れを促進するはずであるという事実は、やはり脈管化した力学的構造（梁や橋梁から自己修復性金属材料まで）の構成に活かせる。また、第六章で詳述した階層制についての洞察に照らせば、消滅する社会制度もあれば繁栄する社会制度もある理由がわかりやすくなる。

こうした研究成果は、私たちが自分のデザインにコピーできるような自然界由来の雛型は提供してくれない。そのかわり、自然界の機能をすでに支配している原理を解明してくれる。運動の諸法則が発見されたおかげで、より優れた飛翔体が作れるようになったのと同様、コンストラクタル法則のおかげで、私たちは現行の取り組みを一気に加速できる。本章では階層制と、科学技術の進化をいっそう動的に眺めることで、より良い空港や道路、都市をデザインする方法を探究する。

## 可能な限り速く、遠くまで

これまで私たちは、大きさに焦点を絞ってきた。一点から一領域へ、あるいは一領域から一点への流れを行き渡らせるために優れたデザインであるという理由から、あらゆる脈管流動系が多くのスケールの流路を生み出すという事実も、大きさの問題の一例だった。だが、そこからはいくつか疑問が出てくる。流路はどう配置すればいいのか。どのような組み合わせにするべきなのか。階層制が現れるという事実だけではなく、そのデザインを予測するのに使える原理はあるのか。

コンストラクタル法則は動きとアクセスと速度にまつわるものであることを思い出せば、答えが浮かび上がってくる。稲妻や樹木から科学の法則まで、流動デザインは流れを促進するために現れ、進化する。こうしたデザインは目を奪い、注意を促すものの、私たちが惹かれる最大の原因ではない。列車や飛行機と同じで、目的のための手段にすぎないからだ。こうしたデザインは、中を進む流れが地表をより容易に動けるようにするという、ただ一つの理由のために現れた包括的なエンジンなのだ。

大きさと数の階層制においては、本流（ミシシッピ川、大動脈、大統領）の大きさは、それが最も多くの流れをより速く、より遠くまで動かすという事実ほど重要ではない。本流よりは小さい、さまざまな大きさの流れや隙間は、もっとゆっくり、もっと少ない流れを、もっと短い距離だけ動かす。本章で見るとおり、多くのスケールを持つデザインの出現は、これら二つの流動様式を均衡させることにかかっている。そのカギを握るデザイン原理は、高速での遠距離の移動にかかる時間と低速での近距離の移動にかかる時間をほぼ等しくすべきであるというものだ。[*2] 実際、ほぼ等しくなると、流動構造全体が占める領域の流れが良くなる。これが、アトランタ空港を含め、コンストラクタル法則に基づいたデザインすべての土台だ。

この法則を使えば、優れたデザインの土台を特定するために、場当たり的なモデルにもはや頼らなくて済む。雪の結晶と河川流域のデザイン、流れる溶岩と細菌集落のデザインといった、一見すると無縁のものの間に、突如として結びつきが見えてくる。コンストラクタル法則は、浜辺での犬の走り方、あなたの朝の通勤路、さらには、ローマやパリなどの都市の発達の仕方まで予測する。

これらの結びつきはみな、移動中の存在は自由を与えられれば、有効エネルギーの単位当たりでより速く、遠くまで動ける道筋を生み出したり探したりするはずだという予測から始まる。流れはこの原理に支配されているので、これは最も単純な運動の形態から、このうえなく複雑な運動の形態まで、すべてに当てはまる。

さらに、これが肝心なのだが、コンストラクタル法則は進化の傾向を要約しているので、単純なデザインと複雑なデザインは別個の現象にはならない。どちらも、一つの連続体の一部で、この連続体においては、小さな構造は大きな構造の中で、そしてまた大きな構造とともに形を変えるはずだ。これは二つのことを意味している。第一に、複雑なデザインは最も単純なデザインに根差している。世界各地を飛び回る航空機がたどる入り組んだ空の輸送経路（図42）は、こちらからそちらへという、徒歩による人々の基本的な動きから生じた。第二に、流動系の各構成要素が流れやすくなるように進化するとはいえ、その流動系自体が、より大きな系の一部でもあり、大きな流動系の形と構造も、自らの流れを良くするためにすべての構成要素をうまく均衡させるべく進化している。これを人間の世界に当てはめれば、コンストラクタル法則は個人の利己主義と集団行動の間のつながりを見出すと言える。

## 折れ線問題

それがどういう具合になっているかを知るために、直線を一本引くところから始めよう。これは、一種類の動きしかないときに、ある点から別の点へ進む最も直接的な経路だ。たとえば、遮《さえぎ》るものがないとき、光は二点を結ぶ直線に沿って進む。自由を与えられれば、人間も同じこ

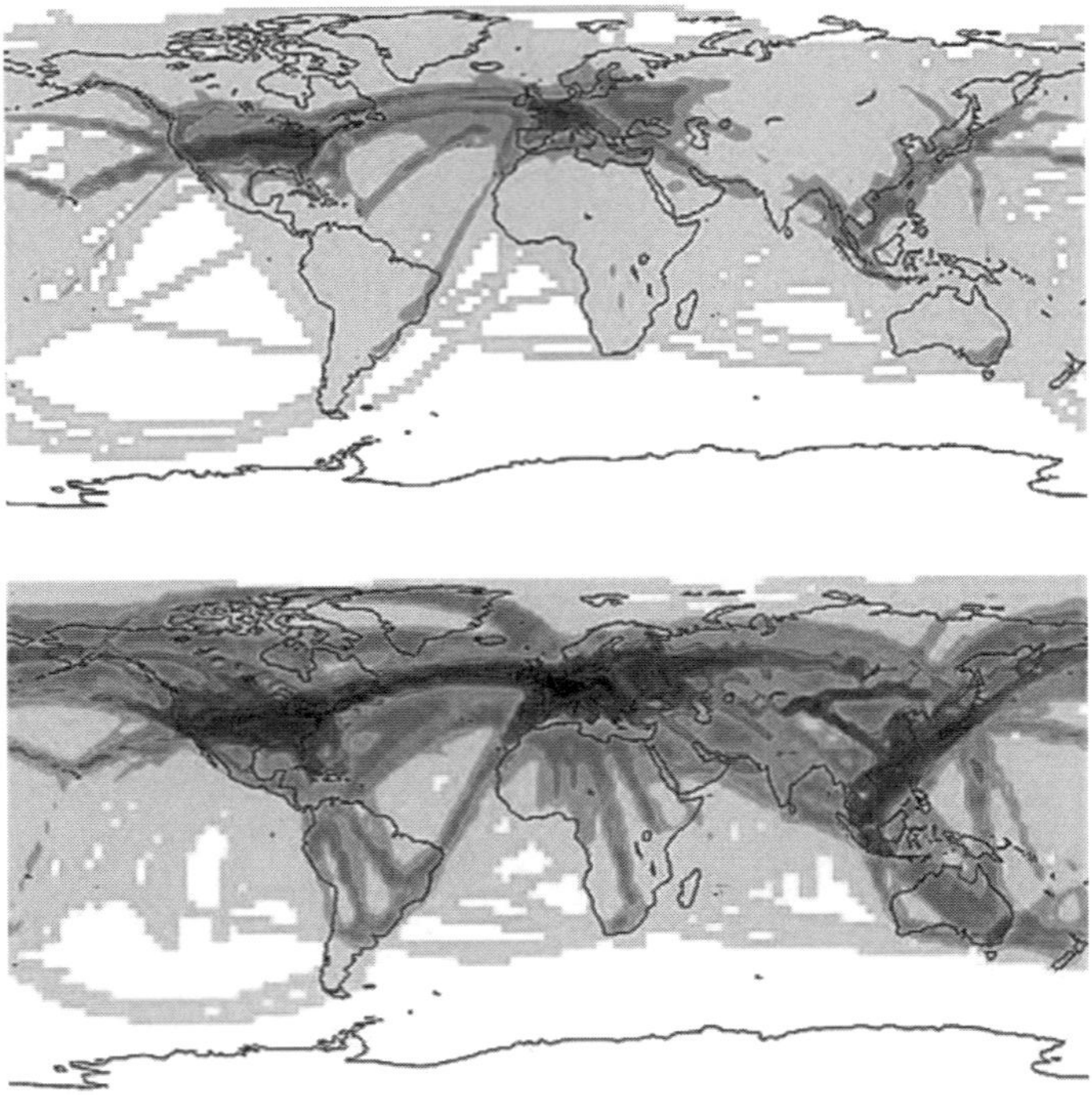

図42　2002年に航空機が飛んだ場所（上段）と、2050年に航空機が飛ぶであろう場所（下段）。この図は、全航空機の飛行密度と経路を示している。両者はあらゆる航空機が飛行機雲を後ろに残すので目に見える。

とをする。ある人がA点からB点まで歩くとき、駐車場のように、足元の地面が平らに舗装されていれば、いちばん楽に進みたいという衝動によって、その人は直線ABをたどるよう駆り立てられる。

自然界でものが流れるときに、より複雑でなおさらよく見受けられるのが折れ線だ。直線の道筋が得られないときには、必ず折れ線が見られる。翼を持たない私たちは、邪魔物のない空を一気に飛んでいくことができないから、たいてい折れ線に沿って進む。それでも私たちは特定の道筋を探しては見つけ、こちらの木をよけ、あちらの池を最短の道筋で迂回し、行きたい場所にたどり着く。

A点とB点の間の流れに、たとえば走ることと泳ぐことのように、二種類の動きが見られる場合にも、折れ線の道筋が最適となる。ミシガン州のホープ大学の数学教授ティム・ペニングズは、エルヴィスという名のウェルシュコーギーの愛犬を使った巧みな実験でこれを立証した。ペニングズはミシガン湖の岸で球技をしていたときに、エルヴィスの動きに目を止めた。エルヴィスが岸のA点から走り始めて湖面のB点に浮いている棒を拾ってくるときには、必ず水際で特定の場所（J点）を選んで水に飛び込み、B点に泳いでいくのだ（図43）。飛び込む場所では、AJとJBがほぼ垂直に交わるものの、完全には垂直ではなかった。なぜその点を選ぶのだろう。それは、エルヴィスにとっては、泳ぐより走るほうが楽だからだ。

だが、泳ぐ距離を最短にするのは正解ではない。エルヴィスがいつもP点で飛び込んでいたら、それが正解だっただろうが、エルヴィスはそうはしなかった。走る距離と泳ぐ距離は、A点からB点に行き着くための労力の合計が減るように均衡させるべきなのだ。こうしてエルヴィスは、コンストラクタル理論の基本的な問題の一つ、すなわち、二つの形態の動きが使われるときにA点からB点に至る最速の道筋を見つけるという問題を解決した。エルヴィスが本能的に見つけた答えは、最善の経路は必ずしも最短ではないというものだった。エルヴィスの祖先は、無数の世代が苦労を重ねながら、B点に浮かぶ食べ物を首尾良く獲得したり、飢え死にしたり、溺れ死んだりすることを繰り返すうちに、この答えにたどり着いた。それと同じ本能が私たちの中にも眠っている。たとえば海で溺れている人を救うために私たちが駆けだしたら、誰もが図43のAからPではなくJまで岸の縁を走ってから飛び込むだろう。

人間の頭脳は良くできたもので、たった今私たちが思い描いた映像のさまざまな改訂版も想像できる。水に棒が浮かんでいるのではなく、激しい潮の流れにはまって命が危うくなっている人も思い浮かべられる。一人の女性がたちまち行動を起こす。ただの女性ではなく、一〇〇メートル走の世界記録保持者だ。あいにく、水泳はひどく苦手にしている。彼女は、走る時間を最大化し、水の中で過ごす時間を最小化する折れ線を本能的にたどるだろう。同様に、人命救助を目指す女性が水泳の王者だが亀のように足が遅ければ、もっと手前で水に飛び込むだろう。そのほうが彼女にとってはふさわしい経路だから。

　コンストラクタル法則は、何にでも合うデザインを強要したりはしない。この法則は、制約や障害や驚きが待ち受ける環境で、あらゆるものがしだいに大きなアクセスを求めるはずだと宣言する。自然界に見られる多様性は、無数の制約（走る技能や泳ぐ技能は人それぞれだし、地面を流れる水が出合う地形もさまざまだ）によって説明でき、コンストラクタル法則の原理に反しているわけではない。つまり私たちは、コンストラクタル法則と単純な幾何学を使って、全体的な労力を減らすためにそれぞれの道筋がどのような外形をとるはずか予測できるのだ。

　この予測には、前方への動きにかかわる線がすべて、九〇～一八〇度の角を成すことを認識

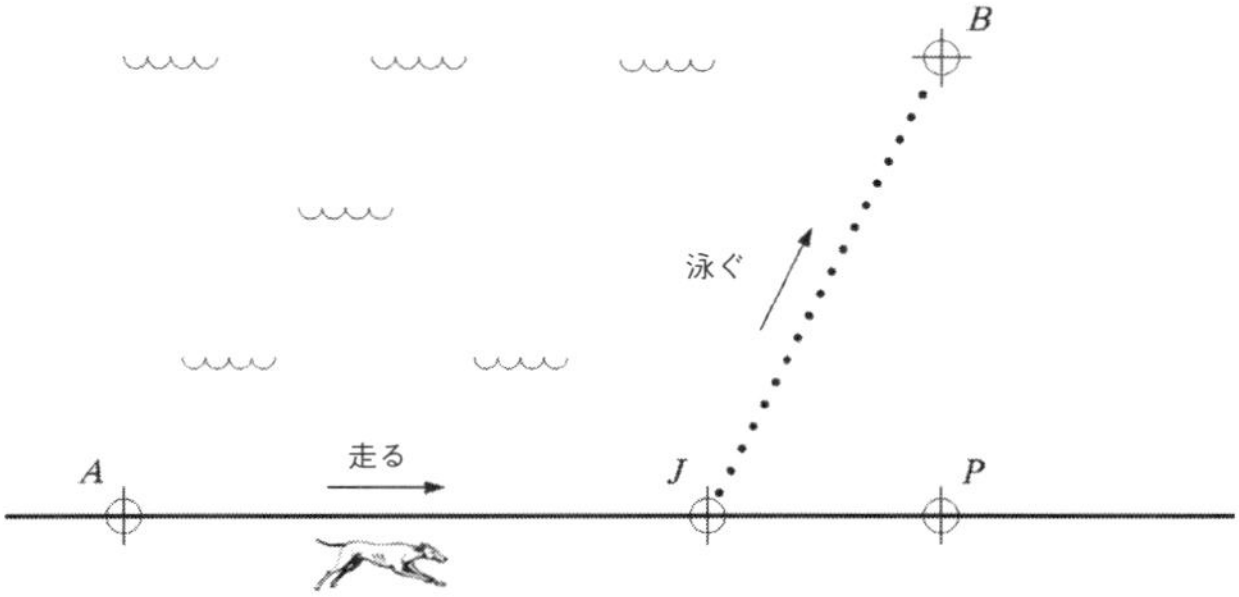


図43　犬（$A$）は、走ることと泳ぐことという二種類のまったく異なる動きを組み合わせて、浮かんでいる棒（$B$）にたどり着く。犬は岸を$A$から$J$まで走り、次に$J$から$B$まで泳ぐ。屈折した線$AJB$は$A$から$B$までの移動時間の合計を最小化することで予測できる。犬が$A$から$B$に行くときに行なう仕事の量を最小化することでも、同じ屈折した道筋が予測できる。

すればいい。九〇度未満のものは、すべて後方へ動いている。たとえば直線は、一八〇度の角度だ。この道筋が利用できなければ、線は折れ曲がる。何度ぐらいの角度で曲がればいいか。答えは、そのときに使われる二種類の動きの速度（遅い速度$V_0$と速い速度$V_1$）の比率次第だ。両者の違いが大きいほど、角度は小さくなる。エルヴィスがたどるべき折れ線を決めるには、この犬が走る速度を泳ぐ速度で割る。両者が同じなら、エルヴィスは棒まで一直線の道筋をたどるべきだ。両者の違いが大きくなるにつれ、道筋の「屈折」の角度が減るはずだ。屈折の角度が九〇度という、最も極端なデザインは、二つの流動様式が著しく異なるときに自然な流れ方となる。これがいちばん明確に見られるのが現代の都市で、そこでは歩く動きと自動車に乗る動きという、最もありふれた移動の形態の速度に大きな差がある。だから、大通りと脇道は九〇度の角度で交差する。

## 二つの流動様式の均衡

電子機器のために高度な冷却システムをデザインしていた一九九〇年代初期には、私のレーダーはまだ犬のエルヴィスを捉えていなかった。[*3] だがじつは彼は、私が直面していた、はるかに複雑で一般的な難問の、単純な形態の解決法を発見していたのだ。エルヴィスには十分敬意を表するが、彼は自分のことだけ心配していればよかった。棒を取ってくるために、走ることと泳ぐことをどう組み合わせるべきかだけを。一方、私の仕事の対象は、二つの流動様式と全領域に及ぶ無数の流れがかかわる移動時間を最小化するという、自然界でははるかに一般的な折れ線問題だった。

言い換えると、私の仕事はエルヴィスだけではなく、同じ領域に存在するすべての犬とすべての棒にかかわるものだった。いや、もっと正確に言えば、全電子回路から発生する熱をすべて、ごく小さな空間から取り除くことだった。アトランタ空港がコンコースを通る人全員に対応しなくてはならないのや、航空輸送システムが世界中のあらゆる航空機の流れを促進しなければならないのと同じだ。第二章で見たとおり、熱伝導性の低い素材に回路を載せ（泳ぐのに似た、遅い移動法）、次に非常に伝導性の高い素材の細長い一片を中央に配置する（走るのに似た、もっと速い移動法）ことで私はこれを達成した。

回路から発生した熱は、無秩序でパターンのないゆっくりした動きで、中央の一片に向かって垂直に、近距離を拡散した。中央の一片に達すると、遠距離を比較的高速で伝わってヒートシンクに至った。私は、伝導性の高い細長い金属片を樹状パターンでさらに配置すれば、より広い領域を冷却できることを発見した。だが、木は何本にするべきか。私の答えが突破口となり、良いデザインの中核を成す原理が解明された。エルヴィスが泳ぐ時間と走る時間を均衡させたように、正解は、すべての熱がこれら二つの流動様式で移動しているときに出くわす抵抗を均衡させるというものだった。

エルヴィスと私が類似した問題に同じ答えを導き出したという事実は、何らかの原理が作用しているという、さらなる証拠を提供してくれる。すでに見たように、直線の道筋が利用可能なときには、自然はその道筋を受け入れる。折れ線が見られるのは、理想的な道筋が利用できないときだけで、その場合も、どんな折れ線でもいいわけではなく、やはり最速の経路に沿うように曲がっている特別なものとなる。折れ線に二種類の動きがかかわるときには、その形は、何であれ流れているものの動きを良くする配置になるように、二つの動きを均衡させる。これら三つの筋書きからは、単純な図面ができ上がる。二つの地点の間の単一の流れの動きにかかわるものだからだ。だが、自然界の流れはほぼ必ずもっと複雑にできている。河川流域のすべての水や、陸上のすべてのゾウ、地域経済あるいは世界経済によって生産されるいっさいの品物やサービスのように、たいてい厖大な量のものを伴っているためだ。したがって、生み出されるデザインは、一本の直線でも、一本の折れ線でもなく、階層制を持つ多くのスケールの流路から成る系、つまり、折れ線の重なりだ。そして、それもまたコンストラクタル法則に支配されている。

## 白と黒

本書はこれまで流れを運ぶ流路の、進化を続けるデザインに焦点を絞ってきた。だが、コンストラクタル法則は、一平面領域あるいは一立体領域に広がるすべての流れを支配している。河川流域を考えてほしい。流路の脈管構造に目を惹かれる。だが、それは図面の一部でしかない。それに劣らず重要なのが、水を供給する、分岐した流路の間の領域だ。空港は自ら乗客を生み出すわけではなく、周囲の領域から運んでくるし、銀行は自らお金を生み出すわけではなく、大勢の預金者から集める。それと同じで、河川流域も周囲の大地から水を集めなくてはならない。同様に、私が使った伝導性の高い金属片も熱を発しないが、周囲の平面領域あるいは立体領域から熱を引き寄せる。

だとすれば、図面という点から言うと、流動系の全領域は黒（出現する流路の線）と白（それらの黒い線に何かを供給する、あるいは、黒い線から何かを供給される、残りの部分、すなわち隙間）の両方だ。全体的な視点に立つと、ある領域を動くものはすべて二通りの流れを持っていることがわかる――近距離を低速で動くもの（白）と遠距離を高速で動くもの（黒）だ。

近距離を低速で動くほうが良い流れ方であるときにはそのように動き、遠距離を高速で動くほうがうまく移動できるときにはそのように動くことをコンストラクタル法則は予測する。つまり、どんな場合にも流れは、よりふさわしい流動様式を「選択する」はずであるということだ。第二章で見たとおり、多くの場合、この選択は水や空気などの流体の層流から乱流への移行を伴う。これは大きなデザインの中では、流れは流路に集まったほうが動きやすくなるまでは拡散したかたちで動き、逆に、拡散するように流れたほうが動きやすくなるまで集まって流れることを意味する。水は地面に浸透するかたちで進むが、やがてもっと多くの水に出合うと、細流や小川を形成したほうが動きやすくなる。

これらの階層制のデザインが進化し、多くのスケールの流路（少数の大きなものと多数の小さなもの）が生み出されて、より広い地面に拡がるときには、そのどの段階でもこれら二つの流動様式を均衡させるはずだ。

河川流域は、ミシシッピ川ではなく地面に拡散するかたちで浸透する水から始まり、それが最初の細流を形成する。人間の循環系の進化は、大動脈ではなく微小な生物の拡散した流れから始まり、それが最終的に毛細血管やもっと大きな血管を生み出した。私たちの輸送システムは、高速道路と空港ではなく、人の流れが未踏の地につけた小道から始まった。

## 人造の世界の変化

河川流域の水は、低速で浸透して丘陵の斜面を下ってくる動きと、河道に沿った高速の流れを組み合わせる。遅い流れは速い流れと直角を成す。アトランタ空港ではコンコースからのアクセス通路が、その先にある列車の軌道と直角を成すのと同じだ。化学的に標識をつけた水が河川流域を流れ下る動きの研究から、低速で浸透して丘陵の斜面を下る時間が、あらゆる河道を流れる時間と実質的に同じであることが判明しつつある。これは、地球上のすべての河川流域について言える。

第一章で予測したように、これは動物の肺のデザインにも当てはまる。ここで深く息を吸い込んでみよう。口から肺胞へ続く気道を空気が高速で流れるのに必要な時間は、酸素が個々の肺胞を通って組織の中へと低速で拡散し、血液に吸収されるまでにかかる時間と等しい。これまた注意してほしいのだが、このリズム、このデザイン（均衡を保つこれら二つの時間）は、あなたがどれほど速く呼吸していても維持される。吸うのにかかる時間は吐くのにかかる時間に常に等しい。これと同じ周期的デザインは、搏動や血液の循環、消化、排泄、射精などの特徴でもあり、コンストラクタル法則に基づいて予測できる。[*4]

それどころか、このデザインはいたるところで見られる。地球の表面は、流動するこれらすべてのものが織り成す組織だ。地表は、これら二つの異なるかたちで流れたり動いたりする、はなはだ多様なものに覆われている。もちろんお粗末なデザインもたくさんある。とくに、人造の世界には。人造の世界の進化史は、もっと古くてしっかり確立された系に見られる進化史よりもはるかに短い。だが、もっと目を惹かれるのは、そのじつに多くが、他の自然のデザインに見られる二つの流動様式の間の均衡と同じ均衡を達成している事実だ。

今やその理由がわかるだろう。過去を振り返り、工学技術で作られたデザインの数々を見てみればいいのだ。手始めに取り上げるのは、建造物の中でもひときわ古く有名なエジプトのピラミッドをはじめとする古代の遺跡で、私たちはその大きさと幾何学的形状に今なお魅了され続けている。[*5] 今日の基準に照らしてさえも、その大きさは桁外れで、形状は完璧だ。これらのデザインはあまりに見事なので、失われてしまった古代の科学的知識の基盤や、地球の反対側に住んでいた古代人どうしの間にあったとされるつながりのおかげだと、私たちの文化は考えがちだ。

だが、コンストラクタル法則は、驚くほど直接的なかたちでピラミッドの謎を解決する。ピラミッドは、地球上のあらゆるものの移動を支配する普遍的な自然現象の結果なのだ。この見方をとったからといって、古代の建設者たちの偉業が少しでも損なわれるわけではない。むしろそれは、第四章で説明した車輪の進化に似て、物理学に基づく主張だ。私たちの祖先が選んだ方法は自然であり、工学技術でものを作るのは自然であり、世界の各地に移り住む傾向を持つのは自然であり、あらゆるもの（生物も無生物も）の流れの持つ幾何学的特性は単一の原理に基づいて導き出せる。

ピラミッドの建設にあたっては、低速で近距離を動く時間と高速で遠距離を動く時間を均衡させ、仕事量を減らすことをコンストラクタル法則は求める。この原理によって、ピラミッドの位置と形が説明できる。第一に、位置は採石場の中央だ。仕事量を減らすには、石が切り出される場所と建設現場の間の距離を短くすればいいからだ。（科学技術の進化とともに、作業現場は材料の源泉から遠ざかってきた。輸送の労力が減ったからだ。）

これと同じ現象がピラミッドの形の説明にもなる。フランスの建築家ピエール・クロザは、建設者たちがピラミッドの斜面を利用し、木製の梃子《てこ》とロープを使って石を引き上げたことを立証した。個々の石を運び上げ、水平に移動し、一つ下の段の上に置く。重力によって構造を保っている石の山（乾式空積み工法）では、形は底角で決まる。石を水平に動かす仕事量と、斜面を動かす仕事量がほぼ等しいのが良い角度だ。

有効エネルギーの消費をしだいに減らしてピラミッドを建設するように石の流れを配置するなら、ピラミッドの形（底部の角度）は単一で、大きさに関係なく、その時代の科学技術次第で決まる。ピラミッドは一段一段建設するしかなく、建設中も完成時と幾何学的に似ている（タマネギのように何重にも層になっている）ことが予測される。

別の言い方をすれば、石の流れは二つの「媒体」（二つの仕組み）を通って進む。一方は抵抗が小さく（石を水平方向に移動させる。これは比較的容易だ）、もう一方は抵抗が大きい（斜面を移動させる。これはずっと困難だ）。二つの媒体が著しく異なるとき、底部の角度（つまり、石の移動線が屈折する角度）が九〇度に近づく。河川や石、動物は、同じ原理に由来する配置で流れる。屈折の法則は経済学では品物の動きを支配していることにも注意すべきだ。経済学ではこの法則を「節減の法則」と呼ぶ。たとえば、ラッキーストライクの煙草をノースカロライナ州ダーラムからフランスのダンケルクの兵士たちに送るときには、この二つの都市を結ぶ最短の線（測地線）に沿って運びはしない。できれば、もっと安上がりな道筋で送る。たとえば、短くて単価の高い線（ダーラムからサヴァナの港までトラックで運ぶ陸路）と、長くて単価の低い線（サヴァナからダンケルクまで船で運ぶ海路）を組み合わせた折れ線だ。

通商路の発達史は、コンストラクタル法則に基づいたこのデザインの傾向を裏書きしている。都市や港が発展したのは、交差点、つまり通商路の交わる場所に「たまたま位置していた」からだとよく言われる。じつはその逆だ。効率的に屈折した経路が、交差点や都市、港、積み降ろし場所などの位置を決める。より複雑な流れは、局地的な流れと全体的な流れが高められるように屈折した道筋の束から成る。雨の降り注ぐ河川流域は、人の住む地域のようなもので、その領域のどの点も、周辺の一点へのアクセスをしだいに大きくしなくてはならない。媒体には、抵抗性の低いもの（流路の流れや通りを進む乗り物）と、抵抗性の高いもの（湿った川岸に水が染み込むときや歩くとき）の二つがある。形は流れを良くする傾向で決まる。

## 空港のデザイン

アトランタ空港はピラミッドよりも複雑なデザインだ。たんに石の動きを均衡させるのではなく、乗客全員とその持ち物に対応しなければならない（図44）。空港内の動きは一点から一平面領域へのもので、たとえば、空港玄関からすべてのゲートへ、あるいは、到着ゲートの一つから他のあらゆるゲートや出口へといった動きがある。その全領域を移動範囲に収めるためには、乗客は二つの動きを組み合わせなくてはならない。コンコースを歩くときのように、近距離は低速で移動する。それから、各コンコースを結ぶ列車に乗って、もっと長い距離を高速で進む。

私は共同研究者のロレンテとこうした変数を念頭に置き、コンストラクタル法則を使って、中を通過する流れを最も良くするためにアトランタ空港（と、その種のいっさいのデザイン）がとるべき形を予測した。[*6] そして、この研究を通して一つの公式を考案した。二つの流動様式による移動の範囲内に収まる領域にとって優れたデザインを決定し、そうすることで、モデルへの依存の度合いを減らす公式だ。

空港の領域は、動く人やものすべてにとって流れを良くする形にできる。流れを良くしようとしている設計者の頭の中では、図44に示した略図で、長方形の面積（$H \times L$）は一定だが、形（$H/L$という比率）は変わりうると推論した。そうした設計者は一人ではなく無数にいる。彼らは、人、手荷物、食物、廃棄物、サービスなど、あらゆる種類の流れを思い描く。

だが、とりあえず乗客だけを考えることにする。$H/L$の最善の比率はどうなるか。最も遠いゲート（$P$）とターミナル（$M$）の間の移動を考えてみよう。$P$は最も遠いために最も不利な位置と見なす。$P$からの乗客は、速度$V_0$で短いほうの辺に沿って歩き、速度$V_1$の列車に乗る。この乗客は歩くのに$t_0=(H/2)/V_0$だけの時間と、列車での移動に$t_1=L/V_1$だけの時間がかかる。この乗客が必要とする時間の合計は$t_0+t_1$で、長方形が$H/L=2V_0/V_1$という形をしているときに最少になる。$V_0/V_1$という比率は、歩行の速度を列車の速度で割ったもので、1よりかなり小さい。その結果、縦横比$H/L$は（図44に示したように）1より小さくならざるをえない。

全乗客を考慮に入れたときにも、まさにこの形が見出されることは特筆に値する。任意の乗客$Q$が歩く時間と列車に乗る時間を計算し、その合計時間を全乗客で平均すると（つまり、長

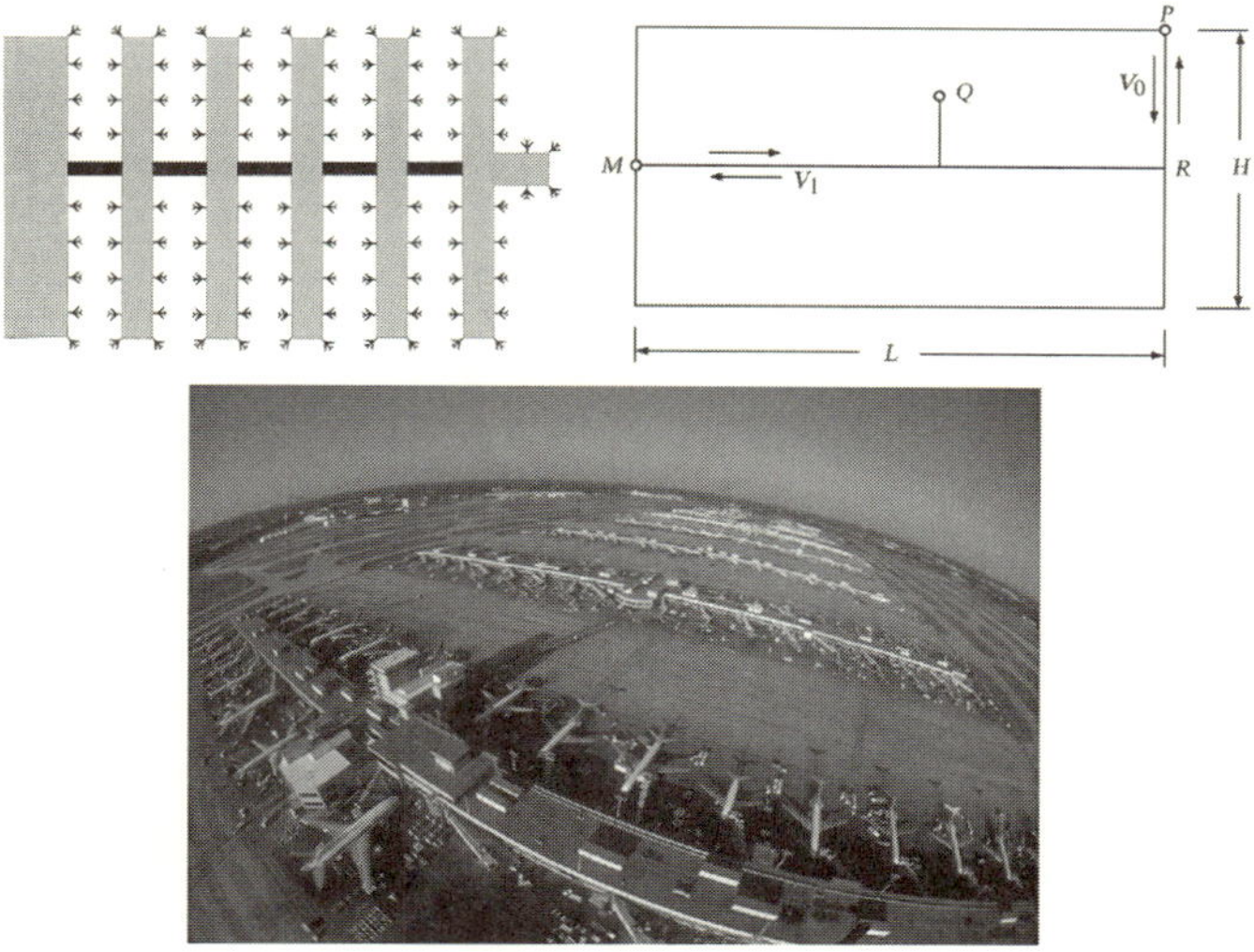


図44　流動方法は一つよりも二つあるほうがいい。乗り物による移動あるいは歩行による移動がない大型空港は、歩行と乗り物を組み合わせたデザインを持つ、同じ面積の空港にはかなわない。アトランタ空港は、都会や自然界のあらゆる形態の流動ネットワークが育つもととなった「種」の、現代における実例だ。面積が一定（$A=HL$）で形（$H/L$）が変えられ、二つの速度（歩行$V_0$と列車$V_1$）がある場合、$P$から$M$までの移動（$A$という領域内のあらゆる点$Q$から$M$までの移動の平均）の所要時間は、$H/L=2V_0/V_1$という形のときに最少になる。歩いている時間（$PR$）は列車に乗っている時間（$RM$）に等しい。「遠距離を高速で」という移動が、「近距離を低速で」という移動と均衡している。

方形の全域で平均すると)、やはり $H/L=2V_0/V_1$ のときに、その平均値は最小になることがわかる。長方形の縦横比は1と比較できる大きさだが、たとえば½のように、1より小さい。歩く速さと列車の速さの比率 $V_0/V_1$ は、¼のオーダーだからだ。この形は、アトランタ空港の実際の配置にはっきり現れている。

最も遠くにいる乗客($P$)にとって最善の空港の形が、乗客の集団全体にとっても最善であるというこの一致は、考えてみる価値がある。そこからは、こんな疑問が湧いてくる。空港設計者たちが利他的に考えて、最も遠くにあるゲートを利用しなければならない乗客のためになるように空港の形を決めたのか、それとも同じ設計者たちがそろって利己的に考えて、自らが空港内の想定されるあらゆるゲートの位置$Q$にいるところを思い描いたのか。最終的なデザインの解釈としては、利己的な経路のほうが妥当だ。大勢の人が動いており、それぞれが流れやすさを求めて見つけるとか、流れに身を任せるといった、周りの人と同じ傾向や衝動を持っているとき、平面領域や立体領域の中に自然とさまざまな配置が出現する。組織化したいという衝動は利己的なものなのだ。

それに輪をかけて驚くべきことがある。空港が誰もが好む形をしているときには、一平面領域と一点($M$)の間を移動するのに必要な平均時間は、歩く時間と列車に乗る時間とにおおむね均等に分けられる。空港デザインの真髄は、コンコースの半分を歩く時間を、列車で端から端まで素早く移動する時間とほぼ同じ、約五分にすることだ。つまり、私たちが低速で移動する（歩く）時間は、高速で移動する（列車に乗る）時間と等しい。乗客は、もうみなさんにはおなじみのはずのデザイン、すなわち樹状デザインを通してこれを実現する。

だとすれば意外ではないが、世界の一流空港で見られる最も新しいデザイン――私たちが空港と呼ぶ流動系の最新の進化――は、しだいにアトランタ空港に似てくる。シンガポールや韓国（仁川）、香港、東京（成田の第二ターミナル）はみな、歩行者用コンコースとそこから直角に伸びる列車やシャトルの適切な組み合わせを特徴としている。コンストラクタル法則に基づけば、空港の構造と科学技術の進化は予測可能だ。これはアトランタ空港の真似ではない。コンストラクタル法則に一致した自然な進化なのだ。

同様の均衡は、空港につながる輸送システムにも見られる。ヨーロッパの航空路の一つに沿って飛ぶのにかかる時間は、その航空路と直角に伸びる陸上経路を進む時間に匹敵する（図45）。パリからマドリードまでの飛行には約二時間かかり、マドリードの空港から、その空港を利用する全領域の一区域までは自動車で約二時間かかる。ヨーロッパの高速列車は隣接する都市を一時間以内で結ぶ。これは、自宅とたくさんある鉄道の駅の間を移動するのに必要な時間でもある。都市の内部では移動範囲は小さくなるが、依然として同じ原理に支配されている。鉄道の駅まで行くのにかかる時間は、列車に乗っている時間に匹敵するはずだ。言い換えれば、駅

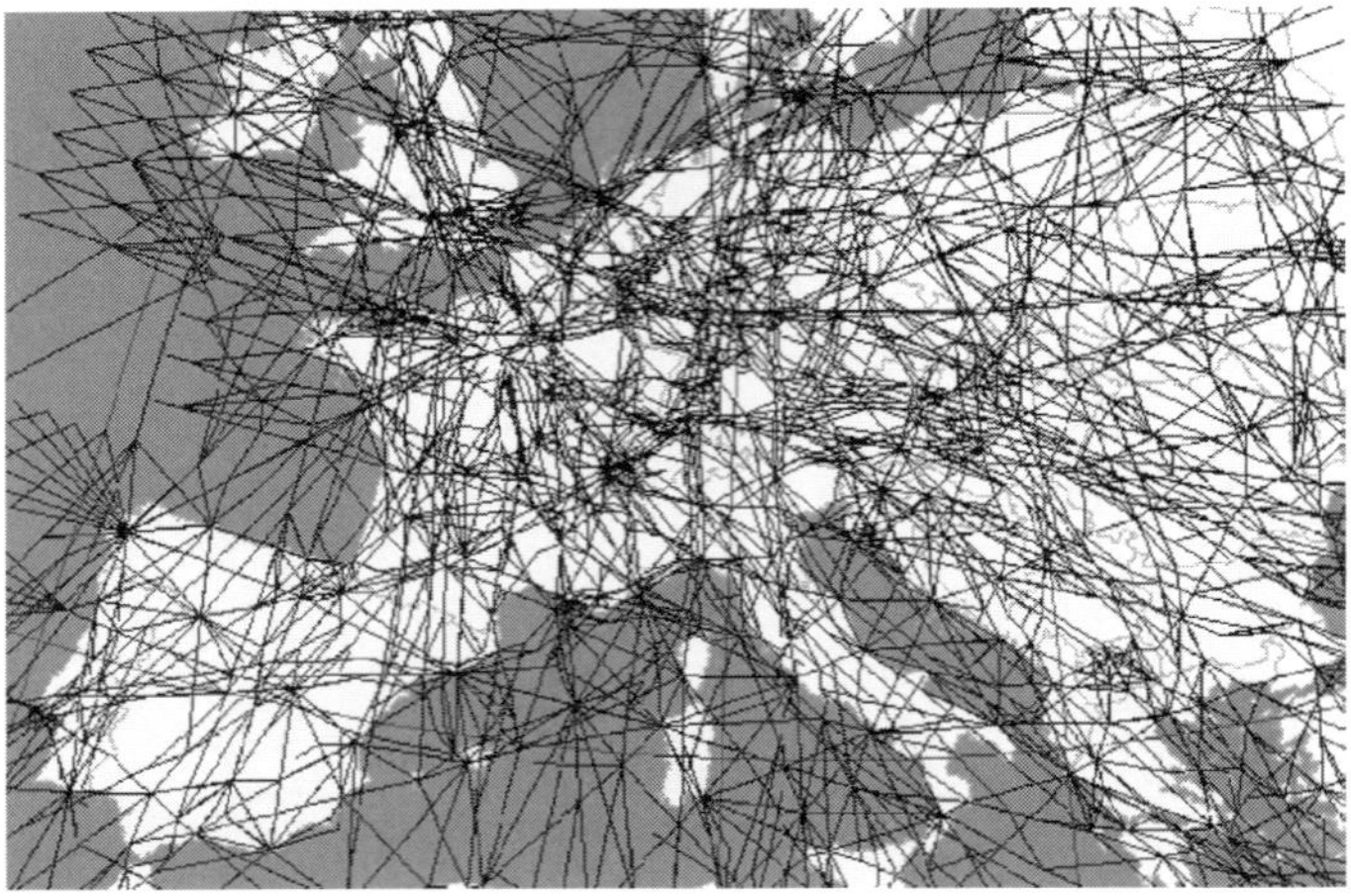

図45　ヨーロッパを覆う、大量航空輸送のタペストリー。ジェット燃料を燃やして、人とものを全領域に運ぶ。この流れは階層制で、不均一に分配されている。大きな中心地と太い流路が多数の細い流路に割り当てられている。細い流路は地上の動き——人と、環境のありとあらゆる生物・無生物の流れ——の範囲に収まる（流路間の）領域要素に割り当てられている。（流路に沿って）遠距離を高速で移動する時間は、（流路間の領域を通って）近距離を低速で移動する時間に匹敵する。

まで二時間かけて自動車で行き、列車に三〇分乗るという可能性は低い。そのほうが最終的には多少時間が稼げるとしても、あなたはおそらく最後まで運転を続け、駐車スペースを見つけたり、切符を買ったり、他の形態の抵抗を克服したりするために労力をかけるのを避けるだろう。優れたデザインの輸送システムでは、歩いて移動する時間と座って移動する時間が同じになる。アトランタ空港での状況と同じだ。お粗末なデザインのシステムでは、この二つの時間の均衡が崩れている。

テレビ・コマーシャルの免責の言葉ではないけれど、個人差はある。どこから出発するか次第だ。この原理は誰もが移動を終えるのにかかる平均時間に当てはまる。それは厖大な数の人の流動デザインを説明するのであって、個々の人の経験を説明するわけではない。コンストラクタル法則は全体像だが、同時に詳細像でもある。森であるとともに木でもあるのだ。地球上を移動する動物と、速く走る運動選手のいっさいにこの法則は当てはまる。

## 都市のデザイン

空港の領域の形状決定は、自然界の流動タペストリーに見られる他のあらゆる「遅・速」ループの形状決定の雛型になっている。たとえば、この雛型を使えば、都市のデザインを予測できる。都市は多くの機能を果たすが、その形と構造は人とものの動きを良くする必要性によって決まる。どこであろうと、あらゆる場所で、万事は流れに尽きるのだ。

細い通りを挟んで家や芝生、庭が並ぶ街並みは、空港の領域（$H \times L$）と同じだ。これが都市デザインの最小の基本構成要素となる。最も小さい都市街区の形は、$2V_0/V_1$という比率で決まる。ただし、$V_0$（芝生を通って通りまで歩く速度）は一定で、$V_1$は乗り物の速度が時とともに上がるため、しだいに大きくなる。

都市デザインの全体構造は科学技術の進化のおかげで、時とともに進化する。科学技術の進化が、領域内の移動の所要時間を減らしてきたからだ。私たちは、純粋な理論を念頭に置いて振り返ると、都市デザインの進化という映画が途切れることなく延々と上映されてきたことに驚かされる。古代には、牛が引く重い荷車の速度は、人間の移動速度のおよそ二倍だった。これは、正方形に近い街区（$H \times L$が1に匹敵する形の領域）というかたちで、最も小さな街並みが自然に出現したであろうことを意味する。個々の家と庭の最も単純な図面が正方形に近い長方形であるという事実に基づけば、古代には最小の街区の通りでは、両側に建つ家は一、二軒で、それよりあまり多くはなかったことになる。街並みが小さく、速い移動様式が牛と荷車であるような田園や都市の地域には、今日でもこれが必ず当てはまる。

現代までこの映画を早送りすると、自動車の速度が歩行速度の一〇倍以上になる都市のデザインでは、最小の街並みにもっと多くの家が建っていることが見込まれる。そのうえ、街区は輸送の科学技術が進化するにつれて長く伸びるはずだ。これは現代の都市開発のデザインと一致している。

この映画の両端は、西洋文明（そして文字どおり、都市生活）発祥地ローマの現代の地図に見事に現れている（図46）。ローマの中心部は古代からの町で、周辺のもっと新しい地域（地図上部の両隅）と比べると、そこでは通りがかなり短い。こうしてデザインの進化の原理がわかると、歴史は筋が通ってくる。

すべての道はローマに通じる。地方（一平面領域）から移動してくる人々は、こうしてローマ（一点）と結びついていた。あらゆる方向に放射状に道が伸びるパターンではなく、樹状の

図46　現代ローマの平面図。古代からの町（中央）では、新しい周辺部分と比べて通りの長さスケールがかなり短いことがわかる。

パターンが見られ、わずかな数の幹線道路が町から出ているだけだった。この自然のデザインが大小すべての都市を、それぞれに割り当てられた領域と結び、都市や領域のすべての単位がローマと結びついている。これと同じデザインで、あらゆる河川の流域や三角州が、放出地点や供給地点と結びついている。

時とともに人間の定住地が大きくなると、通りや、通りのパターンが現れる。小さな村には通りは二、三本しかなく、中央広場につながっていて、それが外へ向かってもっと多くの道に分岐して土地を横切っていく。さらに大きな町や都市には格子状の道路網がある。大きな定住地には、樹状の人間の流れで周囲の領域に結びついていなければならない重要な地点がいくつもあるからだ。

通りのデザインは格子状になっている。少数の大通りが道路網を形成し、もっと狭い通りが形成する道路網の上に重ね合わされている。これを理解するために、想像してほしい。ある都市領域内の全員（図44のすべての$Q$）が、ある目的地$M$（たとえば教会）へのアクセスを持っていなければならないとする。彼らに対応するデザインは、アトランタ空港の場合と同じで、低速と高速の動き（小さな通りと大きな通り）の組み合わせだ。$H \times L$の領域と$M$地点の間の人々の動きは樹状になる。

次に、同じ領域内の別の目的地、たとえば市場を思い浮かべてほしい。一領域から一点への流れは、やはり樹状の流れになるはずだが、この新しい木は既存の樹状の流れの上に重ね合わされる。同じ領域に、流れを惹きつける地点が増えれば、既存の樹状の流れの上に、ますます多くの樹状の流れが重ね合わされる。このような、考えうる（重ね合わされた）人間の樹状の流れを促進する堅固な流路〔通りや歩道、橋、トンネルなど〕から成る基幹施設は、現れるときにはいつも格子状の道路網となる。

ただし、道路網を通る、一領域から一点への個々の動きはすべて樹状で、格子状ではない。ところが、一領域から一点への流れをたくさん重ね合わせていくうちに、格子状になってくる。都市の人々が中央広場での政治集会に集まるところを想像してほしい。小さな通りを進んできた人々が大通りで集団になり、列を成し、河川流域のように一点に収束する。自宅から駅へ向かう朝の通勤の移動も樹状の流れになる。ヨーロッパ上空の航空路（図45）では、都市に出入りする乗客の流れは、格子状ではなく樹状だ。通りと航空路は、重ね合わされたこれらすべての樹状の流れに、どう対応するのか。答えは、木々の重ね合わせに進化することだ。それが格子であり、ネットワークだ。

言葉遣いに厳密な人は、本書が空港や河川流域の流れを「ネットワーク」とは呼んでいないことに気づくだろう。木はネットではない。熊手や箒《ほうき》で魚を捕まえる人はいない。格子がネットワークなのは、編んでネットにしたかのように、多くのループがあるからだ。格子は、木のような形をした実際の流れの重ね合わせだからこそ、ネットなのだ。

都市が進化すると人口が増え、通りのパターンが進化して増加する人口に対応する。格子状の道路網は文明の進化の現れだ。文明とは、壁を巡らせた領域の内側での暮らしで、その領域には多くの目的が別個の地点として分配されている（市場、教会、学校、庁舎、駅など）。通りが作る格子はミレトスのヒッポダモスの建築的発明で、彼は紀元前四〇八年にロードスの町を設計した。

都市のデザインは、人口の増加や輸送技術の進歩に伴って進化を続ける。高速道路と自動車は、都市の中心部ができた時代の道路や交通手段よりも（輸送質量当たり）はるかに速くて経済的になったので、都市の住民は新たに二つの現代的特徴をデザインに加えることで意見が一致した。立体化した高速道路と地下のトンネルが、中心部を貫くかたちで都市のあちこちに建設されている。動きの遅い中心部の周りには環状高速道路が建設される。パリを取り巻くブールヴァール・ペリフェリックや、ワシントンの周りのベルトウェーが有名だ。

理論のおかげで、私たちはこうした進化の現れが将来にも見られることを予測できる。大都市が環状道路の外側へ著しく拡がり、高速道路と自動車の技術が進歩すれば、第二の環状道路（さらに幅が広くて高速で、直径が二倍）が、都市と最初の環状道路の外側に出現するだろう。

一歩下がって眺めてみると、こうしたデザインは、各段階を通じていつも人間が、低速での近距離の移動と高速での遠距離の移動の均衡を全体として保ち続けるなかで自然に現れたことが見て取れる。この原理を認識し、利用すれば、私たちは自らの努力を早送りして、より優れた輸送システムをデザインできる。その方法を知るために、一般道だけを通って職場に通う人たち全員の様子をおおまかに考えてほしい。彼らにとって、(一)自宅から道路まで歩くのと、(二)自動車で袋小路を出るのが、近距離の低速での移動で、(三)大通りを急ぐのが高速での遠距離の移動にあたる。

(四)高速道路を通ることも必要な人全員にとっては、先ほどの三つの動きが近距離の低速での移動で、高速道路で飛ばすのが高速での遠距離の移動となる。同様に、空の旅をする人にとっては、最初の四つの動きが低速での近距離の移動で、飛行機で飛ぶのが高速での遠距離の移動に該当する。都市計画者がさまざまな様式の交通(相互連結した歩道や自転車専用道、道路、鉄道、フェリー、空港などのネットワーク)のために新しいプランをデザインするときには、これらすべての交通様式の均衡を維持すれば、優れたシステムを構築できる。

この原理を知っていると、設計者はしてはならないことにも気づく。アメリカの東海岸には、フランスのTGVのような高速鉄道とパリのRERのような地域急行鉄道網の建設を提唱する人たちがいる。一見良い考えに思えるが、アメリカの地表のデザインを考えると、こうした交通手段は理にかなっておらず、「急いだ挙句に待たされる」という、軍隊でよくささやかれる言葉が思い出される。目的地で一時間もバスを待たなくてはならず、歩道も夜間の安全もない場所に高速鉄道で行ってもしかたがないではないか。これは、自然に進化したものではないデザインを押しつけようとするのがいかに愚かであるかを際立たせてくれる。基幹施設の支えがほとんどない場所に高速鉄道を建設するのは意味がない。流れ込む支流が一つもない丘陵の斜面の近くに大きな川を持ってくるようなものだ。

遠距離を高速で移動するのにかかる時間と近距離を低速で移動するのにかかる時間の間には均衡がなくてはならない。両者が均衡すると、大勢の市民（未来の利用者）がそのデザインに賛成票を投じる。彼らは投票所に行き、市に建設を求める。あるいは市民税を払ったり利用券を購入したりすることで、財布で投票する。だから、ワシントンからローリー・ダーラムへの飛行は三〇分かかる。これは、たいていの人が空港から自宅まで自動車で帰るのに必要とするのと同じ時間だからだ。

ＴＧＶはたしかに速い。だが、アメリカでは不要だ。

二つの時間を均衡させ、すべての人にとって流れを良くする方法を探し求めるという観念的考察を行なうと、設計者は本章で論じてきた二次元（平面領域）の例のはるか先まで進むことになる。同じ考え方は三次元でも通用するのだ。高い建物がうまく機能するのは、エレベーターが十分高速で、垂直方向の移動にかかる時間が、廊下を歩く時間に匹敵するときだ。空港や交戦地帯の検問所は、そこで費やされる時間と労力が、そこに至るまでに費やされる時間と労力に匹敵するときに最もうまく機能する。未開発の地域や新たに解放された地域の基幹施設と安全確保のデザインは、他のあらゆるデザイン現象と同様、この原理に依存している。

アトランタ空港やロードス、ローマのデザインは、自然を真似たものではない。それらが生きた流動系として出現し存続していることがまさに、自然そのものなのだ。それらの度重なる出現やスケーリング則、長寿の根底にある原理を、今や私たちは理解できた。

それらのパターンを誰がデザインし、誰が構築したかは問題ではない。科学は設計者の捜索ではないのだ。デザインをするために厖大な数の人が働いてきたし、今も働き続けている。そして、彼らは時間をかけ、自由を行使して変更を加え、記憶を活かして構成する。都市デザインの進化において、文化は記憶の役割を果たす。干上がった川床や震源断層は、河川流域の進化の記憶だ。あらゆる流動系を結びつける新しい科学的見解によれば、そうした流動系はデザイン（パターン、配置、形、構造）を持っており、デザイン生成現象は普遍的であり、コンストラクタル法則によって予測できることになる。

この原理を知るのが有用である理由が、これでわかった。設計者はこの原理によって力を与えられる。彼らの想像力は飛躍し、試みては却下されたデザインが散乱していたであろう領域を飛び越える。従来、設計者が最初にすることは、眺め、真似ることだった。自然を眺め、無数の流動系が作り上げたものを真似る行為は、「バイオミメティックス（生体模倣技術）」と呼ばれる。それは、眺める人が、自然の図面を生み出した現象を理解しているときにはじめて機能する。

したがって、本書はバイオミメティックスを時代遅れにする。コンストラクタル法則のおかげで、私たちは自然に現れるデザインを予測し、説明できるからだ。デザイン入門書の図面を眺めるのが最も一般的な取り組み方だが、それでは足踏み状態に陥り、飛躍には結びつかない。発明者の革命的デザインを真似るほうがずっと効率的だが、そうした模倣は高くつくか、あるいは違法だ。だが、コンストラクタル法則を使えば、誰もが発明家になれるのだ。

# 第八章　学究の世界のデザイン

進化という発想は、長年、原理を探し求めてきた。科学そのものと同じぐらい古い概念である「進化」(たとえばアリストテレスは、自然は低い形態から高い形態へ移行したいという願望に支配されていると主張した)は、時間とともに起こる変化を説明するために何千年にもわたって引き合いに出されてきた。今日では、生き物についてのダーウィンの研究と、彼の洞察を洗練し、練り上げたその後の研究が、このたった一語でそっくり表されている。この言葉はまた、ほとんどあらゆるものの発達を説明するのに、広い意味合いで使われている。科学や国家、書き言葉、社会的価値、宗教、戦争、科学技術、芸術、料理、はてはサッカーという素晴らしい競技についてまで、その「進化」を説明する分厚い書物の重みで、図書館の棚がたわんでいる。

この歴史は、鋭い勘の物語と言える。見分けのつくいっさいのもの、自然界のあらゆるデザインが現に進化する。すべてが動的であり、静的ではない。ずっと欠けていたのは、こうした現象を結びつけ、それが将来どう進化するかを予測可能にする単一の物理的原理だ。コンストラクタル法則を使えば、生物ばかりでなく科学技術も、言語も、教育も、その他いっさいのものも、それらのデザインを所有する物体（私たち文化を持つ者）が地上を動きやすくなるように、配置を変え続ける流動系であることがわかる。進化は、ダーウィン説の信奉者が信じてきたよりもはるかに幅広く、他の思想家たちが想像してきたよりもはるかに具体的で強力であることを、コンストラクタル法則は示してくれる。

「進化」は、時とともに起こるデザインの修正を意味する。そうした変化の起こり方は「仕組み」であり、原理であるコンストラクタル法則と混同してはならない。生物のデザインの進化においては、その仕組みは突然変異や生物学的な選択や生存だ。地球物理学のデザインにおいては、その仕組みは土壌の浸蝕や岩盤力学、水と植物の相互作用、空気抵抗だ。スポーツの進化においては、その仕組みはトレーニングや選抜、報酬、スポーツ競技の規則変更だ。科学技術の進化においては、その仕組みは革新や技術移転、模倣、盗用、教育だ。

物理学では、進化するデザインの中を何が流れるかは、その流動系が時とともにその配置をどう獲得し、改善するかほど重要ではない。[*1] そのどうの部分が物理的原理で、コンストラクタル法則なのだ。何がの部分は流れであり仕組みであり、流動系そのものと同じぐらい多様だ。何がはたくさんあるが、どうは一つしかない。これ以上単純な階層制など存在しない。

コンストラクタル法則は、自然界のいたるところで流れを促進するためにデザインが出現するはずであると宣言することで、進化に関する私たちの理解を深めてくれる。また、これらの配置が、しだいに流れを良くするために、時の流れの中で明確な方向性を持って形を変えるはずであることも、この法則は主張する。だとすれば、進化は、地球上でものが以前よりどれだけ容易に遠くまで動くかという観点から測定可能だ。

コンストラクタル法則は、デザインが現れて進化する理由を予測し、自然界に豊富に見られる幅広いパターンをはっきり示してくれる。流動系は非常に多様ではあっても、似たような難問や制約に直面するものは、似たようなデザインを獲得する傾向がある。生物のデザインも無生物のデザインも、まるで「知性がある」かのように進化する。どうすればより流れやすくなるかという問題に、両者が同じ答えを見つけ出すように見えるからだ。また、どちらも私たちが流れを促進するために考え出すのと同じデザインを生み出す。だからこそ、そのデザインは予測可能なのだ。

パターンの生成は、流動系のさまざまな構成要素の間に現れる予測可能なデザインにはっきり見て取れる。自然界のあらゆる場所で見られる脈管構造の階層制のデザインは、多くのスケールの流路を生み出すことで、自らのさまざまな流れの速度（それぞれの流れが、速いか遅いかという、自らにとって最善のかたちで機能する流動様式を選ぶ）を均衡させる。パターンの生成は他にも見られる。たとえば、森林における樹木の大きさの階層的分配を含めた、さらに大きな流動分配ネットワークの、進化を続けるデザインの中や、人間の定住地（少数の大都市と多数の小規模地域社会）が出現する過程だ。

この圧倒的な自然現象には、研究者たちも目を留めてきた。だが彼らはそれを、冪乗則の相関関係、階層、相対成長スケーリング、頻度と階層のジップ分布などとして、経験的に記述してきた。研究者たちは観察はしたが予測はできなかった。何がの部分は知っていたが、どうの部分は知らなかった。

このどうの部分、すなわちコンストラクタル法則は、社会動学に応用したときにひときわ驚くべき洞察を誘発する。一般的見解に従えば、人類が築き上げた制度や組織は自然の法則ではなく人々の願望に支配されていることになる。だが、この見解は間違っている。理屈のうえでだけ、あるいは実際的な問題としてだけではなく、物理的にも間違っている。社会的デザインは、相談し合うことのない多くの個人の利己的な衝動の結果として現れ、進化するからだ。どのデザインも流れやすくなる傾向を持っている。そして、どれもがデザインを伴っていっしょに流れるほうが流れやすくなる。つまり、社会的デザインは他の流動デザインと同様、自然に発生するのだ。

車輪や道路、空港、人間の定住地といった、工学技術で作られたものの持つ、進化を続けるデザインを、コンストラクタル法則が予測していることはすでに見た。本章では学究の世界と人間関係という、そこまで具体的には見えないものに焦点を当てる。そして、他のあらゆる社会制度同様、それらが一領域に流れを行き渡らせるように進化する階層制のデザインで、他の自然現象の中に現れるのと同じパターンを明示する理由を理解する。

## 大学の序列とコンストラクタル法則

「USニューズ&ワールド・レポート」誌がアメリカの優れた大学の順位を発表するたびに、キャンパスの話題をさらう。[*2] 順位付けの重要性を割り引いて考える経営陣もいれば、（今や）わが校もようやく「大躍進」を遂げるところまできたと宣言する者もいる。この反応は長年変わらない。順位が長年あまり変わっていないからだ。

イェールやハーヴァード、プリンストン、MIT、スタンフォード、デュークといった常連は、国内の一流総合大学として毎年選ばれ、ウィリアムズとアマーストが一般教養大学の上位を占める。法律の分野ではイェールとハーヴァード、経営の分野ではスタンフォードという、大学院の順位もやはり毎度おなじみだ。

順位が下がると、たいてい多少の変動がある。一つ二つ順位を上げる大学もあれば、逆に少し下がる大学もある。だが、経営陣がどれほど制度の抜け穴を利用しようと、変化の少なさは際立っている。[*3] ロックバンドのトーキング・ヘッズの歌「ワンス・イン・ア・ライフタイム」の一節を引用すれば、大学の順位は「変わり映えしない」のだ。

なぜ順位は石に刻まれたかのように不変に見えるのか。その答えは、「USニューズ&ワールド・レポート」誌の編集者たちが使う測定基準を研究しても得られない。かわりに、コンストラクタル法則を当てはめればいい。すでに見たとおり、変化の大きな力に逆らうことで時の流れの中で存続しているパターンは、はるかに大きな自然の力について物語っている。それは、物理や、自然界のデザイン、地球上での私たちの動きを促進する形と構造の進化について物語っている。そう、あなたの読み間違いではない。科学と教育は私たちの動きを促進するのだ。前より容易に動きたいという衝動が知識を獲得する傾向の原動力になっているのであり、その逆ではない。科学と教育がなくても私たちは依然として動くだろうが、その動きはたかが知れている。私たちは洞窟の中に身を隠していることだろうから。知識と情報は私たち自身の動きを良くする流れなので、コンストラクタル法則に従って進化を続けるデザインを獲得する。

河川流域や森林に見られる構造（少数の大きなものと多数の小さなもの）が、私たちの高等教育制度に見られるもの（ほんのひと握りの一流大学、それに続く、もう少し数の多い大学、そして、多数の下位校）と同じなのは驚くには値しないはずだ。意外に思えるのは、この階層が、他の「自然の」系に見られる階層に劣らず揺るぎない点だろう。

これはどうしたことか。

この疑問には純粋な理論で答える。すなわち本書は教育が、コンストラクタル法則に支配されるデザインを持った、進化を続ける地球規模の流動系であることを予測する。順位はこの現象の現れだ。分析を始めるにあたって、個々の学校は生存と優越のための一大闘争を繰り広げる競争者だとするダーウィン説に沿った順位の解釈をひとまず脇に置くことにしよう。そして、あらゆる大学が、地球全体を覆う、より大きな単一の流動系の構成要素だと考える。ミシシッピ川が支流と競争しているのではなく、協力して水を運んでいるのと同じで、さまざまな大学は（順位の高いものも低いものも）、いっしょになって教育の河川流域を形作り、広く地表に知識を行き渡らせているのだ。

次に、このデザインにはどんな流れが通っているのか突き止めよう。答えは、アイデアと、アイデアの密度がこの流れに触れられた人に付与する系統だ。学者や大学が有名になるのは、学者や大学が生み出すアイデアのおかげだ。良いアイデアは伝わり、存続する（「存続する」とは、形を変えながら、知っている人から知る必要のある人へと伝わり続けることを意味する）。良いアイデアとは、世界中で他の人に採用されるアイデアだ。大半のアイデアは他のアイデアに取ってかわられ、忘れ去られる。発表された研究論文の大多数と同じで、気づかれもしない。

もしアイデアが学究の世界の系を流動する流れなら、ある大学を他の大学より高く位置づける、あるいは「優越」させる、測定可能な特徴は何か。言い換えると、私たちが都市を人口で順位付けする（パリはリヨンより大きな流路）のなら、順位の高い大学は順位の低い大学よりも何を多く持っているのか。大学の規模では断じてない。一流校が最も学生数が多いわけではない。それは、注目度であり、名声であり、その学校が生み出すアイデアの有用性だ。教育では、名声あるいは注目度は、社会の流動の脈管構造における流れやすさと同義だ。学生が上位校に群がるのは、彼らが社会の本流に入るうえで、それらの学校が助けになることを知っているからだ。教育は、それがある者から、それを求める者へと一方向に流れる。そのような河川流域の両端が、ともに教育を十分に受けて知識を持っていたら、流れは止まる。すでに知られていることは伝わらない。

コンストラクタル法則の視点に立つと、大学は特定の場所に位置する一片の土地と建物ではない。それは教授やその教え子、そしてさらにその教え子だ。こうした人間のつながりを通って流れ、進化を続ける私たちの科学や文化についての書物の中に入り込むのがアイデアであり、私たちはそれを持って地上を歩き回る。階層制はデザインのどの段階にも生じるので、どの大学も中央のノード（結節点）、心臓、大動脈であり、自らが生み出すアイデアで学生その他の人々を養い、維持している。

大学は全地球上における流路でもあり、非常に複雑な地球規模の知識の脈管流動ネットワークを構成する要素だ。この地球規模の脈管構造は、時とともに雨期の河川流域のように進化する。あらゆる流れがふくれ上がるが、階層は保たれる。

ボローニャやパドヴァからソルボンヌやオックスフォード、ケンブリッジ、コインブラ、ハーヴァードまで、由緒ある教育機関がこの地球規模の系で高い順位を与えられてきたのは、それらが持っているアイデアや生み出し続けているアイデアにまつわる名声のおかげだ。すっかり確立したこの階層制のデザインが存続するのは、アイデアが世界中に流れるのを促進するからだ。

こうした見解を念頭に置き、コンストラクタル法則に基づくと、すべての大学がこの流れを促進するために階層制のデザインを生み出すはずであることが予測される。つまり、河川流域や森林、その他の自然現象のデザインに見られるのと同じデザインの特徴（この場合は大学の特徴）の分布を大学が見せるはずであるということだ。これらの大学の順位は、各校が生み出すアイデアの名声や有用性に基づいて決まるはずだ。

## 良いアイデアが普及する構造

この予測を検証するために、工学という私の専門分野で利用可能な学究面での注目度の測定基準のうち、唯一公平なものを採用した。それは学術文献データベースの「ウェブ・オブ・サイエンス」による集計で、執筆者の創造的成果が引用された回数だ。研究者が執筆者の研究を引用するのは、それを読んで価値を認め、利用したからなので、公平なサンプルと言える。これらの無数の投票者は、誰の推薦を受けたわけでもない。専門誌が選び出したわけでもない。彼らは何かのクラブに所属しているわけでもない。何より好都合なのは、彼らが誰で、なぜその執筆者を引用したかがわかる点だ。

私は「USニューズ&ワールド・レポート」誌が選んだアメリカの工学大学院の上位五〇校のそれぞれについて、引用回数の多い研究者のリストに挙がっている名前の数を数え、図47に記した。縦軸がその数、横軸が「USニューズ&ワールド・レポート」誌の順位だ。これによって、大学の順位の由来を俯瞰できる。上位に位置する工学大学院は、非常に注目度の高い研究者を抱えている。順位の低い学校にはそういう研究者がいない。図の左端には、引用回数の多い研究者の数が五~一〇人の学校が集中している。逆に右端は、〇《ゼロ》人の学校が大半を占める。

これは鶏か卵かという議論ではない。方向性は確定している。引用回数から順位が導かれるのであり、その逆ではない。執筆者が有名なのは自らの創造性のおかげであり、雇用先の名前のおかげではない。私の専門領域では、ルートヴィヒ・プラントルをたえず引用するが、それは彼の境界層理論のおかげであり、彼の雇用先であるゲッティンゲン大学の名声のおかげではない。

図47にばらつきが見られるからといって、この結論が揺らぐわけではない。「規模の重要性」を主張することも可能だ。順位が高い（たとえば四位と一九位）のに引用回数の多い研究者が一人もいない学校もある。だが、これらは例外であって原則ではない。これを強調するために、図47の各点を、縦座標には同じ値を書き込み、横座標は一新し、工学全領域で引用回数が多い研究者の一覧におけるその大学院の順位にした。その結果が図48だ。たとえば、図48の横軸で一位は、引用回数が多い研究者の一覧に最も多くの名前が載っている学校が占める（この学校は図47の横座標では二位になっている）。図48の座標は対数なので、縦座標上で〇《ゼロ》になる学校は示されていない。

図48のように表し直してみると、座標上の数字が左から右へと滑らかに下がっていき、自然界の他の流動系に見られるのと同じパターンを生み出す。図47の左側にあった数字の実質的にすべてが図48でも左側にある。図47と48の右側の数字にも同じことが言える。図47の横座標の中ほど、30付近の数字は、図48の30付近の数字と基本的に同じだ。

図47と48は、大学の順位が肺の気道や河川流域の流路、国家や大陸の諸都市と同じで、階層制であることを示している。高い順位ほど、それを占める候補は少なくなる。気管やドナウ川、パリを、他の気道や河川、人間の定住地と取り違えてはならない。逆の方向では逆のことが言

える。順位が低いほど、候補の数は多くなる。したがって、「USニューズ&ワールド・レポート」誌の順位の下のほうへ行くほど、明らかな動きが多く見られる。それはなぜだろう。

手掛かりは、図48の両対数座標のデータが形作る、ほぼ真っ直ぐな線にある。この線の傾きは$-\frac{1}{2}$と$-1$の間で、近代史を通じた、ヨーロッパの都市の大きさの分布（図41）と偶然にも同じ範囲だ。図48と41の類似から、知識の源の分布が地理や地質や歴史（地表における流動の、進化を続ける図面）と、そしてまた、地球上における情報流路の脈管組織と緊密に結びついていることがうかがわれる。

この洞察によって、コンストラクタル法則に基づく教育観をさらに一歩進めることができる。生み出されたアイデアの名声（有用性）が大学を通る流れであり、大学の順位の説明になっていることをこれまでに示した。今度はこの洞察のおかげで、単純な構成体から複雑な構成体へ（世界各地の少数の学校すなわち流路から、多数の学校すなわち流路へ）という、地球規模の教育制度の進化も予測できることを見てみよう。そのために、河川流域の流路や、森林の樹木、あるいは国内や大陸上の都市の大きさと分布の予測を可能にしてくれるのと同じ種類の証明を用いることにする。要は、流動系は大きくなってしだいに広大な領域に拡がるにつれ、その中を通過する流れを良くするはずであるという予測だ。大学にとってこれは、階層制の脈管構造がアイデアの流れを促進するために現れるはずであることを意味する。

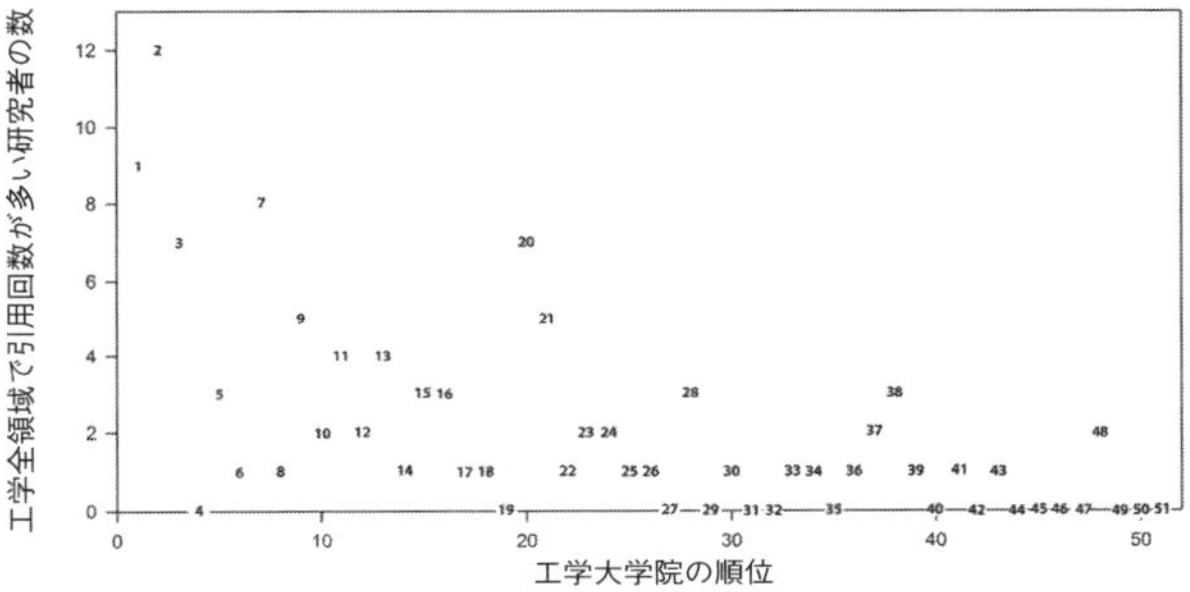


図47　名声と順位。アメリカの一流工学大学院各校に所属する、引用回数上位の研究者の数と、各校の順位。

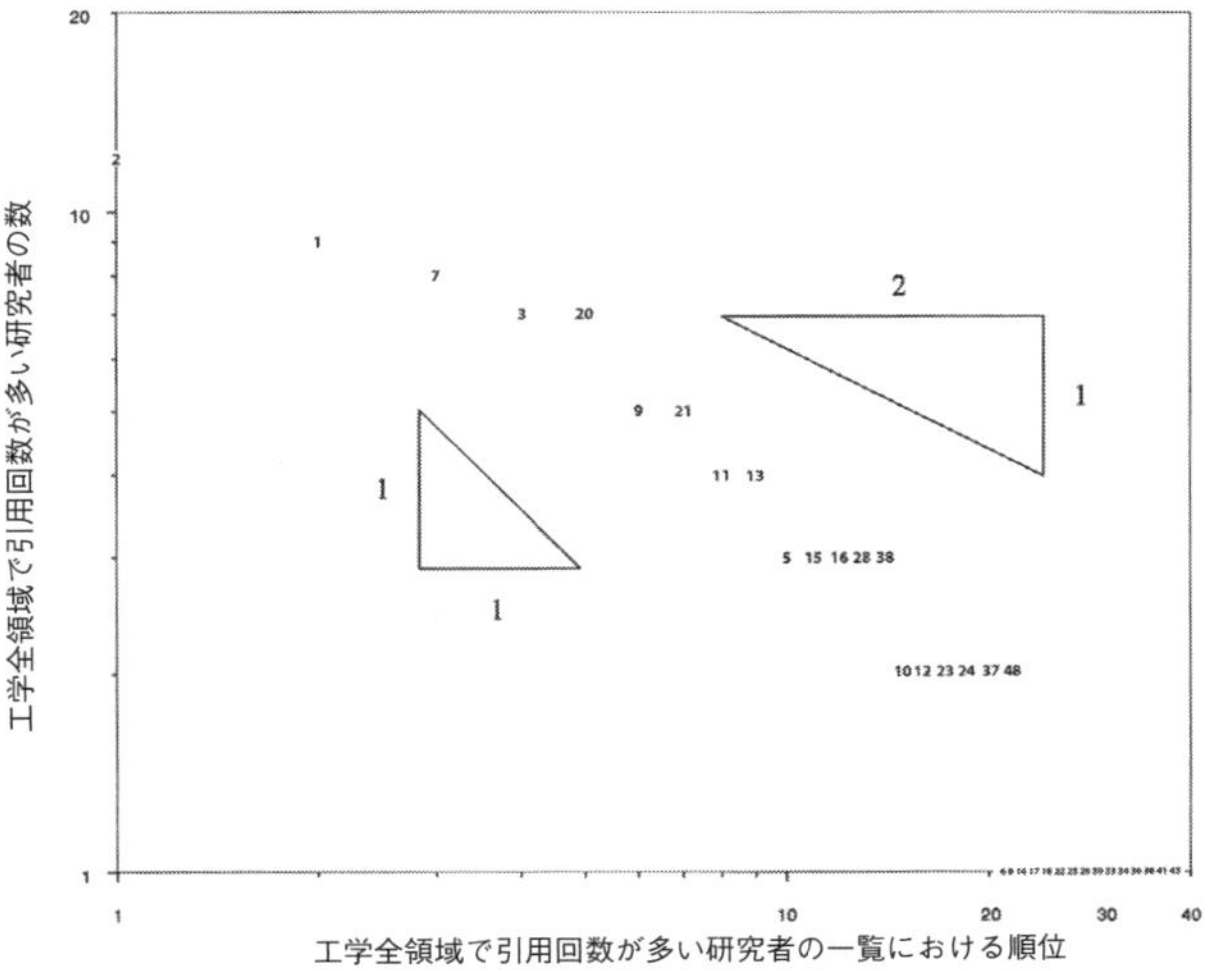


図48　アメリカの一流工学大学院各校に所属する、引用回数上位の研究者の数と、引用回数一覧における各校の順位。

図41にはっきり見られる線形対数の傾向（同じ傾向は、図47を両対数座標で描いたら、不鮮明ながら依然として線形に見えるだろう）を予測するためには、流動構造の地表での配置を次のように利用すればいい。ある領域要素$A_1$を想定してほしい。その住民はもの（学生、農産物、木材、猟の獲物、鉱物など）を生み出す。その流量は$A_1$に比例する。この流量が$A_1$内にある人口$N_1$の定住地を維持する。$N_1$は違う種類のもの（教育、知識、サービス、各種装置）を生産している。領域$A_1$から人口集団$N_1$へ流れるものと、$N_1$から$A_1$へ流れるものは均衡している。二つの種類の流量（一領域から一点へのものと、一点から一領域へのもの）はともに$A_1$に比例しているというところが肝心で、これはつまり、定住地の人口$N_1$の大きさが$A_1$に比例していることを意味する。

人口集団$N_1$から$A_1$に分布する人間へ流れるサービスの一種類は、教育と、教育を受けた人々、書物、知識、科学だ。この場合の人間の定住地は大学で、領域$A_1$はその大学がサービスを提供する領域だ。地表に散らばる大学は、地球上のいたるところで見られる、領域と都市の間での双方向の流れから成る領域構成体を反映している。

アトランタ空港や都市輸送システムの進化についての第七章の考察で見たように、目的がアクセス（より短い移動時間）であれば、図41の上側に図式的に示したとおり、地表における人間の移動の分布は領域構成体のまとまりと見なせる。河川流域の領域要素はその領域を出ていく大きな流れに水を供給する。それと同じで、各領域構成体は、その構成体の境界線上にある人口集団に届く流れを維持する。したがって、境界線上の人口集団はその構成体の大きさに比例する。その人口集団が大学の場合、その大学の規模（大学に出入りする教授や学生の流れ、大学から拡がり、採用されたり利用されたり記憶されたりするアイデア）はそれがサービスを提供する領域構成体の大きさに比例する。時がたつにつれて、地表はしだいに多くの大学で覆われる。それらの大学はさまざまな大きさを持ち、階層的にまとめられるはずだ。

図41に示した構成順序は、領域の倍増に基づいている。この構成によって、今日の順位に隠れているパターンを理論的に発見できる。図41の構成（二五七ページ参照）は、歴史の中で流動する知識のタペストリーによって地表がどう覆われていったかという、（小から大へという）「時間系列」ではないことに注意してほしい。それは、キルトのそれぞれのパッチがどう継ぎ合わされているかという観念的考察にすぎない。構成は図41の下側左に示してある。黒い点の大きさは、人間の定住地が生み出す順位（つまり、知識の流動率）を表している。一つの領域内では、最高位の大学は、その領域だけではなく、領域内に散らばる下位の大学にもサービスを提供している。

図41の下側左は、それ以前に使われた作図線を削除したあとの、さまざまな順位の大学の地表での分布を表している。順位の階層制は明白だ。最上位の大学が一つ、二位と三位は二校が分け合い、四位から七位は甲乙つけがたい四校が占め……という具合だ。このパターンは純粋

な理論に基づいてここで発見され、図41の階段状の線と同一の線によって表される。この線の傾きは$-\frac{1}{2}$で、図48で見たものと一致すると言える範囲に収まっている。重要な結論は、この線が予測された傾きを持つことではなく、この線が直線であるべきであり、同じ地表に住む多数の居住者間の情報流動のための一領域から一点へというアクセスに由来することだ。この取り組み方が正しいことは、現実の大学の順位に同じ傾きが見つかるという事実によって実証されている。

## 揺るがない大学の序列

それでは、この階層制はなぜ揺るがないのか。

手短に答えるなら、アイデアや科学や教育は、あらゆる河川流域に流れる水のように地球上のいたるところで流れるから、と言える。ある執筆者の研究を無数の研究者が評価して利用すると、そのアイデアは執筆者から利用者へと流れる。それはその流動ネットワークの長い歴史と確固たる流路のおかげで「うまく」流れる。その歴史と流路は、情報を共有する世界全体を現在の有効性の水準にまで引き上げた進化の過程の賜物だ。この進化の過程の成功は、なかなか気づかれない。とはいえ、ある場所にいる利用者が、地球の反対側の有名な大学や教授が生み出したアイデアや若い教授を現に探し、見つけ、信頼するのは、まさにその成功があるからだ。

それぞれの経路には、他の大学や、名のある教授の教え子、専門誌、書物、図書館など、多くの媒介流路がある。これらの媒介は階層制の流動構造に進化しており、適切な大きさを持ち、適切な場所に位置し、互いに養い維持し合っている。どの経路も、一点から一領域へ（一つの源から全地球へ）という脈管構造の流れか、一領域から一点へ（全地球からその名高い源へ）という脈管構造の流れだ。

こうした階層制の流動デザインは、あらゆる学者にとても役立つ。アイデアの流れを促進するためには、一流の学者を特定の学校に集中させる階層制のデザインのほうが、才能ある人をすべての学校に均等に散らばらせるデザインよりも効果的だ。資源を共有し、仲間とアイデアを検討し合えれば知識の流れを行き渡らせる役に立つことを、私たちは直観的に理解している。河川流域は少数の大きな流路と多数の小さな流路を必要とする。教育という河川流域にしても同じだ。これまで進化してきたデザインは、誰かが今日導入を約束するような新しいデザインよりはるかに古く、洗練されている。上位のものと下位のものは調和する。科学の流れが時とともに向上するのは、各大学が全体的構造の中で勝ち取った地位を維持しつつ向上しているからだ。

上位の大学から単に一流の学者を一人引き抜くことで自分の大学の順位を変えると約束する大学の経営陣は、毎回自然の法則によって打ち負かされる。たしかに、たとえば三〇位から二六位へと、その大学の順位は少し変わるかもしれないが、大変動でもないかぎり、一流校の後塵を拝する大集団の一員であり続けるだろう。何か不自然に大きなもの（この世を覆う学究世界の流れのタペストリーを生み出した自然の進化の流れや地理が求めるものではないという意味で不自然なもの）を構築することで順位を変えようと望む者にも、同じ運命が待っている。「USニューズ&ワールド・レポート」誌が使う公式では「規模が物を言う」から、総長が自分の大学にお金をかけて規模を二倍にすることを突然決めるというのも、この不自然に大きいものを作ろうとする例だ。そうした願いは、河川の流路を堰き止めたり、ふさいだり、新たに掘ったりするのに等しい。流動ネットワークの人工的な機能には、不断の維持・管理（出費）が必要で、人工的なものが自然のものに似ていないときはなおさらだ。けっきょく、水はどこへどう流れるかを知っており、ダムは決壊し、新たに掘った流路は干上がり、自然のデザインが勝利を収める。

何においてもそうだが、この進化のデザインにおいても歳月が物を言う。歳月は性能を高めるからだ。時がたつにつれて、河川流域は流路の位置を改善し、その流路はほぼ同じ場所にとどまる。流路は階層制になり、少数の大きな流路が多数の小さな流路と調和して流れる。突然の豪雨は、古い川床に組み込まれた「記憶」によって、うまく処理される。

同様に、古い大学が最初の流路を掘り、それが今では最大級の流路となって、学生という地表を灌漑している。ここでも、「最大」は教室を出入りする人間の数が最も多いことを意味するわけではない。最も創造的な流れを意味する。つまり新しいアイデアを生み出したり、新しいアイデアを生み出して地球上のより遠くへ、そして未来へと運ぶ教え子を育てたりする個人を惹きつける流路のことだ。学生数がふくれ上がれば、教育という流動構造に組み込まれた「記憶」がうまく処理する。

この見解から、大学の階層制は著しく変わるはずがないという予測が導かれる。この階層制は河川流域の流路の階層制と同じぐらい恒久的で、それが自然だ。なぜなら、厖大な数の個人が同じもの（知識）を望む流動系全体（地球）が、それを要求しているからだ。

それでは、順位を変える方法はあるだろうか。あるにはあるが、時間がかかる。河川流域が完璧なたとえになる。地表における流れやすさの大変動（たとえばプレートテクトニクス）がその答えだ。同様に、新しいアイデアの生成場所と、情報の流れのための流路に大きな変化が起これば、高等教育の流れも方向が変わりうる。

自由はデザインのためになる。知識の流れの進化の中で、私たちは何度となくそれを目にしてきた。レオナルド・ダ・ヴィンチはある後援者から別の後援者へと転々と渡り歩いたし、第二次世界大戦の直後、そしてソ連によるスプートニク打ち上げのあと、アメリカの無名の大学が有名な研究大学に変身を遂げた。あの大変動は、戦後ヨーロッパから流出した頭脳を惹きつけた自由のおかげであり、スプートニクのあとは、基礎研究（つまり、基礎科学）への資金援助の飛躍的増加をもたらした自由のおかげだった。こうした変化には、アイデアの流れがより自由な市場を設立する効果があった。

それは豊かな大学でもなければ、大きな大学でもなく、キャンパスでの付随的な事業や政治的に公正な事業のために利益を生み出そうとしている大学では断じてなかった。違う。ある場所に真の学究の世界を生み出す方法は、アイデアと呼ばれる無料の食べ物を盛ったテーブルを用意することだった。そして、そこに真に創造的な人たちがやってきて、創造的な仕事をした。

もしあなたが脈管構造を探すことをいったん覚えたら、河川流域で進化を続ける脈管構造に気づくだろう。それは単一の流動系だからだ。だが、大学のように複雑なものの中でこのデザインを目にするのはずっと難しい場合がある。大学などは、すべてが互いに重なり合った、多くの異なる流れのための流路だからだ。なにしろ教育は知識伝達のあらゆる形態を網羅する。教育は包括的な流れの脈管構造で、非常に多くの樹状の流動から成り、その流動が、数学、生物学、経営学をはじめとするさまざまな探究の領域で知識を持つ少数の人を、その知識を得る必要のある多数の人と結びつけ、知識を持つ少数の人のアイデアが、樹状の階層制の流路を流れている。教育のさまざまな階層の中で、同一の大学が非常に異なる位置を占めうることは、意外ではないだろう。たとえばマサチューセッツ工科大学は、工学の主流ではあっても、英文学の主流ではない。

## バスケットボール・チームの序列

この現象を調べるために、私は教え子のペリー・ヘインズワースとともに、現代の大学生活の顕著な一面である運動競技を考察することで、コンストラクタル法則に基づく高等教育観を拡張した。具体的には、全米大学体育協会（NCAA）のバスケットボール・トーナメントでは毎年同じ大学が勝ち上がるように見えるのはなぜかという、大学バスケットボールのファンがよくする質問を投げかけてみた。少数の大学のバスケットボール・チームがいつも成功を収め、多くの大学が苦戦を続けるのはなぜか。他の自然現象で見つかるのと同じぐらい揺るぎない階層制が、このはなはだ競争的な分野にも存在するのだろうか。[*4]

私たちはこう予測した。大学バスケットボールも、さまざまな大きさの一領域から一点への流れと一点から一領域への流れから成る配置のタペストリーに、その存在と強靭さを依存しているから、大学バスケットボール・チームの順位もやはり揺るぎないはずだ、と。高校からプロの水準へ向かうバスケットボール選手の動きは、独自の構造を持った流れだ。アメリカには二万三〇〇〇を超える高校があり、そのほぼすべてがバスケットボール・チームを持っている。そして、大学でバスケットボールをすることなど夢にも考えていない生徒から、全米プロバスケットボール協会（NBA）でプレイすることを目指す生徒まで、選手の才能はさまざまだ。数年前、NBAは最低年齢規則を設け、NBAのドラフトに参加するには一九歳になっていることを選手に条件づけた。その結果、バスケットボール選手は基本的に、大学を経てNBAに入る道を選ぶことを余儀なくされた。NCAAの最上位の区分であるディヴィジョンIには三三〇チームほどが所属し、毎年NBAの三〇チームに選手を送り込む。高校と大学は、NBAに続く大河の支流なのだ。

NCAAトーナメントの準決勝ラウンド（「ファイナル・フォー」）に進出した累計回数によって順位付けしたときに、上位の大学バスケットボール・チームがどういう分布になるかを図49に示した。両対数座標に記すと、このデータは右下がりのほぼ直線になった。この特徴は重要だ。地表を覆う自然のあらゆる流動系（図40、41、48参照）を結びつけるからだ。この分布は、同じ有限大の領域で自由に形を変え、アクセスを求めて競い合うあらゆる流動系の構成の特徴なのだ。

上位チームの順位は、一九四九年から二〇〇七年までに各チームがNBAに送り込んだ選手の数を基準にしても、これとよく似た結果を示す。このデータは図50の両対数座標に記してある。データの並び具合は図49にそっくりだ。この結論は図51によってさらに補強される。図51は、二つの順位（図49と50）の横座標どうしを組み合わせて記したものだ。ファイナル・フォーでの成功と、NBAへの選手供給での成功との間には相関関係がある。データは右上がりの分布を示し、左下、つまり高順位へ向かうにつれて非常にまばらになる。NCAAで成功しているチームほど、NBAへの大きくて速い流れとして機能する。けっきょく、階層制は揺るぎないのだ。

大学の順位とバスケットボールの順位が見せる強固さは、順位は計算に用いる公式次第であるという魅力的な主張とも矛盾する。これは、一点から一領域への自然な流れの階層制にはパターンと多様性という二つのおもな特徴があるという事実によって説明できる。この特徴は森林における樹木の大きさと数の分布や、大陸における都市の大きさと数の分布を見れば明らかだ。そして、図47〜51にも現れている。散らばり具合は「多様性」を表している。多様性はおもに下位に見られ、そこでは同じ順位を巡って多くが競い合う。どの公式を選ぶかが問題になるのはこの大集団だが、その程度はたかが知れている。つまり、ファイナル・フォーとNBAドラフトのどちらを基準としても、非常によく似た結果が得られるのだ。

自転車競技の選手の大集団（プロトン）（図48と51でデータが密集している部分）で何人か追い抜

いても、プロトンの中にいることに変わりはない。圧倒的な勝者たちははるか前に位置しており、有名だ。斜めになった並び具合（図51）が「パターン」を表している。これは階層制で、順位付けの公式に込められたもくろみや、大学（学究であろうとバスケットボールであろうと）は高い順位に再指名されうるという主張をすべて超越する。

これらの特徴（強固さ、パターン、多様性）は、バスケットボール教育はしだいに効率的になる流動構造をたえず生み出しながら全国を席巻する流動系であるという、物理的な見解にいっそうの説得力を与える。進化を続けるこのデザインにおいては、上位校が大きな支流に相当する。上位校は少数であって多数ではない。その素性は全体的な流動系の配置に恒久的に刻まれている。

バスケットボールは、デザインを進化させ続けながら地表を流れる教育の一種類にすぎない。同じ領域に住む学生がトレーニングを行なう専門分野は何であれ、永続的な構造を持った流動系で、その中では少数の大きな流路が多数の小さな流路と調和して流れている。大きな流路は、より速く、より遠くまで行く学生が移動する高速道路だ。

全体的な配置の上にさまざまな専門分野の流動構造をすべて重ね合わせれば、諸大学が独自の自然な全体的デザインを構成する様子の見当がつき始める。ここで、大学の順位とバスケットボール・チームの順位の比較について考えてほしい（図52）。この二つの順位の間には何の

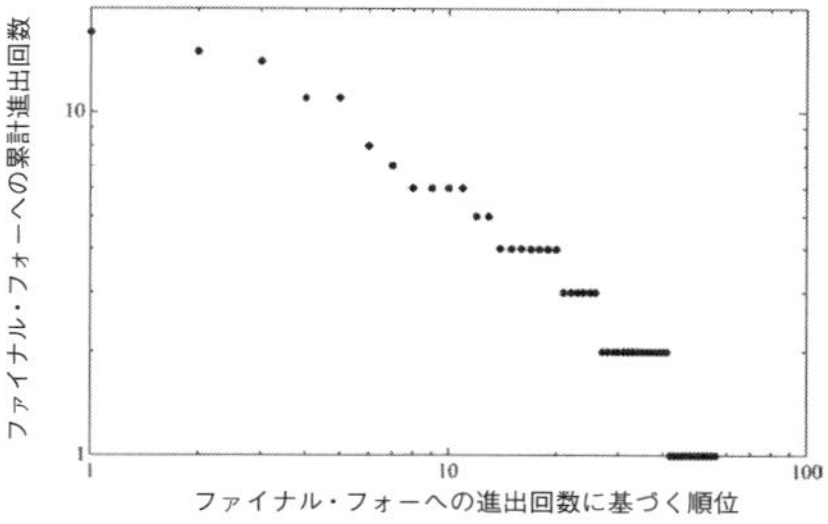


図49　NCAAトーナメントのファイナル・フォーへの進出回数と、進出回数一覧の中での各チームの順位。

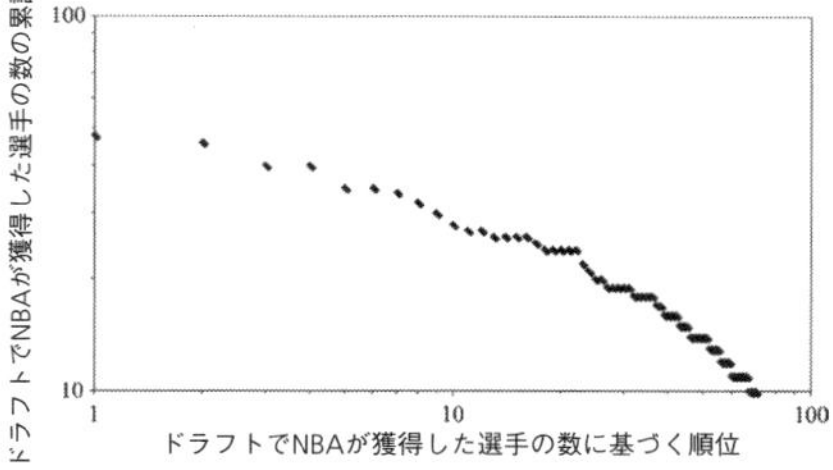


図50　各チームからNBAに選ばれた選手の数と、選出選手数一覧の中での各チームの順位。

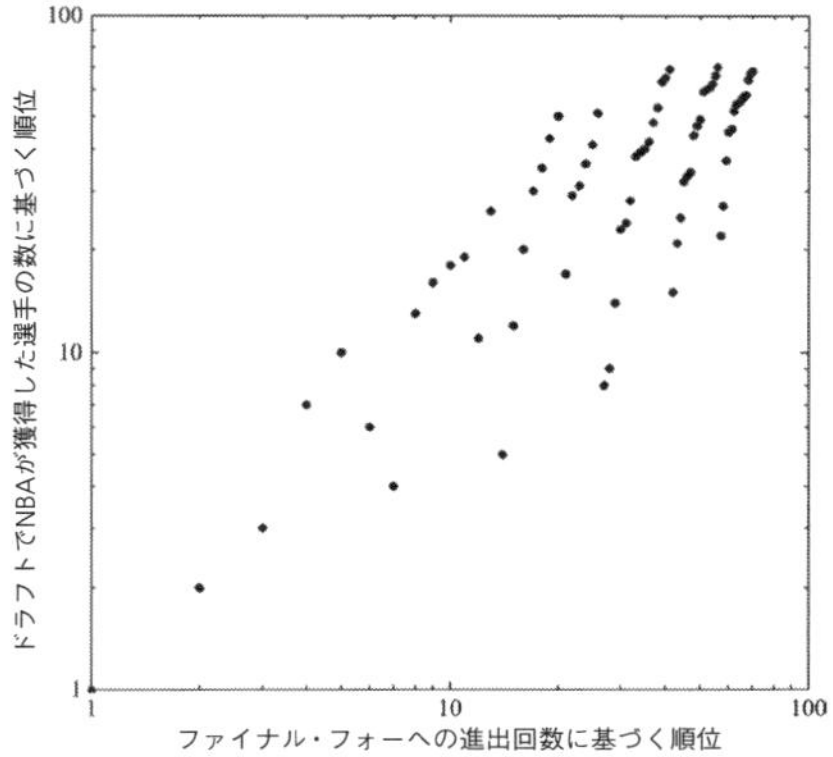


図51　階層制の強固さ。NBAが獲得した選手の数に基づく順位（図50の横座標）と、ファイナル・フォーへの進出回数に基づく順位（図49の横座標）。

関係もない。もし関係があったとしたら、データは右上がりの斜線を成すかたちで分布していたはずだ。ほとんどの大学は、どちらか一方の順位にしか登場しない。だから、大半の大学が図52の上端と右端の線上に位置しているのだ。大学は自らを二つの異なる世界、地球上の二つの別個の流動系に分けている。

教育者やスポーツ・アナウンサーは、学生選手を「学者《スカラー》・運動選手《アスリート》」と呼ぶことがあるが、両方の世界について不正確に述べていることになる。工学を学ぶ学生を「工学の学生」と呼ぶように、「バスケットボール学生」と呼ぶほうが、より正確だ。これまた、都市の通りの格子状パターンが、さまざまな重要地点へ向かうさまざまな流れの重ね合わせであるのと同じで、教育の包括的な流れが、さまざまな専門分野と関連した、進化を続ける脈管構造の重ね合わせであるという概念を際立たせている。

バスケットボールの卓越性の流路は、学究における卓越性の流路とは違う。両者の流動構造は、異なる歴史や記憶、流路を持っている。この不一致は物理的特性で、熟考に値する。現代教育の柱の一つ、「健全な精神は健全な肉体に宿る《メーンス・サーナ・イン・コルポレ・サーノー》」（ローマの詩人、ユウェナリスの『風刺詩集』より）に反するからだ。この原則はうまく機能するから、現代教育がそれを採用したのは正しかった。だがこの原則は、図52の二つの別個の世界という現実が立証しているように、自ずと生じるわけではない。この原則を許容し、維持していくには、大学のデザインはたえず改良す

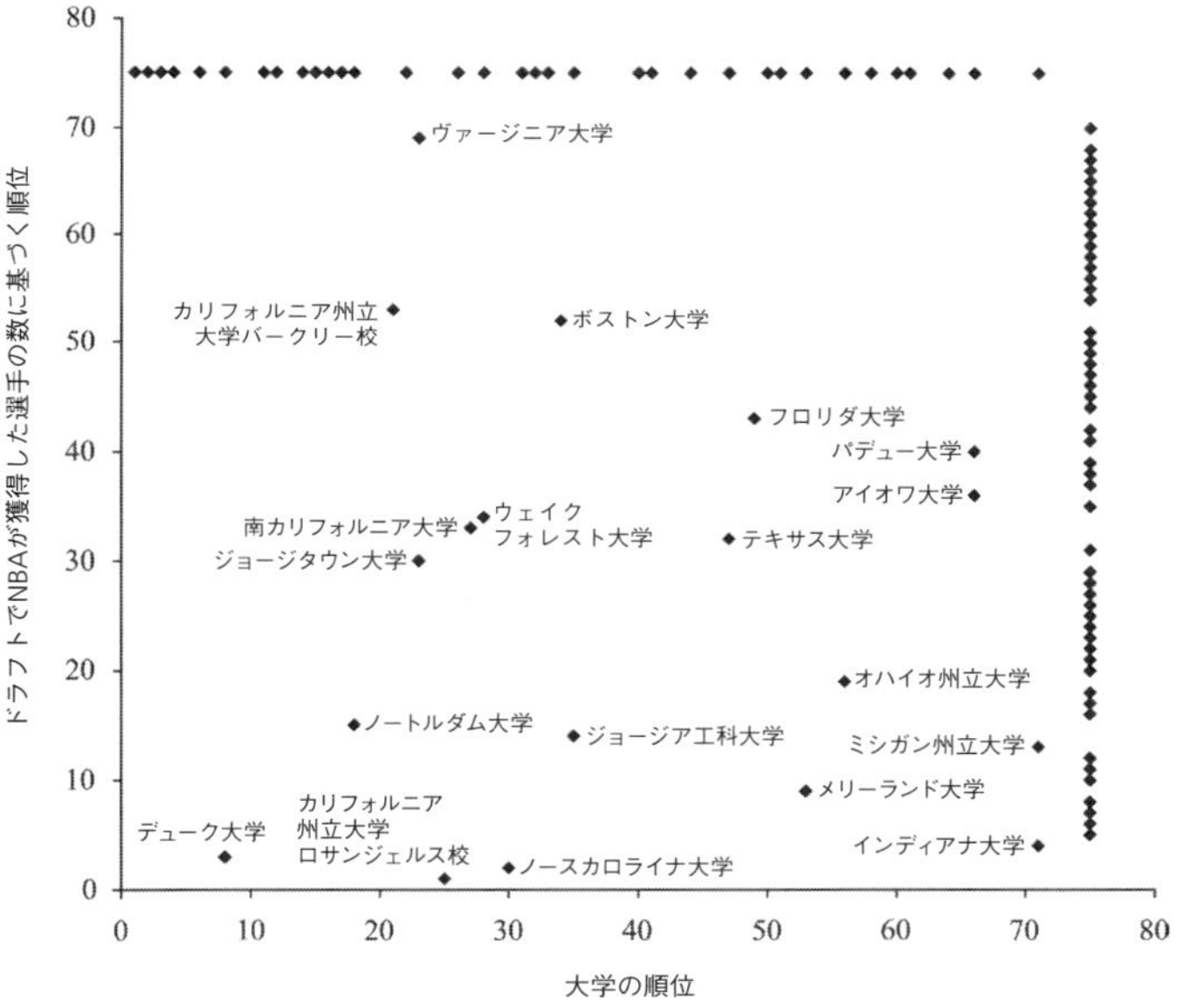


図52 「USニューズ＆ワールド・レポート」誌による大学の順位 (*x*) と、ドラフトでNBAが獲得した選手数に基づく順位 (*y*)。大半の大学が75×75の範囲から出てしまうので、上端と右端の線上に (*x*>75 は*x*=75、*y*>75 は*y*=75として) 記してある。

る必要がある。市内を流れる大河から都市を守るダムと同じで、大学のデザインも注意と補強が欠かせないのだ。

大学バスケットボールの順位の考察によって、コンストラクタル法則から導かれる二つの洞察がはっきりする。第一に、大学やチームの順位から河川流域の流路や森林の樹木の大きさと分布まで、自由に進化できる自然の流動構造はみな、揺るぎない階層制を特徴とするという洞察。第二に、多くのスケールのこうしたデザインを両対数グラフに記すと、揺るぎない分布線が見出せるはずであるという洞察だ。

## 見えない流れ、帝国の支配

すべての流動構造が向上しているとはいえ、私たちには見えない所で形を変えているものもある。社会動学では、見えない流動構造は「闇ネットワーク」や「マフィア」と呼ばれる研究分野を構成している。これまで本書では流れが比較的認識しやすくて、全体に能力主義の社会制度を調べてきた。第四章で考察した運動選手の選抜は、トラックやプールでの速度という明確な基準に基づいていた。本章で説明した学校の順位からも、予測どおりの結果が得られた。より大きな学究的影響を与えたり、バスケットボール・コートでより大きな成功を収めたりする学校は、それぞれの領域でより大きな名声を享受する。だが、周知のとおり、世の中ではいつもそういくとはかぎらない。多くの流動系にとって、最善の流路へのアクセスは、個人的な結びつき次第だ。誰を知っていて、ネットワークの安全と永続のために誰に必要とされているかで決まる。私は「科学における二つの階層制――アイデアの自由な流れと学術団体」という論文で闇ネットワークを調べた。[*5]

手短に言うと、全米技術アカデミーの会員は、引用回数上位の一覧に載っている研究者と一致するはずであるという仮定から出発した。ところが、この仮定は間違っていた。比べてみると、引用回数上位の執筆者は一七一人だったのに対して、アカデミー会員は二二四三人おり、その比率は一対一三だった。しかも、引用回数の多い人の三分の一（六〇人）しかアカデミー会員ではなく、これは会員全体の二・七パーセントにすぎなかった。

このように、優れたアイデアの生成のパターンが、アカデミーへの入会のパターンと一致していない。知識とアカデミー会員は、同じ地表の非常に異なる流動系であるというのがその理由だ。知識の流動系の役割はアイデアの流動で、アカデミーの流動系の役割は、すでにアカデミーに入っている人々の流動なのだ。

この現象は人間関係では一般的だ。「肝心なのは、何を知っているかではなく、誰を知っているかだ」という言葉が、じつに耐久性のある決まり文句であるのも偶然ではない。たとえば、企業は品物とサービスのための流動系だ。だがそれを通して、オーナーと管理職が、職とお金で家族や友人に報いる媒体でもある。この雇用戦略は企業に多くの利点をもたらす。とくに、忠誠心のある従業員を見つけるのにかかる時間を減らせるのが大きい。そして、凡庸な人材のせいで沈滞しないかぎり、企業は繁栄するかもしれない。この戦略は、過去の封建時代の名残でもある。当時は、どの地域でも少数の有力な一族のような、影響力を持った人の名前は誰もが知っていた。いったん部内者になれば、人は赤の他人ではなく縁者を招き入れた。

最後に一つ。コンストラクタル法則は、構成や、さまざまなもの（雨粒だろうが人間だろうが）をより大きな流動系に一体化することに焦点を絞るとはいえ、個は相変わらず重要だ。

私は「コンストラクタル法則に基づく、研究の自己組織化――帝国建設と個々の研究者」という論文で、帝国建設（権力拡張）は今日の研究の世界を席巻する現象であることに触れた。[*6] 大きな集団、国家の優先事項（たとえばナノテクノロジーや燃料電池）、研究所などが、自発的な個人の研究者を圧倒している。管理者と、より高い順位への渇望が、この傾向に拍車をかける。それでも個人は消えてなくなりはしない。私はその論文で、大きな集団の出現を、さらに大きい機関全体のために注目度を高めようとする行為と結びつけて、それを説明した。注目度（$V$）は、その機関の中でのアイデアの生産（$P$）と、アイデアの生産のためにその機関が確保する支援（$S$）の両方の所産としてモデル化した。

何人かの研究者を大きな集団に一体化すると、$S$が増え、$P$が減る傾向にあることを私は示した。一方、個々の研究者の数が増えると、逆の傾向が見られる。この二律背反から、今日の研究組織の、良く知られたおもな特徴が生まれてくる。すなわち、大きな集団の大きさと機関全体の大きさとの比例、機関の注目度と大きさの間の強い関係、大きな集団（帝国）が最も大きく最も研究集約的な機関で最初に誕生したという事実だ。また、大きな集団で研究を行なうことへの動機が強まるにつれ、しだいに小さな機関まで、個人の研究者という様式を捨てて研究の帝国と個人の研究の間の均衡を求めるほうが有益であるのに気づくことも、私は示した。このように、個々の研究者が消えてなくなることはない。もっと古い種類の動きや、古代からいる動物がもっと新しいデザインによっていつも取ってかわられるとはかぎらないのと同じだ。馬車や自動車が発明されたからといって、人が歩くのをやめることはなかった。多くの状況で、歩行は依然として優れた移動方法だからだ。同様に、昆虫が鳥類に取ってかわられることはなかった。さまざまな大きさの構成要素によって、全体的な流れが高められるからだ。階層制の組織に向かう傾向は、大きくてしっかり確立した構造へ向かう圧力とは違う。その傾向は、少数の大きなものと多数の小さなものが協力して流れを良くする、均衡の行為なのだ。それにはあらゆる大きさが必要とされる。[*7]

私は直接それを知っている。「帝国建設と個々の研究者」の論文を書く前は、私は自分がただ一人で、進歩的な管理者の目には時代遅れに見えているものとばかり思っていた。だが、それは間違いだった。論文を発表すると、アイデアの世界を私と同じように眺めている世界中の仲間たちに、キャンパスで呼び止められたり連絡をもらったりした。そう、個人は消えてなくなったりしてはいない。それにはほど遠い。個人はいたるところにいるのだ。

第九章　黄金比、視覚、認識作用、文化

「黄金比」「黄金分割」「黄金数」「黄金率」といった、神秘的な力を示唆する一連の名で優雅に飾られ、何世紀にもわたって思索家たちを夢中にさせてきたものがある。「黄金」という言葉では不十分と感じた人は、「聖なる分割」とか「聖なる比例」などと呼ぶことを好んだ。学者は昔から、古代エジプト人がこれを使ってピラミッドを首尾良く建設し、古代アテネの建築もそれに基づいていたと信じてきた。小説『ダ・ヴィンチ・コード』では、ハーヴァードの架空の象徴学者ロバート・ラングドンがその謎を解明しようとする。

ユークリッド（紀元前三二五〜二六五年）の一三巻から成る傑作『原論』で初めて記述された単純な命題にしてみれば、これは大変な偉業だ。ユークリッドはその著作の中で、こう書いている。「ある線分を分割し、全体と長いほうの線分との比と、長いほうの線分と短いほうの線分との比が等しいとき、その線分は外中比に分割されたと言う」。これは、線分$AB$を、$AB$（線分全体）の長さと$AC$（長いほうの線分）の長さの比が、$AC$の長さと$CB$（短いほうの線分）

の長さの比と等しくなるように、線分$AB$上に点$C$を記すことで図示できる。簡単な代数学を使えば、$AC$と$CB$の比が一・六一八対一（およそ三対二）であることが求められる。この割合を数学者は$\Phi$（ファイ）という記号で表す。円周率$\pi$（パイ）と同じで、$\Phi$もいわゆる「無理数」だ。つまり、$x/y$という分数で表すことができない（ただし、$x$と$y$は整数）。小数点以下、果てしなく数字が並ぶ。ある研究者は、小数第一〇〇〇万位まで計算した。

数えきれないほどの世代がこの黄金比に金縛りにされてきた。[*1] これまで、黄金比の魅力を説明できる科学的根拠は見つかっていなかった。だが、コンストラクタル法則を使えば、私たちがなぜ、横と縦の長さの比が三対二の形に魅了されるのかを予測できる。そして、それよりずっと多くのことも学べる。実際、黄金比の真の謎は、この比率が驚くべき事実を反映していることで、それは何かというと、視覚と認識作用と移動は、時とともに動物の質量が地球上のいたるところでしだいに動きやすくなるための、単一のデザインの特徴であるという事実だ。

## 自然現象としての黄金比

それは、こういうことだ。

私にとって黄金比は、その呼び名すら知らないうちから生活の一部だった。私は子供のころから、絵はほぼ真四角に、縦より横を多少長く描くように訓練されてきた。一〇歳のときに美術学校で与えられた画用紙やカンバスは長方形で、横（$L$）が縦（$H$）より長かった（図53左）。一〇年後、工学の学校でも、製図板は横長だった。

私はこれまで出版社のデザイナーたちに、縦長の図は横書きの文章とは相性が悪く、そのせいで図も文章も魅力を失ってしまうと忠告されてきた。たしかに、どこを見ても$L \geqq H$のデザインが目につく。ページに収まる図の形もそうだし、パラグラフ（急いでいるときに、ひと目で読む傾向にある文章の塊）の形もそうだ。パラグラフが長過ぎないと、つまり、縦長になり過ぎないと、文章は「息をつく」。作家志望の人に頻繁に与えられる編集上の忠告は、「パラグ

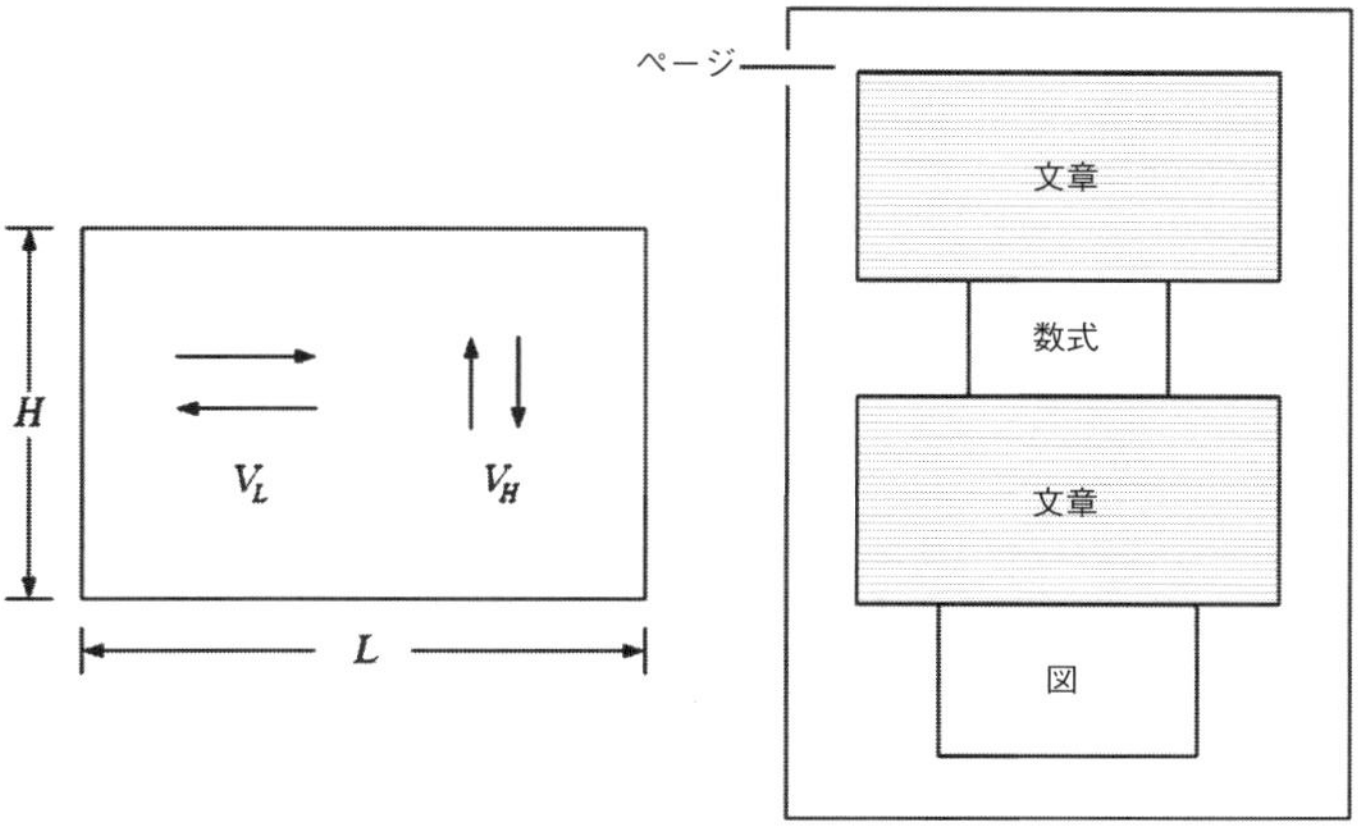


図53　$L/H$〜$3/2$の形をした長方形デザインが普及している。右側は、「息をつき、流れる」レイアウト。書物のページに図や数式とともに印刷された文章。

ラフは短く」だ。

こうした教訓は、なにも新しいものではない。「息をつく」のや「流れる」のがうまい形と、そうでない形があることは昔から知られている。形とは割合を意味する。絵や図の持つ「流動特性」が、その絵や図に私たちが見出す美と結びついていることは、否定のしようがない。

割合と見た目の良さとの結びつきは、科学界で盛んに議論を巻き起こしてきた。書物や絵画、建築のデザインで目にする形には、$L/H$が「黄金比」、すなわちおよそ三対二に等しい長方形に近いという、自然の傾向があるせいだ。どの世代も黄金比に似た割合を好むという事実のおかげで、著作や神秘主義の一領域がそっくり活気を保ってきた。Φが物理の原理からは導かれていないからだ。

ユークリッドのΦを原理から導こうという競争は正当ではあるが、方向を誤っている。なぜ正当かと言えば、Φに似た割合は私たちの身の周りに無数に生じるからだ。それならば、そうしたデザインの出現は自然現象であるということだ。自然現象は自然の法則、つまり物理の法則に従う。科学者は未解明の現象に直面すると、既知の原理に基づいて説明しようとする。

この試みは方向を誤っている。なぜなら、物理的現象はΦそのものではないからだ。これまで自然界の肉眼で見えるものにΦを見つけた人、Φを測定できた人はいない（Φはπとは違う。πは円周を直径で割れば計算できる）。物理現象はΦに似た形の出現なのだ。

コンストラクタル法則の見地に立つと、黄金比に似た形は自然に生じる。単に現れる。人間が、インデックスカードや高速道路の表示板、額縁、映画のスクリーン、写真のプリントなど、黄金比[*2]を取り込んだ形に惹かれ、それを生み出すからだ。自然現象なので、私たちを取り巻く装置や製品の中にそうした形が出現する傾向が見られ、それが出現するのは、地球上に縦横に走る一領域から一点への流れや一点から一領域への流れの中であり、それは脈管構造の階層制のデザインや道路網が現れて進化するのと同じ理由から、つまり流れを良くするからだ。

## 脳の中の流れ

進化を続ける流動系について必ずするよう

| デザイン | *L*×*H* | *L*/*H* |
|---|---|---|
| 35ミリフィルム | 36mm×24mm | 1.50 |
| コンピューター・ディスプレイ | 1024×768ピクセル | 1.33 |
| キャノン5D | 4368×2912ピクセル | 1.50 |
| キャノンS3 IS | 2816×2112ピクセル | 1.33 |
| 高品位テレビ | 16インチ×9インチ | 1.80 |
| 写真 | 6インチ×4インチ | 1.50 |
| | 7インチ×5インチ | 1.40 |
| | 10インチ×8インチ | 1.25 |

表1　黄金比に似た長方形のありふれたデザイン。

に、ここでも肝心の疑問を二つ投げかけよう。何が流れているのか。そのデザインは、その動きをどう促進するのか。黄金比については、こう問うといい。文章や数式や図版が収まったページを見るときに、何が流れるのか。そして、$L/H \sim 3/2$ の形がそれ以外の形よりもうまく「息をつき」「流れる」ように見えるのはなぜか。

情報が画像としてページから脳の中へ流れるというのが、その答えだ(Bejan, 2009b)。情報は、中の流れを良くするように進化する流路を通る流れであることが、コンストラクタル法則を通して理解できる。情報の流れには、じつにさまざまな流れが合流してくる。科学が厖大な数の観察結果を原理に変え、科学知識がより広い領域により容易に拡がれるように進化することはすでに見た。大学やインターネットのデザインにおいても、同じ現象を目の当たりにしてきた。今度はこの全体的な流れの、なおさら根本的な構成要素、すなわち私たちの視線から脳への情報の移動に注目してみよう。コンストラクタル法則を使えば、私たちの目に入る情報のデザインから、その情報が脳の中を動く様子まで、この流動系のあらゆる特徴が流れやすさを自然に増やすように形を変えるはずであることが予測できる。この原理を裏付ける証拠には事欠かない。

脳の構造は、厖大な数の神経線維の樹状流路の束から成る。これらの流路はたえず形成と調節を繰り返しながら、さまざまな活動を制御する脳の領域で、一点から一立体領域へと一点から一平面領域へのアクセスをしだいに良くする。これは脳の基本的な立体領域のそれぞれと残りの立体領域との間の結びつきにも当てはまる。目の網膜にある視覚センサーと神経は、一表面領域（網膜）と一点（視神経）の間により大きなアクセスを提供するように構成されている。

この流動系の外的構造もまた、コンストラクタル法則に基づく方向性を持って、流れやすさに向かって時の流れの中で流動構造を生み出すよう形を変えてきた。ここでもやはり、証拠には事欠かない。単純性と普遍性（ひと組のアルファベット）に向かう表記の進化は、デザイン生成の一現象だ。[*3] 話し言葉の進化、とくに、古代ギリシア語やラテン語からフランス語や現在の英語に至るまで、国際共通語の出現も、その一例と言える。つまり、脳に組み込まれた流路が何百万年もかけて形を変え、情報のより大きな流れ、より容易な流れを可能にしたように、人間が創造した流路も形を変え、そうした流れをより広範に行き渡らせるようになった。書物のデザインや図書館のデザイン、通貨のデザイン、写真や眼鏡、計器盤、コンピューター画面のデザインの進化もやはり、表示媒体と脳の間の情報の流れを促進する現象だ。

## 黄金比とコンストラクタル法則

ここで話は、黄金比のデザインがコンストラクタル法則に基づくことの証明に戻る。黄金比は第七章で詳説した一般的なデザイン原理から派生したものだ。第七章で見たとおり、二種類の動きが起こっているときには、効率的な系は低速での近距離の移動にかかる時間と高速での遠距離の移動にかかる時間を均衡させる。

図53左に示した$H \times L$という領域から始めよう。この形は情報流動系の構造の一部で、自由に変えられる。設計者たちがアトランタ空港の長方形を自由に変えられたのと同じだ。その場合、コンストラクタル法則の予測では、現れる形は、目が$H \times L$という領域を最も容易に、つまり最短の時間でスキャンできるものになるはずだ。

ごく単純に説明すると、「スキャンする」とは、水平方向に一度、垂直方向に一度、画像に完全に目を走らせることだ。水平方向に目を走らせるときには、$L$という距離を平均速度$V_L$で網羅する。それにかかる時間は$t_L=L/V_L$だ。垂直方向に目を走らせるときには、$H$という距離を平均速度$V_H$で網羅し、それにかかる時間は$t_H=H/V_H$だ。この二つの方程式を組み合わせると、画像をスキャンする合計時間は$t=L/V_L+H/V_H$となる。

画像（$A$）の面積は一定（$A=HL$）だが、形（$L/H$）は変わりうる。自由が与えられていれば、どんな形にしようと私たちの思いのままだ。先ほどの式と面積の式を合わせると、スキャンする時間の式は$t=L/V_L+A/(LV_H)$と書き換えられ、$L=(AV_L/V_H)^{1/2}$のときに最少で、長方形の形は$L/H=V_L/V_H$となる。この結果の意味合いを考えると、まず言えるのは、その画像をどう認識し、理解し記録するかは、画像の形に影響されるということだ。分析のこの段階では、$V_L$と$V_H$は未知であり、$L/H$もわからない。

次に言えるのは、その画像の形が先ほどの方程式で決まるときには、水平方向に目を走らせるのにかかる時間と垂直方向に目を走らせる時間が等しく、$t_L=t_H$となることだ。

すでに見たように、二つの異なる流動様式を均衡させるのは、流れを良くするための、一般的なデザインの特徴だ（たとえば、都市の交通や河川流域、肺のデザインで見られる）。今回の分析では、$t_L=t_H$は、遠距離を高速でスキャンする時間が近距離を低速でスキャンする時間と等しくなくてはならないことを意味する。

第三に、私たちがデザインしている長方形の概形がつかめる。このデザインでは、$L$は$H$よりも長くなくてはならない。このあと示すように、$V_L$は$V_H$より大きいからだ。私たちは垂直方向よりも水平方向にスキャンするほうが速いというのがその理由だ。読者はこれを試してみることができる。人間の目は横に並んでいるので、水平方向にスキャンするほうが容易で、垂直方向をスキャンしようとすると、首を上下したくなる。

長方形の形をより厳密に予測するには、画像をスキャンしている器官も考慮に入れる必要がある。目の仕組みに関する文献には水平方向の目の動き（$V_L$）についての情報は含まれているものの、垂直方向の動き（$V_H$）についての情報がないという現実がじつに多くを物語っている。これは重要だ。私たちは一般に世界をおおむね水平の画像として認識しているという事実を際立たせているからだ。私たちの世界は平たい。私たちの画像供給は地表の方向感覚を反映している。先史時代の人類には、危険はたいてい上や下からではなく横や後ろから訪れた。

先ほど予測した*L*/*H*の比率と同じで、私たちの二つの目が横軸上に配置されているのもコンストラクタル法則に基づくデザインの特徴だ。両眼の水平方向の配置が現れたのは、それが水平な環境から脳への視覚情報の流れを促進するからだ。

私たちの水平型の視野は、図54に示した構成で近似できる。半径*R*の円板が重なった形になるのは両眼が横に並んでついているからだ。円板の長さスケール（*R*）の大きさは問題ではな

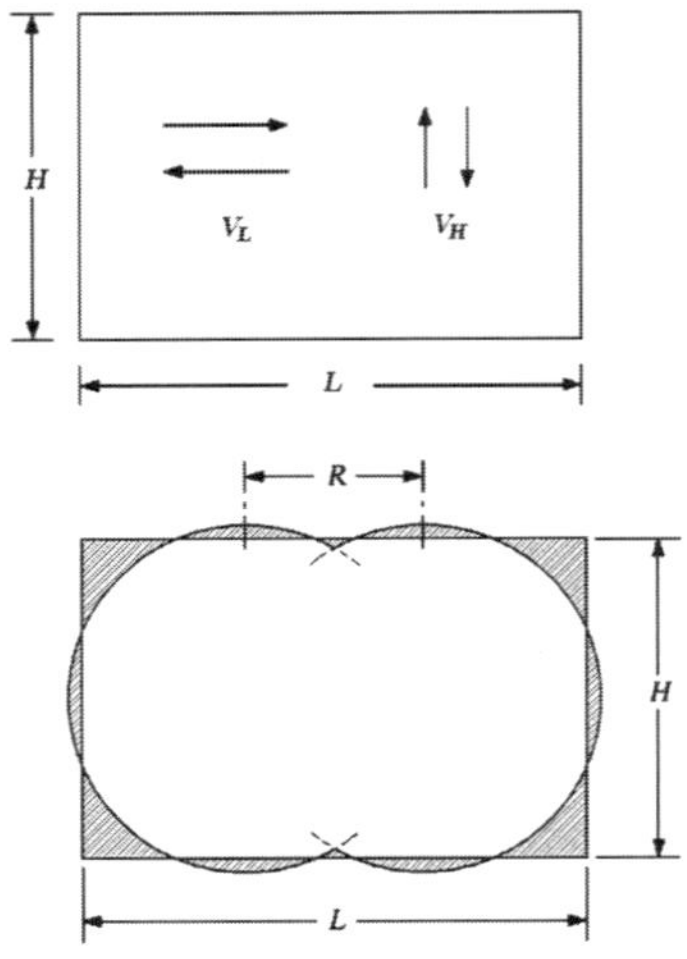


図54　双眼鏡形の領域に最も近い長方形の形はL/H～1.47となる。

い。$R$の存在は、世界が私たちにどう見えるか決める、コンストラクタル法則に基づくデザインの一部だ。重なり合う二つの円板が、両目の視野に収まる双眼鏡形の領域だ。もし円板の一つに一方の目を水平方向（距離$2R$、時間$t_L$）と垂直方向（距離$2R$、時間$t_H=t_L$）に走らせると、二つの円板に重なりがあるため、両眼でスキャンする水平方向の距離は$3R$になる。水平方向と垂直方向の速度は、それぞれ$V_L=3R/t_L$と$V_H=2R/t_H$で、$t_L=t_H$だから、速度の比率は$V_L/V_H=3/2$となる。

双眼鏡形の領域は、適切な形と大きさの長方形を重ね合わせることで近似できる。二つの近似を図54下段の同一の長方形に代表させてある。最初の長方形は双眼鏡形の領域の曲線の輪郭をきわめて忠実にたどっており、長方形と曲線の輪郭との間の面積の合計が最小になっている。この長方形の大きさは、横が$L=2.768R$　縦が$H=1.876R$　形は$L/H=1.475$だ。二つの図形のずれから生じる部分の面積をなるべく小さくするだけでなく、長方形の面積と双眼鏡形の領域の面積が等しくなるようにするのであれば、最適な長方形の形は$L=2.724R$　$H=1.856R$　$L/H=1.468$だ。この長方形は先ほどの長方形と実質的に同じと言える。

人間は$L/H\sim 3/2$という形の長方形によって近似した二次元のスクリーンの上で周りの世界をスキャンする。長い水平方向を垂直方向よりも速くスキャンする。このとき、遠距離を高速で（$L$、$V_L$）スキャンする時間が、近距離を低速で（$H$、$V_H$）スキャンする時間と等しくなるようにする。これは平面から脳へ画像を流すのに最善の配置で、黄金比に従って「デザインされた」という印象を与える人工の形に頻繁に現れる。（三三七ページの表1を参照）。

原理に基づいたこの説明には、幅広い意味合いがいくつかある。第一に、この説明は、生物の進化と文化／科学技術の進化という、一見すると本質的に異なる現象を結びつける。両者はともにコンストラクタル法則に支配されている。視覚は、生き物が周りの世界をより速く、より効率的にスキャンできるように、何億年もかけて進化してきた。それよりははるかに短い人類史を通して、私たちのデザインは脳へ、そして人類全体への情報の流れをなるべく容易にするべく進化してきた。最近の例を一つ挙げると、古いコンピューターのディスプレイやテレビの画面の縦横比は一・三三に近く、これが最初のデザインだった。だが、新しい科学技術のおかげでデザイン上の制約が緩和され、画面は横長に形を変え、$L/H$が3/2に近づいた。将来、これに似たデザインが増えるだろう。

さらに、この発見からは、人間が調和と均衡をなぜどのように重んじるかについて新たな洞察が得られる。黄金比に似たものに人間が見出す崇高な美しさは、卓越した、美的に最も鋭敏な人だけが味わえる抽象的な特性のおかげではない。私たちがそうしたものを美しく魅力的だと考えるのは、それらが私たちの周りの世界の眺め方に合っており、したがって有用だからだ。もし黄金比に「神秘的」な永遠の秘密があるとすれば、それは黄金比が人間を自然と結びつけるという事実だろう。私たちも含め、流れるものはすべて、それが地球上でより多くのものをより容易に動かせるデザインを生み出す。人間には、この物理現象は行動や動きだけでなく喜びももたらす。したがって私たちは、このより良い動き（長い人生など）を達成するのを助けてくれるものを見ると、目に心地良く感じ、それをもっと多く作る。詩人ジョン・キーツの言葉を言い換えれば、「美は動きなり。動きは美なり」となる。

　私たちはこの現象に導かれ、黄金比という現象のコンストラクタル法則に基づく説明から生じる最も重要な考えに行き着く。すなわち、地球上の生物の質量の動きと認識作用の発生とを統合するデザインだ。これを十分に理解するためには、コンストラクタル法則があらゆる流動系の進化を支配する物理的原理であることを念頭に置かなければならない。無生物の系も生物の系も流れやすくなるために進化する。私たちは第三章でこの観念的な考察を用い、あらゆる動物の移動のスケーリング則を予測した。大きな動物が速いはずである理由を解明し、あらゆる生物系の進化に時間的方向性を認めた。海中に発生した最初の生物から陸棲動物の出現、さらに空を飛ぶものの誕生へという方向性だ。進化の段階を経るごとに、デザインが進化し、新しい動物の形態がより広い領域をより少ない有効エネルギーの消費で移動できるようになった。

　これは次の主張から導かれる。すなわち、コンストラクタル法則に基づく動物の移動のデザインは、質量を持ち上げる仕事（$W_1$）と、抵抗する媒体に逆らって体を水平方向に動かす仕事（$W_2$）の均衡を求めるという主張だ。[*4] $W_1$と$W_2$の均衡のおかげで、合計の仕事量 $W_1+W_2$ は$W_1$や$W_2$と同じオーダーになる（$W_2$は抗力と移動距離の積）。

飛ぶものにとって、抗力は $\rho_a L_b^2 V^2$ だ（ただし、体の長さスケール$L_b$は$(M/\rho)^{1/3}$）。使われた力は抗力と$V$の積で、$\rho_a L_b^2 V^3$ となる。$L$という距離を飛ぶ間に消費された仕事量（$W$）は、使われた力と移動時間$L/V$の積に等しい(ただし、$V \sim (\rho/\rho_a)^{1/3} g^{1/2} \rho^{-1/6} M^{1/6}$である。図23A参照）。ここから、$W \sim (\rho_a/\rho)^{1/3} MgL$ が得られる（$(\rho_a/\rho)^{1/3} \sim 1/10$）。

泳ぐものについても同じように計算すると、$W \sim MgL$ が得られる。これは飛ぶものの場合より一つ上のオーダーだ。走るものに求められる仕事量を計算すると、飛ぶものと泳ぐものの間で、$W \sim r^{-1} MgL$ となる（ただし、$1<r<10$）。

つまり、海→陸→空という方向で必要な仕事量は減り、速度は増す。これがコンストラクタル法則によって決まるデザインの進化の方向だ（図55）。

移動のデザインはコンストラクタル法則の現れであり、地球上の生物の形態と流動系の長い歴史を通して向上し続けている。だから、動物の移動はまず海で現れ、陸上に拡がり、のちには空へと昇ったのであり、その逆ではない。この進化の時間的方向性は高速に向かうもので、図56に定性的に示してある。この図は図55の左側の部分を詳しくしたものだ。動きの増加や地

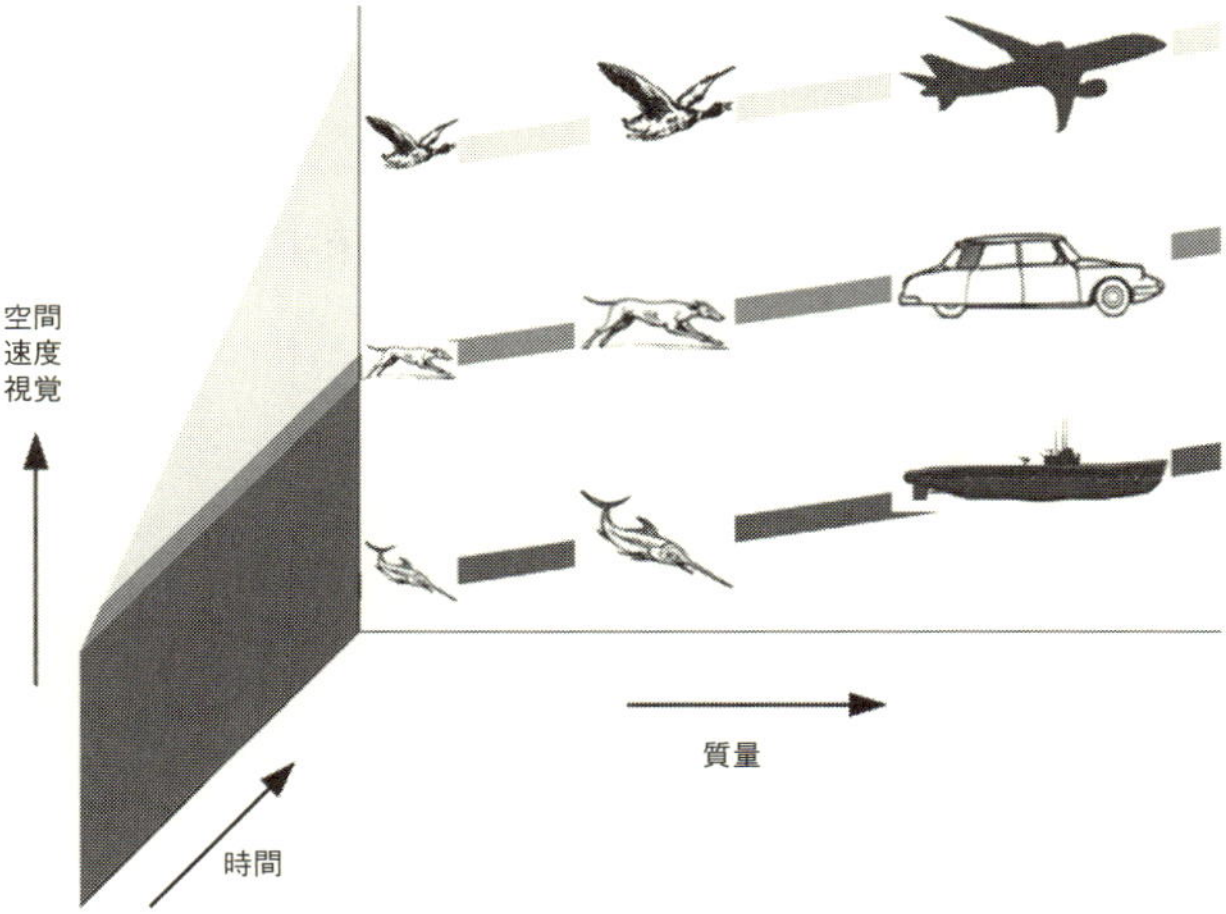


図55　空間、速度、視覚、質量、時間。どの時点においても、生物圏はパターンに沿って系統立てられた、じつに多様な生命ある移動物体によって攪拌されている。大きな物体は速度が大きく、体の動きの頻度が低く、力が強い傾向がある。

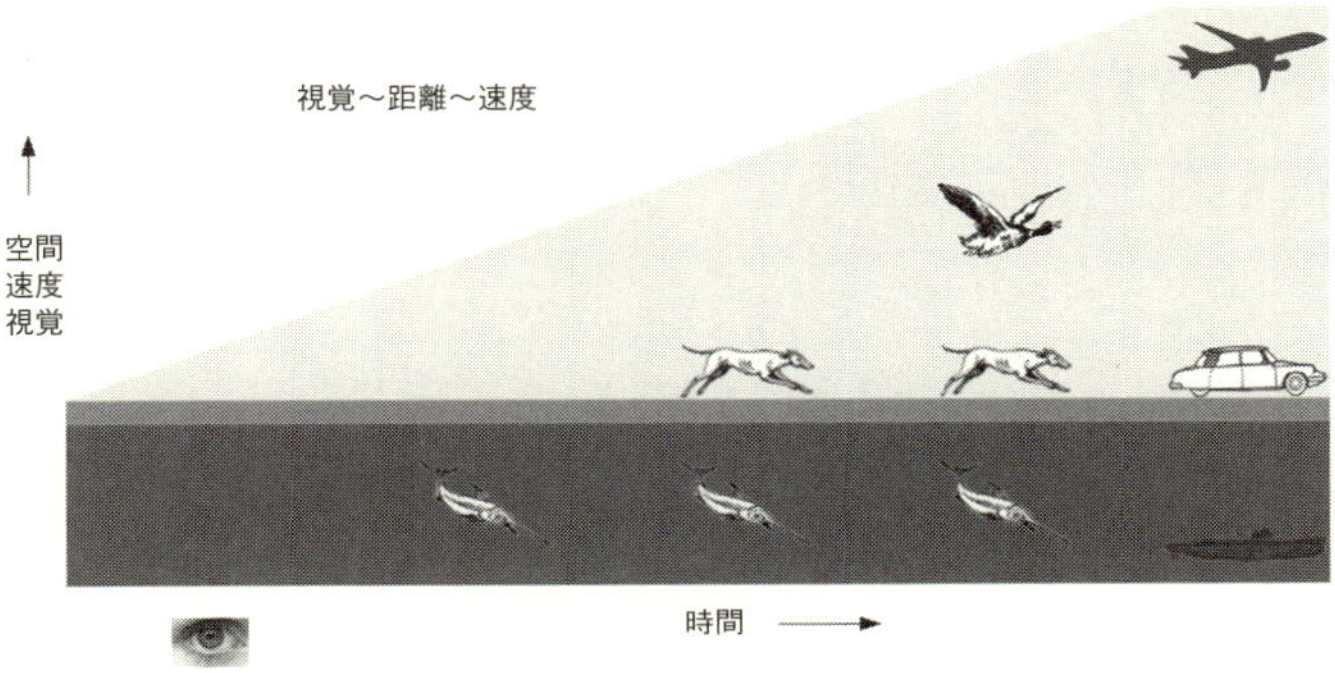


図56　空間、速度、視覚、時間。先史時代から今日に至る生物圏の進化。動物の流れは空間に行き渡り、速度が上がるとともに遠くまで見える方向に進んでいる。この合成図は図55の左側に収まる。

球の攪拌の増加（空間の上方へ向かう）は、時間、速度の増加、動物の単位質量と消費される有効エネルギー当たりで移動する空間の増加と常に一致してきた。

## 目の出現

動物の移動デザインを完成に向かわせるうえで大きな飛躍は、視覚のための器官である目の出現だった。目が出現したおかげで、動物の質量の流れははるかに効率的で高速で持続的になった。視覚と認識作用（見たり聞いたり感じたりするものを処理して、それに反応する能力）のおかげで、動物の質量の流れは、少しでも流れやすい流路を自らのために常にデザインする。より直線に近く、安全で、障害物や捕食者の少ない流路だ。視覚のための器官を得た動物は、前方や横からの危険を最小化できる。これが視覚と移動のつながりであり、地球上における動物移動の単一のデザインを支える屋台骨なのだ。

視覚を伴う動物の動きは誘導移動だ。[*5] より大きな動きや空間や速度に向かう進化（図56）は、より良い、より強力な視覚へ向かう進化でもある。これはまた、あらゆる乗り物を生み出す科学技術の進化でもある。乗り物の移動距離の増加は、速度や遠くまで見る能力の増加と緊密に連携している。鳥は犬より遠くまで見える。ジェット機のパイロットは戦車の操縦手よりも遠くまで見える。

動物移動のデザインにおけるこの飛躍的変化は「カンブリア爆発」（約五億三〇〇〇万年前）として知られており、その時間的方向性はコンストラクタル法則と完全に一致し、より大きな空間、速度、地殻の攪拌に向かう。カンブリア爆発はこれらの進歩を網羅している。視覚と認識能力を持つ動物のデザインは、視覚と認識能力を持たない動物のあとに起こったのであり、その逆ではない。

この理論上の結びつきのおかげで、黄金比の説明ばかりか、それよりはるかに大きな成果も得られる。それは、地球上における動物の質量の動きを良くするデザインとしての、視覚と認識作用と移動の統一性だ。黄金比に近い形は画像のスキャンと、視覚器官から脳への画像の伝達を促進する。この流れの速度は、目と脳の神経系の構造と密接に結びついている。樹状突起は、有限の空間領域における一点から一立体領域への情報の流れを促進する。一点から一立体領域への新たな接続は脳の中で自然に起こりうる。コンストラクタル法則に基づく脳構造のこの進化は刻々と起こっており、認知作用と呼ばれる。考え、知り、再びさらに良く考える現象のことだ。

## 文化——良いアイデアは伝わり、存続する

「賢くなること」や、「もっと骨を折るのではなく、もっと要領良く働け」という格言が表す知恵は、コンストラクタル法則の実践であり、これもまた、地球上でより多くの質量をより容易に動かす方法だ。つまるところ、知性と知識は、流動デザインの内的特徴として出現したのだ。

これは文化にも当てはまる。「文化」とは、人間が獲得し、何世代にもわたって受け継いできた知識をひとまとめに表した言葉だ。群れを成して泳いだほうがいいことを個々の魚が発見する必要がないのも、仲間といっしょに狩りをすることをオオカミが知っているのも、「文化」のおかげだ。人間にとって文化とは、私たちが生み出し、地表を覆い尽くす流動構造の果てしない一覧を意味する。それには、既知の人間の動きも、依然として未知の人間の動きもすべて含まれる。歩くこと、働くこと、生活を楽にする道具や手段を使ったり開発したりして命を保つことも、みなそうだ。そのような手段には、知識、住みか、衛生、言語、書字、社会組織、音楽、視覚芸術、続々と現れる新製品や発明、謎の解明などがあり、これらの素晴らしい事物を、私たちは「アイデア」と呼ぶ。

良いアイデアは伝わり、存続する。良いアイデアは伝わり続ける。だから文化はコンストラクタル法則に基づくデザイン――私たちの頭の中や地球上で形を変え続けるつながりのタペストリー――であり、同じ平面領域（地表）の上と、同じ立体領域（脳）の中で、すべて重なり合っている。したがって文化は、地表にすべて重ね合わされた生物・無生物両方の脈管構造のタペストリーと同じ種類のデザインだ。

脳の流動構造は、丹念に磨き上げられた鏡に映る像のように、観察される（外的）流動構造を寸分たがわず反映している。私たちは考えるときに物事を「頭の中に映し出す」〔英語では「熟考する」と「（鏡などに姿を）映す」の両方の意味で「reflect」という単語を使う〕。動きや行動に満ちた身の周りの世界の観念的な考察を生み出す。私たちはたえずそうしている。過去や現在ばかりではなく、未来についても考える。観念的考察のテープを早送りする能力が、私たちには組み込まれている。私たちはドアを見つけて通り抜けたときに何が起こるかや、壁に向かって突き進んでいったときに何が起こるかを知っている。私たちは常時、無意識に選択をしている。地球上での動き、すなわち自らの存在を、未来に及ぶかたちで構成する。

私たち全員、つまり人間も動物も、思案し、テープを早送りする能力が向上してきた。自分の動きを導き、それに力を与えるのがうまくなり、容易になるほど、私たちの動き（文化）は長く存続する。どんな生き物も、環境を燃料（食物）として利用し、感覚器官で自分の動きを導くという能力を持っている。おおまかに言って、あらゆる生物の進化はこれまでずっと、より多く、容易で、速く、遠くまで至る、長い生命の動きに向かうものだった。これは、より多くを知り、より多くのことをし、より頭が良くなる方向への進化と同じことだ。

人間が思案する能力に加えて推測する能力も持っているのは、理にかなっている。推測するというのは、あらかじめ未来を覗き見たりせずに、自然がどうあるはずかという心的イメージを形作ることを意味する。推測するのは、何も見ることなく、ただ心という鏡を覗き込むことだ（「speculum」はラテン語で「鏡」を意味する〔「推測する」は英語では「speculate」〕）。この純粋に観念的な活動は、「理論」を意味し、理論を立てる能力も、けっきょくは私たちの動きが楽になるように進化している。

文化が広まるのは人間が動き回るからだ。文化はそれを持っている者から、その獲得の恩恵を感じる者へと流れる。文化は熱力学の第二法則に従う他のあらゆる流れと同じで、「高」から「低」へと流れる。ニュースや教育とは、ある人が持っていて別の人が知りたがっている情報以外の何物でもない。両者が同じことを知っていたら、その情報はニュースではなく、教育は成り立たなくなる。同様に、魚であろうと鳥であろうと人間であろうと、移動はすべて、空《から》の器が満たされる場所へ動くことだ。文化交流という言葉は政治的に公正ではあるが、戯言《たわごと》だ。古代ローマ人は自らが欠いているもの（奴隷と内的治安）を獲得するために拡がり、同時に蛮人も自らが欠いているもの（食物、住みか、文化）を獲得するために、ローマ人に襲いかかった。

歴史と地理は、私たちがどこから来て、どうやって頭が良くなり、自給自足を達成し、安全を確保したかを教える、確立した専門分野だ。手短に言えば、文化は流れるから、私たちはしだいに文明化している。中世ヨーロッパの暗黒時代のような中断も起こりうるものの、より大きなパターンを通して現れる自然の傾向は、より多くの文化が流れる方向に進むものだ。

古代には、流れは、地表を歩き回る個人が背（や頭の中）に担っていた。歩き回る個人が多いと、侵入された文化はその影響で激変した。侵入してくる集団が侵入された集団よりも多くの文化を持っていたときには、解放と進歩につながった。侵入してくる集団のほうが文化が乏しいと、暗黒時代やソヴィエトの共産主義がもたらされた。その両方が、私の知っているヨーロッパで起こった。

流れとしての文化は、人間の移動よりもはるかに複雑だ。文化とは、動くための流路や動き方を発明し、知ることを意味する。文化は力を生み出し、動力源とし、分配し、使うことだ。法の支配（入口に殺到する事態を招くのではなく、列に並んで辛抱強く待つこと）こそが文化だ。それを持つ者は遠くに移動する。それは死体保管所に運ばれることの逆だ。

文化とは、種をまくために土地を耕す多くの働き手だ。文化は動きのために良い。文化の不足は動きのために良くない。この地上には、その両方の領域が存在する——前者は（私たちの歴史の書物に書かれているような）進化を続ける文明世界の中に、後者は洞窟の中に。文化の程度が低い人たちにはこれが理解できる。彼らはより豊富な食物や住みか、そして何より自由という、文化の明らかな成果に惹かれるからだ。彼らは急ぎ足で私たちに向かってくる。彼らは誰に強制されたわけでもないのに、スーツを身に着け、英語を話す。

自由はデザインのためになり、デザインは動きを意味する。この格言はコンストラクタル法則から導かれる。変化し、より容易に動く能力に自由は不可欠だからだ。ちなみにそれは、生存者とは適応する者であるという、ダーウィンの勘によっても捉えられていた。

私はこれをダーウィンからではなく、獣医をしていた父のアンゲル・ベジャンから学んだ。父は共産主義下の最も耐えがたい時代（「プロレタリアート独裁」と呼ばれていた。プロレタリアートにはいっさい発言権はなかったというのに）に、聴いてくれる人には声高に断言したものだ。「犬の目を覗いてみろ。犬はこう訴えている。放っておいてくれ。俺は自由でいたいんだ、と」

私たちは犬に耳を傾けるべきだ。自由がなければ、動くこともできなければ、文化も持てず、この地球上に永続的に存在することもかなわない。自由こそが物理、すなわち、もののことわりなのだ。

# 第一〇章　歴史のデザイン

生命とは何か。生命はどう進化してきたのか。世界はどこに向かっているのか。詩人や哲学者、科学者、芸術家、少しでも好奇心のある人の大半は、太古からこれらの疑問について思いを巡らせ、議論してきた。この世界にある大きな図書館のカビ臭い書架は、これらの永遠の疑問に対するより良い答えを発見しようという私たちの妥協なき努力を反映している。

コンストラクタル法則のおかげで、私たちはこの探求における重大な一歩を踏み出すことができる。流れるもの、つまりほぼすべては、流れながら進化するので「生きている」ということを、この法則は教えてくれる。生命とは、流れを良くするために生物・無生物両方の流動系が形を変える持続的な動きや奮闘、努力、仕組みだ。流れが止まると、その構造は流れの化石となる（たとえば、干上がった川床や、雪の結晶、動物の骨格、放棄された科学技術、エジプトのピラミッド）。

この見方は、自然界で人間に特別な地位を割り当てる根強い考え方に異議を唱える。たいてい宗教に基づいて繰り返し主張される見解の一つは、人間を神の創造物の頂点に位置づけている。科学では、ダーウィンと彼の信奉者たちが、人間を「もっと低い」生物と結びつけることで、私たちを台座から引きずり下ろした。だが彼らの努力は中途半端だった。生物系はそれ以外のものと根本的に異なると決めてかかっているからだ。

コンストラクタル法則はこれをも正す。この法則は、重大な違いは認めつつも（人間を河川と混同することなどあってはならない）、ものを「生きている」状態にする単一の物理的原理、河川とサイ、稲妻とトカゲの進化を支配する原理の存在を明らかにする。

第三章では、生命のテープを巻き戻すところを想像するスティーヴン・ジェイ・グールドの思考実験を引き合いに出した。生命は映画であるという彼の比喩は適切だった。だが、その映画がいつ始まるはずかという判断を彼は誤った。多細胞生物が繁栄し始めた六億年前という見方、あるいは原始スープの中で生命活動が渦巻き始めた三五億年前という見解さえも間違っている。それでは映画の途中で映画館に入るようなものだ。じつはこの映画が本当に始まったのは、宇宙が形成され、流れが進化を続けるデザインを獲得しだしたときだった。生物の出現は驚くべき出来事だったが、「生命」が突如現れた魔法の瞬間ではなかった。それは進化の出発点ではなく、コンストラクタル法則によって質量とエネルギーの流れが形作られる、より大きな物語における、一つの意外な展開にすぎない。生命、すなわち自由に配置を変える流れは、最初からそこにあったのだ。

コンストラクタル法則は、流れが生命であるのを私たちに教えることによって、生物と無生物の間の偽りの区別を打ち壊し、自然界のあらゆるデザインと進化を説明する、単一の普遍法則を提供してくれる。この法則は、人間が自然と一線を画してはおらず、自然の現れであり、自然に支配されていることを示してくれる。実際、地球上のものはすべて自然の現れであって、「不自然な」ものや「人工的な」ものなどない。「非自然的」に生じる化学物質や人間が創造する発明品さえも、私たちの質量をより速く、より遠くまで、より長い一生にわたって動かすことを可能にするデザインを作る自然の傾向を反映している。歴史とは、岩石の話、河川の話、植物の話、人間の話といった、一連の別個の物語ではなく、地球上で合わさり形を変えるさまざまな流れが織り成す単一の物語であることを、コンストラクタル法則は明らかにしてくれる。

この最後の章では、これまで発見したことをすべてまとめ、地球上の生命についての新しい歴史、コンストラクタル法則に基づく歴史を綴《つづ》っていく。これを、二つの節に分けて行なう。第一節では、地球上のほぼすべての動き（生命）の源である太陽に焦点を当てることで自然の統一性を際立たせる。自然界にどれだけ多様性が見られようと、私たちの惑星の歴史は、じつは、太陽エネルギーとそれが動きださせる質量との相互作用を軸に展開していく物語なのだ。この根本的な見解は強力だ。そのおかげで私たちは自然界の全体的なデザインについて、簡潔ですべてを網羅する新たな見方を創り出せるのだから。地球上の生命はエンジン（あらゆる流れの原動力）とブレーキ（流れが出合うあらゆる抵抗と損失）から成るタペストリーと言える。これらのエンジンとブレーキのデザインはすべて、いっしょに進化し、今やコンストラクタル法則も含むさまざまな物理法則に支配されている。

第二節では、地球上の生命の進化が無生物のデザインの出現とともに始まり、人間と機械が一体化した種の出現と進化へと進んだことを、このエンジンとブレーキのデザインを使って示す。その過程で、コンストラクタル法則に基づいてこの世界をあるがままに見直すという、序章での約束を果たす。

## 第一節　太陽——流れの源

地球、すなわち自然そのものという、私たちを取り巻く最大の流動系から始めよう。[*1] 自然は複雑に見える。研究のためにその構成要素を、気圏はこちら、水圏はあちら、岩石圏はこの部屋に、生物圏は別の部屋にと、区切られた領域に分けてしまうからなおさらだ。だが、自然はじつのところ、ごく単純な織機で織られた一枚のタペストリーにすぎない。これらすべての圏内のデザインは、多くの流動の種類と大きさから成り、一つの物理法則に支配されている。なお素晴らしいことに、このタペストリー自体（地球上で形を変え、合わさるあらゆる流れによって生み出された単一のデザイン）も、やはりその法則に従って構成されている。自然界のデザインはランダムでもでたらめでもない。生物のデザインも無生物のデザインも、小さいデザインも大きいデザインも、人間のデザインも人間のものではないデザインも、あらゆるデザインが合致する。もちろん完璧には合致しないし、これからもけっしてそうはならないだろう。だが、時がたつにつれて、しだいに良く合致するという果てしない傾向を持っている。動くものはすべて自由に形を変える。それはつまり、このタペストリーのそれぞれの糸とモチーフが、全体の流れが良くなるように進化することを意味する。

細部を離れて高い次元に上れば上るほど、このタペストリーのデザインは単純になる。自然は入り組んでいて、多様で、ランダムで、非決定論的で、複雑で、創発的で、フラクタルや乱流の性質を帯び、非線形で、カオス状態にあるという定説に蝕まれている人にとって、こうした俯瞰は妙薬となる。なぜなら、そのような自然の描写は科学的に聞こえはするが、すべてこう言っているのに等しいからだ――「私には予測できない。だからお手上げだ！」

マサチューセッツ工科大学で私にこの俯瞰を教えてくれたのは、著名な力学の教授J・P・デン・ハルトーグだ。（今日のように何でもかんでもコンピューターを使ってシミュレーションできるがために、とうてい把握できないほど多くの情報が氾濫するようになるよりも何十年も前の当時でさえ）

途方もなく複雑な仕組みですでに入り乱れていたこの専門分野にあって、彼は芸術的なまでに単純だった。彼は学生たちに一歩下がって全体を眺め、物事を単純にするように促し、「ただし、大切なものまで無用のものといっしょに捨てたりしてはいけない」と戒《いまし》めた。教授は本質を見極めるすべを教えていたのだ。

自然界のデザインを説明する競争は、極小の尺度での答えの探求によって妨げられてきた。その探求のせいで私たちは、自然界のデザインが明らかに、微視的な現象ではなく巨視的な現象であるという事実が見えなくなってしまった。デザインは私たちが目にするもの、想像するもの、私たちの目を覚ましておくものだ。全体に動きをもたらすのは個々の粒子や確率ではなく、しだいに多くの質量が合わさる現象だ。自然という巨視的な白紙の上に現れ、そこで進化する巨視的な黒線であり、いたるところにある、目に見える形や構造だ。

## エネルギーの流れを俯瞰する

地球上の厖大な数の構成要素やこまごました詳細全体を俯瞰したときに、この根本的な原理、すなわち自然界のデザインは、こんなふうに私たちの目に飛び込んでくる。太陽はあらゆる方向にエネルギーの流れを発している。その一部を地球が遮り、吸収する。それをひとまとめにすれば、太陽から地球への、一つのエネルギーの流れということになる。これが太陽から地球へ流れるのは、太陽の温度が地球の温度より高いからだ。同様に、地球から宇宙空間へと、一つのエネルギーの流れが進んでいる。地球は宇宙空間よりも温かいからだ。

太陽エネルギーは地球を一様には温めないので、地球上の熱は熱力学の第二法則とコンストラクタル法則に従い、熱いものから冷たいものへと、進化を続けるデザインを伴って流れる。このたえず形を変えるデザインを一語で表せば、それは「気候」で、意外ではないが、地球の気候の主要な特徴（気候帯、気温、風速など）[*2]は、コンストラクタル法則によって予測されている。この根本的な発見は、地球の気候を予測するには、途方もなく複雑なモデルを必要とするという主張とは相容れない。

コンストラクタル法則は、この所見をさらに推し進め、こう説明する。気候ばかりでなく地球上の生きた系はすべて、太陽からのこのエネルギーを吸収し、利用する。その結果、地球全体が流動している。私たちが観察し、関心を抱くデザイン（水圏、気圏、岩石圏、生物圏）を収容する球形の殻の中では、とりわけそうだ。これらはすべて、時とともに進化する配置を獲得することによって流れている。これらの「内臓」は大きな「動物」の中にどう収まっているのか。動物とは地球であり、熱い地球から冷たい宇宙空間へ向かうエネルギーの列車にとっての途中駅だ。動物のデザインが、動物の質量を、消費する燃料の単位当たり、より遠くへ運べるように進化してきたのと同じで、地球上の流れもすべて、地球全体の流れを促進するようにいっしょに進化してきた。

地球上の動くものは何であれ、駆り立てられるから動く。[*3] その原動力は非常に捉えがたいエンジンで、それぞれの流れに一つずつある。これらのエンジンには多くの名前がある。雪や雨を山や平地にもたらし、水が川を流れるようにする大気循環、暖かい地域に降り注ぎ、海流の原動力となる太陽熱、地上・水中・空中で動物をあちこちに水平移動させる筋肉や組織。どれほど数が多く、多様であろうと、これらのエンジンはみな、熱流（$Q$）のかたちで太陽からやってきて地球によって吸収される燃料（たとえば、動物にとっての食物）が動かしている。これらのエンジンは燃料を熱に変えて仕事（$W$）を行なう。みな、そうする。

図57上段では、これらのエンジンがすべて一つのエンジンで象徴されている状況を想定している。そのエンジンが熱の入力（$Q_H$）を使い、地球上で動くもののいっさいを動かす（押しやる）のに必要な仕事量（$W$）を生み出す。そのときに流れ込む熱と流れ出る仕事量の差が $Q_H - W$ で、これは環境へ熱として排出される。

これで物語の前半が終わった。これは捉えがたい部分だった。私たちの身の周りで動くものの中には「エンジン」は見られないからだ。風や川は自力で動いているように見える。物理学と工学の仲間たちは、これらの流れを「自由対流」や「自然対流」、「浮力駆動」流動と呼ぶ。自由とか自然などと考えられているのは、私たちがそれを動かすのに「代価を払う」必要がな

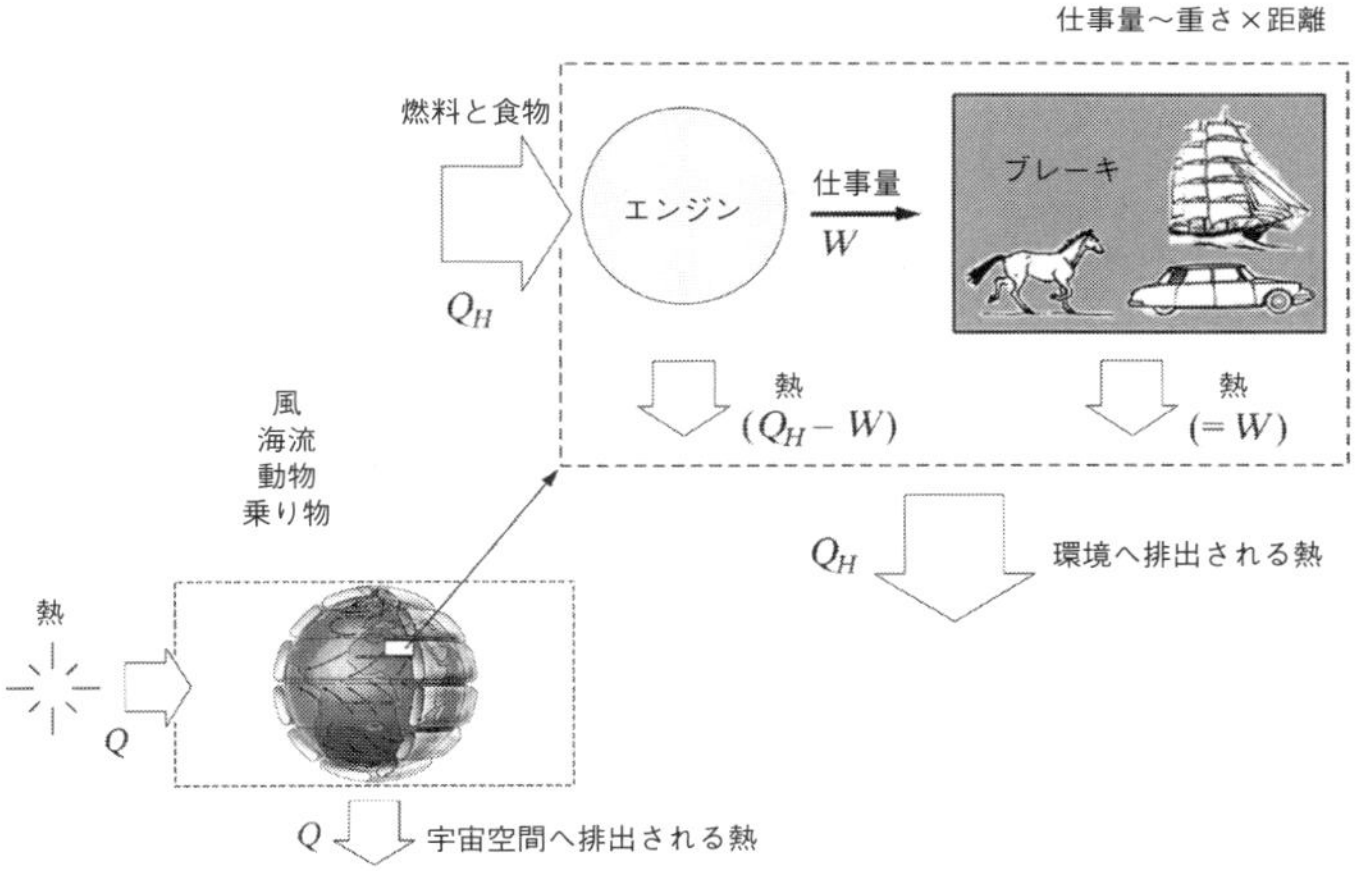


図57　太陽からの熱流（$Q$）が地球に当たり、最終的に冷たい宇宙に浸透していく。地球の温度は、太陽の温度と宇宙空間の温度の間で一定の水準に落ち着く。上段の詳細図は太陽からの熱流が地球を通過するときに起こす二つの現象を示している。第一に、$Q_H$が流れ（動く部品から成る自然の仕組み［装置］）を動かし、それが「エンジン」として機能して仕事量$W$を生み出す。第二に、仕事量$W$は、これらの流れと直近の環境（近隣のもの）との間を形成する「ブレーキ」の中で散逸する。全体として見ると、流動する地球（エンジンとブレーキ）は、太陽から$Q$を受け取り、$Q$を完全に宇宙空間に排出する。地球全体がエンジンとブレーキの系で、それより小さな無数のエンジンとブレーキの系（風、海流、動物、人間と機械が一体化した種）を含んでいる。

いからだ。[*4]

それにもかかわらず、それらの流れは動かされている。

## エンジンとブレーキ

自然界のデザインの残り半分は、たえず止めようとする抵抗に逆らって起こる動きだ。そのような抵抗がなければ、仕事量$W$によって動かされている物体は永遠に加速を続け、手がつけられなくなってしまうだろう。だが、自然はそうはなっていない。動かされているものはすべて、自らとその直近の環境との間を形成しているブレーキの中へ、原動力となっている$W$をそっくり散逸させる。どんなエンジンであれ、その環境はブレーキなのだ（図57の灰色の四角を参照）。これらのブレーキは多様で、泳ぐもの、走るもの、飛ぶものが地表を動くときに遭遇する摩擦やその他の抵抗（第三章参照）、流れる水がこすれる川岸を含む。

全仕事量$W$が散逸して熱（「$Q_{diss}$」と呼ばれ、$W$に等しい）となり、その$Q_{diss}$も環境へ、最終的には冷たい宇宙空間へ排出されるとわかれば、合点がいく。ようするに地球は、エンジンとブレーキから宇宙空間へと熱（それぞれ$Q_H-W$と「$Q_{diss}$」）を排出する。この二つの熱流の合計は$Q_H$となる。$Q_{diss}=W$だからだ。けっきょく、図57下段に見られたものと同じで、宇宙空間に排出される熱流の合計は、太陽から受け取る熱流と等しい。

この言葉は直感に反するように思えるかもしれない。無償でものを得たと言っているように聞こえるからだ。つまり、地球のあらゆるエンジンは太陽からのエネルギーを使って動いておきながら、最後には、地球に届いたエネルギーがすべて宇宙空間へ送り返される。これは二つの理由による。第一に、地球は定常状態ではエネルギーを蓄えられない。太陽から届くものは水圏や気圏、岩石圏、生物圏に入り込み、ものを始動させ、冷たい宇宙空間へと跳ね返る。

第二に、太陽の熱流が「ものを始動させる」のは、$Q$に有効エネルギー（エクセルギー）[*5]の流れが乗っているからだ。この有効エネルギーを「エンジン」が仕事に変えてものを動かし、その仕事量は完全に失われる。有効エネルギー（エクセルギー）はエネルギーと混同してはならない。

水圏、気圏、岩石圏、生物圏を形成している動くものは、ブレーキに結びつけられたエンジンだ。河川や動物と私たちが呼ぶエンジンは、動くときに周りにあるブレーキとこすれざるをえない。これらのエンジンは環境を排除しなければならない。「環境影響」というのが、動きや、平地に流路を刻む流水、山や谷を生み出した流れる大地、地表に都市を建設した流れる人々の別名だ。これらの動きや流れは摩擦やそれに類する損失を生み、それが動きや流れの仕事量を散逸させて熱を生み、その熱が冷たい宇宙空間へと排出される。仕事量のこの散逸（あるいは消失）こそ、私たちが「エネルギーを使う」ときに本当にすることだ。現実には、私たちは食物や燃料、太陽エネルギーを使い、その過程でそれらが持つ有効エネルギーを失う。

これで俯瞰が完成し、地球を通過して太陽から宇宙空間へ至る熱流（$Q$）の連続性が確認できた。

私たちの知っている唯一の現実は、私たちが目前に見るものだ。したがって、最も広い意味で、私たちは地球の流れを動かすエンジンが（カルノーが想像したもののように）非常に効率的か、それとも非常にお粗末か知らない。私たちは知らないのだが、幸い、これは問題ではない。では、何を知っているかと言えば、流動抵抗がすべての流れの邪魔をしており、どの流れも不完全であることだ。私たちはまた、流れやすくなるように自らの不完全性を配分する、進化を続けるデザインを獲得する傾向を、すべての流れが持っていることを知っている。この傾向こそがコンストラクタル法則であり、エンジンとブレーキのモデルのどの面に焦点を絞るか次第で、この法則をさまざまに言い換えることができる。

第一に、エンジンの流れや動く部分が時とともに形を変え、より動きやすくなるのなら、エンジンのデザインは、一定の熱の入力（$Q_H$）からしだいに多くの仕事量（$W$）を生み出す方向へと進化する。これは効率の向上の方向性——より多くの動物の質量を地球上で動かすのにより適した動物のデザインや、より多くの水や空気を階層制の脈管デザインを通して動かす地球物理学的流れへという方向性だ（図58）。これらのエンジンの、コンストラクタル法則に基

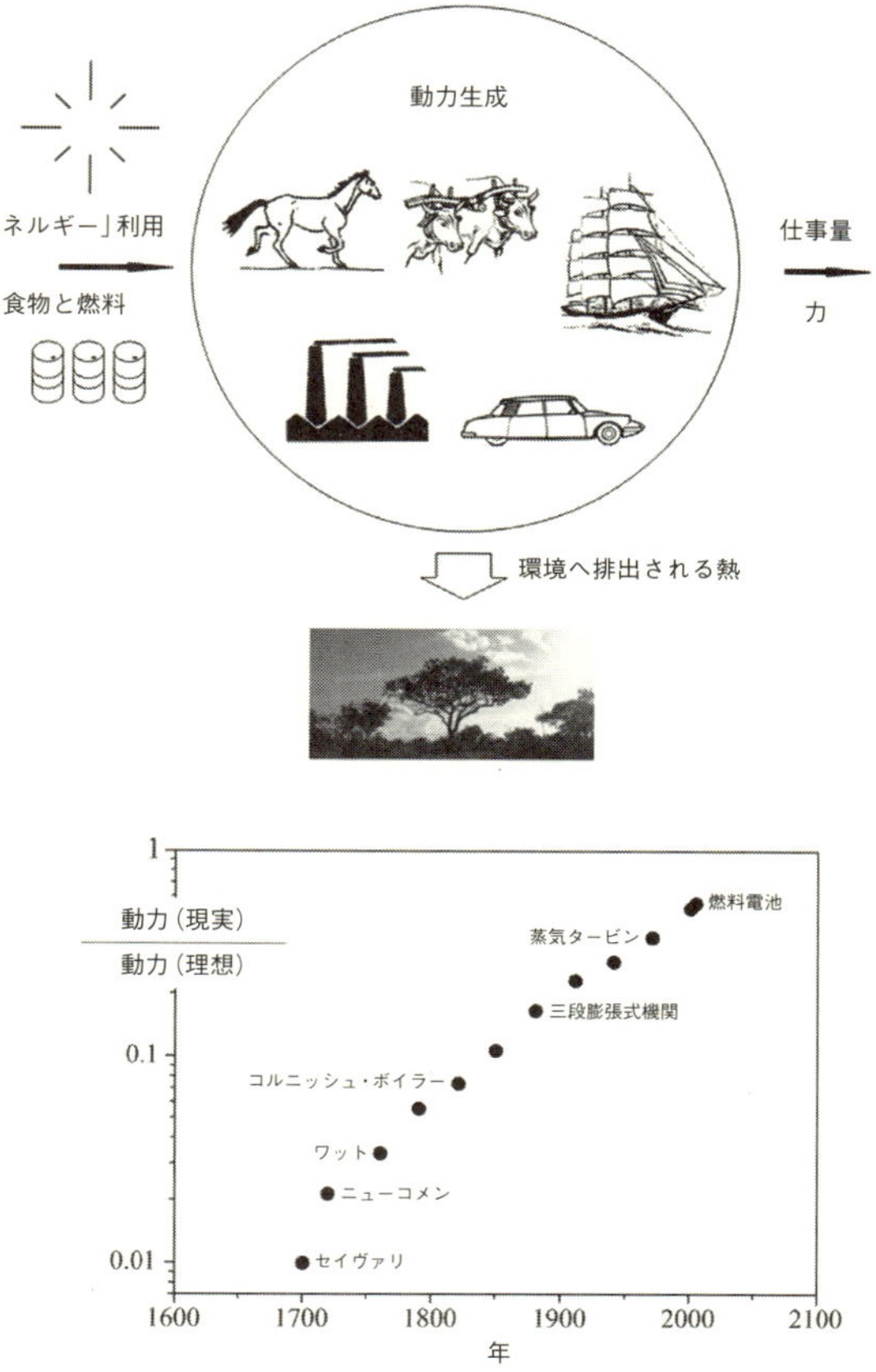


図58　人間と機械が一体化した種のエンジンは、動力生成の科学技術で、その技術はつねに進歩を重ねてきた（＊6）。新たな動力生成の配置が既存の配置に加わる。そして、新しいほうの効率は古いものの効率を上回る。私たちはみな人間と機械が一体化した種で、一人ひとりが隣人とわずかに違い、地球上の流動系として、つまり、あなたと私のような人間と機械が一体化した種すべてが織り成す地球規模のタペストリーの一部として、それぞれ今この瞬間も進化している。

づく進化は、科学技術史上の証拠でたっぷり裏付けられている。たとえば蒸気機関の配置と動きは、トマス・ニューコメンの大気圧機関から、分離凝縮器を備えたジェイムズ・ワットの機関へ、往復運動（シリンダー内のピストン）から回転運動（タービン）へと進化した。この進化は生物学や社会科学や工学でなされた、進化の科学の現代的な言明と一致している。改善はエンジン内での散逸の減少と、それに応じた、不可逆性すなわちエントロピー生成の割合の減少（つまり、燃料からエンジンが受け取った有効エネルギーの、より多くの部分がエンジンからエンジンの環境へと仕事量を送り届けること）をもたらす配置の積み重ねと言うことができる。

第二に、地球のデザインのブレーキ側では、一定の$Q_H$からより多くの$W$へ向かう進化は、しだいに多くの$Q_{diss}$（散逸して熱となる仕事量）へ向かう進化を意味する。エンジンがより多くの$W$へ向けて進化すると、ブレーキはより多くの$W$を散逸させる方向、つまりより多くの散逸とより大きな割合の不可逆性、すなわちエントロピー生成という方向へ進化する。コンストラクタル法則に基づく進化のこの特徴は、地球物理学で聞かれる言明と一致する。とはいえ、これはぜひとも注意しなければならないが、地球物理学者の言うこと（より多くの散逸）は、動物のデザインや工学の科学者が言うこと（より少ない散逸）と正反対だ。両陣営の対立は現実のものだが、図57のエンジンとブレーキのデザイン、あるいは図59に示したその代替によって収まる。[*7] どちらの傾向もコンストラクタル法則が表す単一の傾向、すなわち、あらゆる流動系は

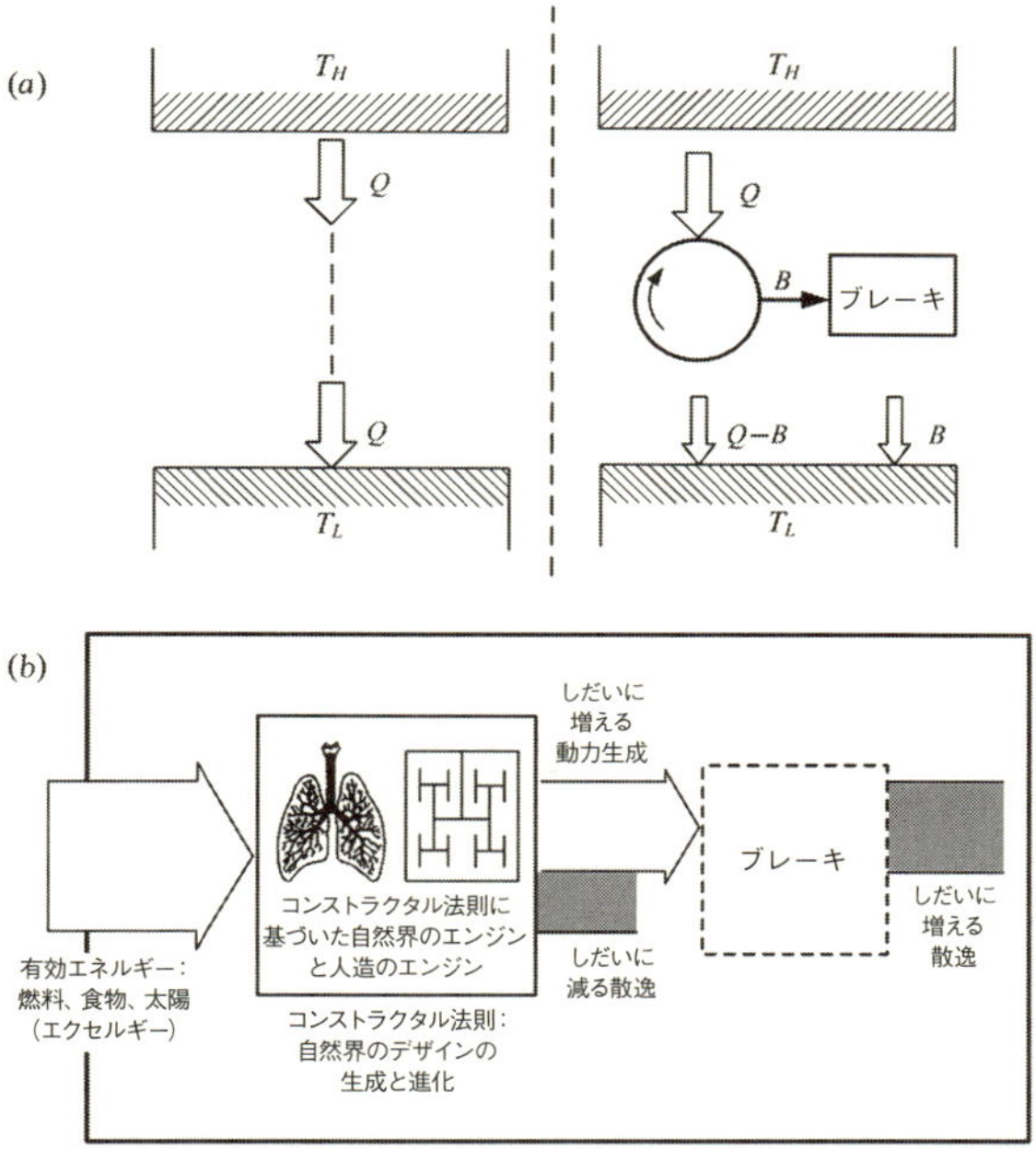


図59　自然界のエンジンとブレーキのデザインの進化。コンストラクタル法則は、流動空間に不完全性を分配したり配置を与えたりする流動構造を生み出すことで、流動系の出現と存続の仕方を支配している。「エンジン」部分は時とともに、より多くの力（すなわち、より少ない散逸）を生み出す方向へと進化し、その結果「ブレーキ」部分はより多くの散逸に向かって進化する。(a) 地球上で動くあらゆるもののエンジンとブレーキのイメージを描いた最初のバージョン。$Q$はエンジンへの熱の入力で、$B$はブレーキの中で完全に散逸する仕事量の出力。(b) 自然界のエンジンとブレーキのデザイン。地球（大きい長方形）へ有効エネルギー（エクセルギー）が流れ込み、生物と無生物のエンジン（大きいほうの正方形）の中でその流れが部分的に失われ、さらに環境との相互作用（破線で囲んだ小さいほうの正方形の中に示したブレーキ）の中で残る有効エネルギーの流れが完全に失われる。時とともにあらゆる流動系は、デザインを生み出す、コンストラクタル法則に基づく傾向を示す。そして、今回は、矢印はエンジン中でのより少ない散逸とブレーキ中でのより多い散逸の方向を指し示す。

時がたつにつれて進歩するので、より流れの良いエンジン（より少ない散逸）とより効果的なブレーキ（より多くの散逸）の進化を私たちは目にする、という傾向の現れだ。

つまり、図57と59に概略を示した自然界のデザインは、太陽から地球へと流れてくる有効エネルギー（エクセルギー）を使って失うためのエンジンとブレーキの系だ。地球上のあらゆる流動系は、有効エネルギー（燃料あるいは食物）を質量の移動に変える変換器として機能する。これ以上単純なものがあるだろうか。この見解は、動物のデザイン、河川流域、乱流、動物の移動、運動選手の速度記録、科学技術の進化、地球規模のデザインなど、進化の現象が観察され、記録され、科学的に研究される多様な領域を包含するので、統一理論と言える。

## 第二節　生命の進化——人間と機械が一体化した種の出現へ

地球規模の自然のデザインがわかれば、地球上での生命の出現と進化について、新たな理解が得られる。

この惑星が形成されていたときには、温度の高い大地から、それよりは温度の低い周囲へ直接流れる熱流（たとえば、溶岩流、強烈な太陽の加熱作用）が数多くあった。これらの熱流が上昇すると、自然対流の過程を通して、もっと温度が低くて密度が高い流体と混ざり合った。さらに、これらの熱流のなかには動きの速いものもあった。流れが遅いときには、層流と呼ばれる薄板状の動きで流れた。運動量を進行方向と垂直の向きに行き渡らせるには、これが適したやり方だったからだ。だが、流れが十分な速度に達すると、乱流へと移行した。抵抗に直面したときには、同じ運動量を伝達するのには、このほうが効果的だったからだ。

それはなぜか。熱いものと冷たいものだけではなく、遅いものと速いものも平衡状態にするというのが自然界の傾向だからだ。平衡状態は、あらゆる面での均一性を意味する。したがって、動いているものは周りのものと相互作用し、混ざり合い、それを攪拌する。高温から低温へと熱が流れ、速い流体から遅い流体へと運動量が流れると、その結果は、ただのものの動きだけではなく、熱いものと冷たいもの、速いものと遅いものの混合と攪拌だ。この流れは一方向に動く。運動量、熱、化学種、知識、食物、文化、その他何であれ、持っているものから持っていないものへと動く。

これはこの話でもおなじみの部分だ。コンストラクタル法則が教えてくれるのは、自然対流と乱流が、流れ（もの）の動きと混合を促進するために現れたデザイン——最初のデザイン——であることだ。このデザインは今日まで存続している。依然として流れを促進するからだ。溶岩流、気流や海流、雨や川など、流れをしだいに速く動かせる新しい構造が時とともに出現した。雨水はただ大地に浸透しているときよりも、集まって細流や小川になったほうがさらに流れやすかった。流れの速い溶岩は、樹状の流路を通るほうが良く動けた。

さらに、これらの生きた系——ブレーキに結びつけられ、太陽に動かされているこれらのエンジン——は、時の流れの中で一方向に進化し、流れたり混合したり攪拌したりするのにますます適したデザインを獲得した。思い出してほしい。地球上の流れはすべて、現実の流路を通して現実のものの流れを動かす。アイデアや知識、科学、情報、技術、文化、刷新といった「抽象的な」流れは、じつは地表での人間と機械が一体化した種の流れを促進している。だとすれば、より容易な流れとは、太陽から引き出した有限の原動力を使って地上でより多くの質量（あるいは重さ）を動かすことを意味する。これらの流れはみな地理と結びついているので（なぜなら、みな地表で起こるから）、これは、流れが失う有効エネルギーの単位当たりで、より広い領域に流れを行き渡らせるよう形を変えたことを意味する。もちろん、すべての変化が進歩だったというわけではないが、おおまかに言って、存続した変化は流れを良くするものだった。

時とともに、より複雑なデザインが現れて進化し、地球規模の流れを促進し、良くした。ごく一般的な（一点から一領域へあるいは一領域から一点への）流れの雛型は、地球を覆う河川流域だ。どれもが一滴ずつの雨粒から始まり、いっしょのほうが動きやすいときにはそれが集まった。何百万年もたつうちに、地球上のいたるところに階層制の脈管構造のデザインを持つ多くのスケールの流路が現れ、局地的にも地球規模でも流れを良くした。このデザインは黒線で表される流路だけではなく、水が大地からこれらの流路に浸透した、それ以外の余白にあたる地球の領域全体をも含む。河川流域の流路を生み出し、たえずそれと連動して動くため、つまり流れるためには有効エネルギーが必要だ。現れたデザインは近距離を低速で動く（浸透の）時間と遠距離を高速で動く（流路の中の）時間を均衡させた。コンストラクタル法則に支配された自然は、適切な「部品」を適切な場所に配し、全領域で有効エネルギーの単位当たり、より多くが流れるようにした。

これは地球自体にも当てはまる。地球上の生きた系をすべて含むこの流動デザインも、時の流れの中で単一の方向へと進化した。より多くのものをより容易に動かすという方向だ。地球の歴史は、進化を続けるこれら無数のデザインの出現と蓄積の物語であり、その中で、これらの適切な流路が適切な場所に配され、より多くのものを地球規模で動かすようになった。デザインなどというものがなぜ存在するのか、なぜ河川流域や樹木や甲虫が見られるのかと問うとき、それらのデザインをそれぞれ単独で眺めるべきではなく、それが全体的な流れをどう良くするかを見てみなくてはいけない。この進化の歴史を考慮に入れれば、新たなデザインの一つひとつが既存の流れを進歩させたことがわかるはずだ。新たなデザインは既存のデザインを吸収したり、それに取ってかわったりすることが多いとはいえ、そこには勝者も敗者もいない。どのエンジンも私たちが地球規模のデザインと呼ぶもの、すなわち自然という単一のエンジンの部分であり、自然の流れは時とともにしだいに良くなっていく。

## 生命の誕生と流れ

大きな歴史の中では、最初に出現した無生物のデザインはやがて、やはり太陽を原動力とする生物のデザインによって補足され、それによって地球規模の流れの混合と攪拌がさらに進んだ。他のもの（たとえば岩石や動物の皮膚）に付着していて動かない生物でさえ、周りの媒体を混ぜ合わせる。それらも養分と酸素を吸収し、新陳代謝の産物を吐き出すからだ。動かない動物は環境を始動させる。眠っている人間が一筋の温かい空気を生み出してそれが天井に昇り、部屋の空気を混ぜ合わせるのと同じだ。

最初期の単細胞生物は、空間を占め、動き、老廃物を排出しながら、微弱にではあるものの、この攪拌の過程を良くした。二〇〇九年、プリンストン大学とノースウェスタン大学の研究者は、細菌が泳ぐときに極小の「歯車」を動かすことを報告し、コンストラクタル法則によるこの予測を裏付けた。[*8] 攪拌は、運動量、エネルギー、化学物質などの、あらゆる種類の混合を意味する。やがて必然的に、この混合を促進するのがもっと得意な新たな流れが進化する。

魚とはけっきょく、独自の原動機を内蔵した水の渦以外の何物だと言うのか。その水の渦は動いている魚の体だ。海を泳ぎながら魚は水を押しのける。これによって水が攪拌され、その混合と動きが助けられる。魚は水面の温かい水が到達できない深さに達することもでき、それによって系になおいっそうの攪拌を加える。魚は渦発生器だ。魚の群れは昔の汽船の外輪のようなもので、体の周りの水を混ぜ合わせる。プールで泳ぐ人も渦発生器で、独自の水環境で同じことを達成する。人が泳いでいるプールは、図57に示したものと同じで、エンジンのついたブレーキだ。

この例をさらに推し進めれば、赤道と両極の間を動く海水の巨大な輪は、地球サイズの魚あるいは泳ぎ手ということになる。

従来の見方では、海流や泳ぐ魚の動きはそれぞれ別個の現象とされた。だがコンストラクタル法則は、根本的には両者が同一の地球規模のデザインの一部として出現し、協働して地球上の流れと混合を良くしていることを教えてくれる。

そうとわかれば、進化の全体的なデザインが見えてくる。大地に降る雨はみな、細流や小川、最終的には本流という配置をとるはずであることが予測できるのと同じで、生き物も地球全体が流れやすくなるように進化するはずだ。

動物はみな、棲息地にかかわらず、既存の流動構造のもとで空気と水をより効率的に混ぜ合わせる。これは乱暴に聞こえるかもしれないが、これこそ生物の流動系が成し遂げることであり、その遺産が河川や風の遺産と同じである理由だ。動物は質量をこちらからあちらへと動かす。動物は空気や水、砂、塵《ちり》と力を合わせ、動物の系の出現前に無生物の流れがしていたよりも多くのものを動かす。

これは、化学的な状況が生き物の出現にふさわしかったから、生き物が原始スープから現れたという見解を否定するものではない。火星でもものは流れるが、火星は条件を満たしていないので生き物を維持できない。いや、まだ満たしていない、あるいはもはや満たしていないと言うべきかもしれない。コンストラクタル法則は、地球上には生物圏が存在するはずで、他の惑星には存在しないはずだ、とは予測していない。同様に、河川流域が存在するはずであると予測していない。環境が重要だからだ。この法則が予測しているのは、生物圏が存在するための条件、あるいは河川流域が現れるための条件が満たされていれば、生物圏や河川流域が動きと混合を促進する配置を獲得するということだ。

このようにコンストラクタル法則は、地球の歴史を貫く予測可能な筋書きの存在を、初めて明らかにしてくれる。この歴史物語の各段階（岩石圏の出現、気圏の出現、水圏の出現、生物圏の出現）で、自然は地球上でより多くの質量の移動を促進するために進化した。コンストラクタル法則は生き物を、生態的地位を見つけて自らの生存を確実にしようと試みる、ただの孤立した存在と見なすかわりに、それらが熱力学の法則とコンストラクタル法則に従って、地球規模の混合と攪拌を高めるというあらゆるものの傾向の現れとして進化してきたことを教えてくれる。生物圏の生物のデザインは新しく、無生物のデザインによる混合活動を補足する——良くする——から現れた。

生物の現象は無生物の現象に端を発する進化の過程との訣別ではなく、その継続だから、両者には類似のパターンが予測される。突然現れる稲妻と、ゆっくり進化する河川流域の特徴である階層制の脈管構造デザインは、私たちの循環系や呼吸器系にも見られる。あらゆる河川流域のすべての流れどうしや、私たちの体内のすべての血管どうしの関係を決めるスケーリング則からは、あらゆる動物に見られる質量と速度の関係も予測できる。そして、溶岩流ばかりではなく、森林の樹木や、都市、大学、言語など、立体領域あるいは平面領域に流れを行き渡らせるものの順位にも、予測可能な流路の分布が見られる。

## 生物の進化とコンストラクタル法則

これまでは、測定可能な進歩が生物の進化の中に見つかるかどうかが議論されてきた。ここで私が述べているのは、増大する複雑さが進化の特徴となってきたという考え方以上のことだ。動物たちは、はたして本当に良くなったのだろうか。

コンストラクタル法則は、この問いに声高にイエスと答える。生物の進化のどの段階でも、進化を遂げながら「定着した」特徴は、地球上での質量の移動をはっきりと高めるものだった。

どれもがそうだ。第三章で見たように、陸棲動物は、先輩である海の生き物たちよりも、特定の距離を進むのに必要な仕事量が少ない。同様に、昆虫や鳥は、同じ体重の陸棲動物よりも少ない仕事量で同じ距離を移動できる。さらに、大きな動物は小さな動物よりも、体の質量のキログラム当たりで消費する有効エネルギー（仕事量、エクセルギー）が少ない。同じ距離を進むのに必要なエネルギーを生み出すために、ゾウは犬よりもはるかに多くを食べなければならないが、体の質量のキログラム当たりでは、必要な食物ははるかに少ない。

コンストラクタル法則は、私たちの進化の理解の仕方を他のかたちでも一変させる。動物が海と陸と空を埋め尽くしたのは必然のことだったのだろうか。答えはイエスだ。流れの良さへ向かう進化は、流動系がより大きな平面領域と立体領域に行き渡り、それを混ぜ合わせ、攪拌することを意味するからだ。ごく単純な例を挙げよう。溶岩が行き渡る領域を知っていれば、火山が溶岩の流路をいくつ形成するはずか予測できる。その領域が広いほど、流路の数も多いし、分岐の段階も多い。つまり複雑になる。そして、領域の大きさがわかっているのだから、複雑さの度合いも、それが有限、すなわちほどほどのものに違いないという事実も予測できる。

この原理のおかげで、生物にはこれほどの多様性がある理由も予測できる。見かけ上の多様性（さまざまなスケールや数）の一部は組織化されており、それは階層制と呼ばれる。河川流域には多くのスケールの流路があり、林床がさまざまな大きさの植物で覆われているのと同じで、多様な大きさの生物が質量を地球上に行き渡らせるために出現する。第六章で考察したとおり、階層制の形と構造を持った流動系には、少数の大きな構成要素と多数の小さな構成要素がある。平面領域や立体領域に流れを行き渡らせるのには、これが良い方法だからだ。生き物の幅広いパターンについてもこれが当てはまる。小さな生物ほど数が多い。研究者の推定によれば、人間の体内には、私たちの細胞の数の一〇倍もの細菌がいるかもしれないという。かつてイギリスの昆虫学者C・B・ウィリアムズは、地球には常時一〇〇京ほどの昆虫が生きていると推定した。

この階層制のデザインは、しばしば食物連鎖の観点から説明されてきた。一般に、大きな動物は小さな動物を食べ、小さな動物はさらに小さな動物を餌にする。これはそれなりに正しい。問題はそれが動物を、生存のために張り合う共依存関係の競争者という文脈に放り込むことだ。この関係の中では釣り合いがとられるが、それは特定の種という文脈で理解されるべき均衡ではない。動物の大きさと分布に多様性が見られるのは、じつは、動物の質量の動きによってある領域を満たすのには、これが良いデザインだからだ。いや、動物の質量だけではなく、これには私たちの荷を運ぶあらゆる種類のトラックも含まれる。大きな動物と大きなトラックは、有効エネルギーの消費の点では小さい動物やトラックよりも効率的で、しかも環境のより多くを混合し、攪拌する。[*9] だが、小さな動物は大きな動物が入り込めない空間にも入っていかれる。

これがあらゆる生体系を維持するデザインだ。あらゆる種類が必要とされるのだ。

ここで疑問が浮かんでくる。無生物の（単独の）流れから、無生物と生物の（協働の）流れへという進化の物語は、生物圏の出現をもって終わるのだろうか。答えはノーだ。理由は二つある。第一に、本書を通じて述べてきたように、あらゆる流動系は「自由を与えられれば」形を変えるからだ。これは必要条件だ。地球規模のデザインにおいては、ブレーキはエンジン同様、不可欠で、自由に形を変えられる。第二に、コンストラクタル法則は、自由であることが自然なのを明らかにしてくれるからだ。自由こそが、流動系が配置を変え続けることを可能にする。流動系が「デザインを獲得し」、さらに良くなることを許す。自由がなければ、デザインも進化もありえないだろう。

## 人間と機械の一体化した種

人間にしても同じことで、それは人間もこのデザインの進化のタペストリーにおける一構成要素だからだ（図60）。私たちは、先行するもののいっさいと同じで、地球を混ぜ合わせ、攪拌する流動系だ。狩猟、農業、宗教、科学、医学、統治機関、芸術、商業など、人間が生み出した数々の素晴らしいものはみな、私たちの質量を地球上で動かし、地球を作り直すための配置を生み出す傾向を反映している。実際、記録が残っているかぎり、人間の歴史はそのために

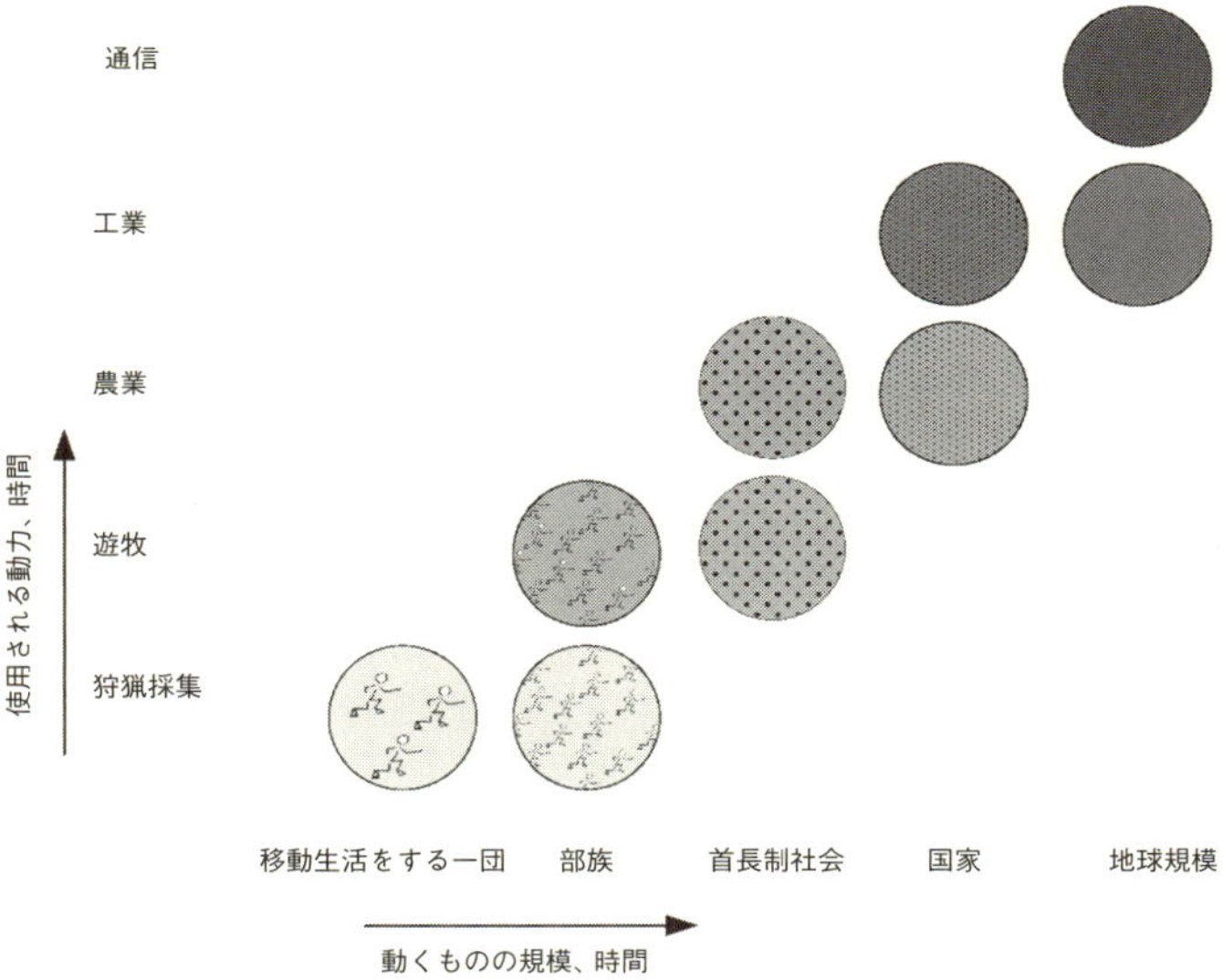


図60　地球における人間と機械が一体化した種の進化を続けるデザインは、図中のようなもっとなじみのある名前で知られている。人間という種の組織化された構成員によって席巻される領域は、いっしょに移動生活をする狩猟採集民の一団に始まって、部族、首長制社会、国家、そして今日の地球規模のデザインへと、時とともに拡大する。同時に、動力の生産と利用(図58)も、消費される動力によって動く流れの大きさを決める他の特徴とともに増加する。そうした特徴には、生存、生活水準、燃料消費率、交通、国内総生産、富、豊かさ、進歩などがある。

しだいに優れたデザインを発明してきたことを物語っている。

文明の勃興、個人の自由と権能付与の普及、科学技術の出現、ものとアイデアのより広範な拡散こそが人類の物語であり、それはすなわち、地表を流れる新しい、より良い系の創造だ。産業革命以来、私たちは気圏と水圏と生物圏の性能を高める、さらなるデザインの出現を目撃してきた。その新たな圏は、人間と機械が一体化した種の地球規模の流れだ。私たちの一人ひとりは、生身の体をはるかに凌ぐ。人《ホモ》は賢い《サピエンス》から、暮らしは私たちの存命中に向上している。鏡から本棚や通りまで、私たちはあらゆる面で自らを知識によって拡大した。知識とはつまり、機械、住居、食物、地球上のありとあらゆる場所のつながりなど、すべてを意味する。私たちは内部、つまり器官の中でも流れているし、外部でも、あらゆる動きや音を通し、作物を植えた畑から学校の校庭へ、馬から飛行機へ、電話からインターネットへと流れている。

本書が自然界のデザインについての本であるならば、なぜ自然と工学をないまぜにするのか。それは、私たちが自然の構成部分だからだ。工学技術で生み出したもの、すなわち「人工の」ものは、私たちが存在すればこそ存在する物体の領域だ。それらは、私たち自身の体や動きの延長として存在する。私たちは自然だ（たまたま現れる）から、私たちの延長も自然であり、不自然ではない。工学のあらゆる形態（科学技術、医学、ビジネス、教育、通信、統治機関）のおかげで、私たちは生身の体よりもはるかに大きく、強く、速い。私たちの一人ひとりが、地球と同じぐらい大きいのだ。

私たちは人間と機械の一体化した種になった。この種は日々、目に見えて進化している（たとえば図58）。その進化は、科学や技術、個人の自由の歴史を含め、歴史と地理を調べ直せば、なおさらはっきりする。暮らしは、知識を持つ者にとってのほうが途方もなく容易だ。

そう、人間は進化している。だが、どの方向へ？　他のあらゆる流動の配置の進化と同じ方向へ、すなわち全体として流れやすいデザインへだ。私たちとともに動くもの、私たちのせいで動くものはすべて（人もものも情報も）、地上のいたるところでしだいに大きなアクセスを伴って、より容易に流れている。過去の人間の移住から今日の国際化や自由貿易へ、二〇世紀の地球全体の電化から二一世紀の大量航空旅客輸送や通信へ、土地に縛られた奴隷や農奴から自由な個人や乗り物に乗った個人へと、すべての流れが良くなっている。

燃料（食物）と労力の単位当たり、より多くの質量がより遠くまで動く。これが、人間と機械の一体化したデザインの達成していることだ。それは、動物のデザインと生物圏全体の進化が達成していることでもある。仮に明日、生物圏が完全に止まってしまい、何一つ動かないほど生気を失うことがあれば、地球上のあらゆる生物系の遺産は、かつて質量が動き、地表が混ぜ合わされた、ということになるだろう。それは干上がった河川と消え去った文明という遺産だ。止まった流れはすべてピラミッドと言える。

人々はしばしば制約にいらだつ。私たちは自由でいたいのだ！　質量を動かすますます良い方法を見つけるべく運命づけられた、ただの流動系の一つと自分を見なすのは不快で窮屈に思えるかもしれない。だが、明るい見通しもある。進化の歴史は、私たちの運命を私たちの願望と結びつけた。そして、それは偶然ではない。私たちの衝動や思考や行動は、動きと流れに向かうようになっている。安全や栄養、健康、生殖、長寿といったものを求める人間の基本的本能は、コンストラクタル法則に基づくこの衝動の現れだ。科学や技術、統治機関、経済、芸術など、私たちの素晴らしい創造物もまたしかり。地球上での質量の動きを促進するために出現して進化を続けてきたものは、みな流動系だ。すべては、自らの流れを良くするために時とともに進化している。すべては、合流し形を変えながら地球を覆う流動デザインのタペストリーの一部だ。

コンストラクタル法則を発見したからといって、私たちの目的や業績、喜びの数々が変わったり減じたりはしない。この法則は、何が私たちの歴史の原動力になっているかをついに説明してくれるのだ――有性生殖が原動力であるという見方よりも、この説明のほうがはるかにうまく（けっきょく、地球の肺、すなわち河川流域や植物、稲妻の樹状構造はＤＮＡの所産ではないのだから)。狩猟採集から工場式農場へ、車輪から飛行機へ、狼煙《のろし》からインターネットへと、私たちは自らの動きを良くするデザインを開発し、改善を重ねてきた。コンストラクタル法則はその歴史を、私たちの身の周りのものすべてと結びつける。そのおかげで私たちは、全体の中での自らの存在が突如として腑に落ちる。私たちは自然とは別個ではなく、自然の統一性の、これまた一つの現れなのだ。

地球上の動きのデザインをこのように全体論的に眺めることで得られる最大の恩恵は、この方向性がどれほど単純で普遍的でなじみ深いか理解できることだ。時がたつにつれて、無生物のデザインも生物のデザインも、エネルギーをより効率的に使って、地球上でより多くの質量を動かすように進化してきた。コンストラクタル法則の観点に立つと、私たちの惑星は、太陽を原動力とする巨大な河川流域であり、進化を続ける多くのスケールの生物の流路と無生物の流路から成る階層制を持ち、それらの流路の大きさと分布は流れを促進するべく均衡している。このデザインと、その変化を求めるような熱力学の法則はない。それにもかかわらず、デザインの進化は起こる。それが物理学の構成部分だからだ。そしてそれは、コンストラクタル法則が当てはまる物理学の部分なのだ。

## コンストラクタル法則による未来予測

コンストラクタル法則は過去を説明してくれるだけでなく、未来の予測も可能にしてくれる。この先、何が待ち受けているのか。ここまでくれば、短い答えは明白だろう。より多くの質量をより良く、つまり安く遠くまで速く動かす多数の流れのデザインだ。世界という舞台では、地球全体が、法の支配や自由貿易、人権、国際化、その他、より多くの人やものの動きを保証するあらゆるデザインの特徴を行き渡らせ続けると、自信を持って言うことができる。もちろん、障害はある。独裁者たちはこの予測が気に入らないだろう。だが、厖大な数の個人から成る流動系が、その性質上、全体とすればそうした独裁者の支配を短命に終わらせる。それが物理の法則だからだ。

さらに、私たちはすでに人間と機械が一体化した種になっており、この種は、私たちの目の前で進化し続けるだろう。地球上での情報や人やものの流れを加速させた、携帯電話や携帯型のコンピューターなどの比較的新しい科学技術は、さらなる発明によって補足され、私たちの流れは、より容易に、より安く地球上を席巻できるだろう。こうした自然な展開の及ぼす、「人間性を奪う」影響を嘆く現代のソローたちは、歴史を取り違えているばかりか、物理学も誤解している。

それは、世界のエネルギーの使用量を減らすように要求する人たちにしても同じだ。動力を使う科学技術は効率を高め、より少なくではなく、より多くの動力を生産して消費する方向に進化し続けるだろう。高い効率を追い求めても、燃料消費の低下にはつながらない。それを裏付ける証拠には事欠かない。この傾向は、これまでずっと変わらなかった。より広い領域で、より多くの人のために、より多くの動力が生み出され、個々の人が使う動力も増え続けるのだ。

人間の歴史を通して、ある動力源が非効率であることがわかるたびに、新たな動力源が加えられた。人力に始まり、それに動物の力が加わり、中世には風車と水車も貢献するようになった。だが、古い動力源が見捨てられることはなかった。大きな変化は熱機関の開発とともに訪れ、これが二つの革命を促した。地球の産業化と電化が起こるとともに、工学に由来する完全に新しく素晴らしい専門分野、すなわち熱力学によって科学が力を持ったのだ。一九世紀後半と二〇世紀には蒸気機関が普及し、多くの種類の発電所が建設され、蒸気タービンやガスタービン、水力、原子力、太陽光、風力、海洋熱、海洋波などによる発電が実用化された。燃料も、石炭や落水から石油、核燃料、太陽熱、地熱、風と多様化した。

私たちの動きは、私たちが燃やす燃料の量と比例している。それは、生きている存在として私たちを特徴づけるもののいっさい（輸送、通商、経済、ビジネス、通信など）を象徴している。だからこそ、地球上のあらゆる国家や政治地域のＧＤＰが、それぞれの燃料消費量と比例しているのだ。[*10] 動きは富であり、富は物理だ。「運に恵まれる」のはデザインの現れだ。

他のいっさいのものの動きと同じで、私たちの動きも全地球上で繁栄する、生きた殻状構造（生物圏）を形作る。この生きた殻には、二つの心室（ヨーロッパと北アメリカ）を持つ心臓や、いくつかの重要な器官（極東の一部）と、人間の住む地表全体を覆う脈管構造の組織がある（二七二ページの図42参照）。科学的な推定によれば、この生物は二〇五〇年には、構造は変わらないものの、今と比べてあらゆる流れが太くなるという。エネルギー消費が単に政治の問題でも社会の問題でもなく、人間の行動を支配する自然現象であることを理解すれば、この問題を真に世界的な観点から眺められる。そして、動力が予測可能なデザイン（つまり、配置、パターン、リズム、地理）を伴って流れることがわかる。そのデザインは進化し、発達する。それは、時とともに進化の筋書きに沿って、より広い領域で人間のためになる（そして人間を解放する）、より太くて効率的な流れとして流れる。したがって、地球規模でのエネルギーの持続可能性や、環境に優しい解決策、風力などに関する関心の高まりは、新しい思考様式ではなく、地球上の流れを支配する傾向、すなわち地球上で、より少なくではなく、より多くの質量を動かす、より優れたデザインの進化の最新の現れにすぎない。

最後に、私はこう予測する。コンストラクタル法則は自然界のデザインと進化の方向性を解明してくれるので、人々が（ますます多くの人が、ますます広い領域で）この強力な発見を利用して、自分にとって重要な事柄について、斬新な洞察を生み出すだろう。文明は、その構成体のいっさい（科学、宗教、言語、表記など）ともども、質量とエネルギーと知識の移動から、アイデアを思いつく人々の世界的な移住に至るまで、進化を続ける流動の配置という果てしのない物理作用なのだ。

優れたアイデアは移動し、伝わり続ける。流れやすい配置は既存の配置に取ってかわる。それが生命だ。それが私たちの歴史だ。そして、それこそが未来なのだ。

# 謝辞

私は過去一六年間、コンストラクタル法則を練り上げるために、じつに多くの方の協力を仰いだので、ここでほんの一部だけご紹介しよう。シルヴィ・ロレンテ、エイトル・レイス、アントニオ・ミゲル、スティーヴン・ペリン、ギルバート・メルクス、チェーザレ・ビゼルニ、ルイズ・ロチャ、シゲオ・キムラ、ジュリオ・ロレンジーニ、タンメイ・バサク、ジェイムズ・マーデン、ジョーダン・チャールズ、エドワード・ジョーンズ、エルダル・チェトキン、ヨン・スン・キム、ジダル・リー、カンミン・ワン、アティト・クーンシースーク、スンウー・キム。本書は私たちの最新の共同研究についての作品であり、興味深いアイデアが興味深い人々を一堂に集めたときに科学は素晴らしく、楽しいものとなることに、ほのぼのと思い至らせてくれる。

本文と図はデボラ・フレイズが整理して手を加えてくれた。新しい図はエルダル・チェトキンとカンミン・ワンが描いてくれた。ジャニーン・スティール・ゼイン、スーザン・ペダーセン、フィリップ・マニング、トマス・G・ヘントフ、E・ケンプ・リース・ジュニア、キティ・M・スティール博士、ルイス・スティールにも謝意を表する。

共著者と私は、エージェントのティーナ・ベネットには大変お世話になった。彼女は早々に本書の価値を悟り、素晴らしい洞察力によって終始私たちを導き、このプロジェクトの流れをどんどん良くしてくれた。

最後に、鋭い目と際限知らずの好奇心をもって本書を大小さまざまなかたちで改善してくれた編集者のメリッサ・ダナスコをはじめ、ダブルデイ社のチームには心から感謝する。

# 解説

木村繁男（金沢大学教授・環日本海域環境研究センター）

本書は『*Design in Nature: How the Constructal Law Governs Evolution in Biology, Physics, Technology, and Social Organization*』（Doubleday, 2012）の全訳である。熱力学の鬼才エイドリアン・ベジャンが、独創的な物理法則「コンストラクタル法則」についての研究成果を集大成し、ライターのJ・ペダー・ゼインと組んで一般読者向けにまとめたものだ。

## 概略

本書は、ノーベル化学賞受賞者イリヤ・プリゴジンの熱力学に関する講演が誤りであると断定するところから始まる。序章のこの衝撃的な書き出しに続き、コンストラクタル法則の基本的な考え方がきわめて戦闘的な文章で開示されてゆく。一般に科学的方法とは、ミクロな領域を支配する原理から出発し、積分という数学的操作を経て、マクロな現象を予測しようとする。これに対しコンストラクタル法則はマクロな観測事実をそのまま原理としてとらえようとする、一見過激なものだ。ベジャンは細分化による全体像の欠如が現代科学の悲劇であるとする。すなわち自然界が示す網羅的傾向が現代の科学者には全く見えなくなっていると嘆くのである。

第一章、第二章は流動系を対象として、工学的応用（電子機器冷却）、地球物理学的応用（河川流域の形成）、生物学的応用（血管系の形成）について述べ、そこに現れる流れ構造はすべて流動抵抗低減の方向を求めた結果であることを証明する。

第三章、第四章、第五章では生物進化の秘密に迫る。そこではなぜ動物は体の大きさと移動速度が比例するのかについて論じ、また樹木がなぜ我々が見るような幹と枝から構成されなければならないかを明らかにする。そしてダーウィンの進化論は否定され、生物のみならず、無生物についても、進化の方向には必然性があることが示される。

第六章、第七章、第八章では社会システムと社会秩序に言及し、そこに見られる階層的構造がコンストラクタル法則の原理に基づき必然的に生まれたものと説く。これらのいずれの解析においても「スケール解析（スケーリング則）」が重要な役割をはたしている点は注目すべきである。

圧巻なのは最後の第九章、第一〇章である。これらの章で、ベジャンは物理学の世界では扱うことのない領域に踏み込んでゆく。それは文明と歴史の問題である。これらもまた物質と情報の流れであり、コンストラクタル法則に支配されると主張する。彼はここでコンストラクタル法則の勝利を高らかに宣言する。情熱の迸《ほとばし》るような力強い議論は、疑問を呈する余地さえ与えないでわれわれを圧倒する。その強烈な説得力を持つ彼の言葉の底に流れているものは、激しい「思考する自由」への渇望であり、文明の進化の方向への楽観的な信頼であることを読者は理解するであろう。

本書は全編を通して堅牢な構成力に貫かれており、みごとな造形美ともいうべき魅力に満ちている。これほど多様なテーマを扱いながらもすこしも衒学《げんがく》的なところがない。説明はきわめて平易で具体的であり、ベジャンが「視覚の人」であることを感じる。かなり革命的な理論の話でありながら、熱力学のことなど知らない読者でも楽しく読み進められる、良質なポピュラーサイエンスの一冊に仕上がっている。

## エイドリアン・ベジャンについて

コンストラクタル法則の解説に入る前に、著者の経歴と業績について少々詳しく記す。私は彼が提唱している「コンストラクタル法則」の専門家ではないが、熱工学（熱流体工学）を専門としており、若き日のベジャンの弟子であった。「コンストラクタル法則」に関連した論文や講演には何度か接したことはあるので、その内容についてはある程度わきまえているつもりである。ベジャンとの研究は、私が一九七八年に私費留学生として渡米し、博士の学位を取得してコロラド大学のあるボールダーを去る一九八三年の夏まで五年間続いた。熱意のある研究の傍ら、「思考する自由」とはどういうことかを叩き込まれた彼との五年間は、何にも代えがたい貴重な体験であった。

エイドリアン・ベジャンは一九四八年九月、ルーマニア東部、ドナウ川沿岸の都市ガラツィに生を受ける。父は獣医、母は薬剤師であった。小さいころから絵に興味を持ち、また数学、物理に特異な才能を見せた。海外留学のための国内選抜試験を最高得点で通過し、一九歳でマサチューセッツ工科大学（MIT）機械工学科に入学する。一九七二年に修士、一九七五年に低温工学と伝熱工学の研究で博士の学位を取得。この間、熱工学のロゼノウ教授、キーネン教授、力学のデン・ハルトーク教授の影響を強く受ける。卒業後、カリフォルニア大学バークレー校で研究員（ポスドク）として、機械工学科のティエン教授や土木工学科のインバーガー教授と研究を行っている。後年、この二つの大学での経験が、工学（MIT）と科学（バークレー）の両方に彼の眼を開かせたと述べている。

MITでは熱工学を専攻し、熱力学の第二法則を用いた熱設計の最適化の研究を行っている。これがベジャンの研究の第一の柱を形成しており、コンストラクタル法則もその延長線上にあると見てよい。一方、バークレーでのティエンとの研究は、浮力により駆動される自然対流熱伝達に関するもので、数学的に言えば非線形問題として定式化された流体力学と熱移動の問題を、摂動法（力学系において、主要な力のみならず副次的な力も考慮した解析）を用いて解くという、きわめて古典的手法を駆使した研究である。この分野が彼の研究のもう一つの柱となった。

第一の柱である、熱力学の第二法則に関する研究は、一九八二年に出版された最初の著書『熱と流れによるエントロピー生成（*Entropy Generation through Heat and Fluid Flow*）』（John Wiley & Sons）に結実されたといってよい。同書で、エントロピー生成というきわめて抽象的な概念を、グラフを用いて鮮やかに可視化して見せ、これに具体的な形を与えることに成功した。

もう一つの柱である自然対流は、エントロピー生成の研究に比べるとはるかに古典的な色彩を帯びており、熱力学というよりは流体力学の範疇に属するものである。彼のこの分野の研究においてもっとも注目されるのは、「スケール解析」と呼ばれる解析手法の多用である。スケール解析は地球物理学や気象学の研究で古くから知られていたもので、必ずしも彼の発明ではないが、彼の業績は、高度に訓練された専門家の手にあったこの手法を、大学の初歩的な教科書レベルにまで嚙み砕き、誰にでも使える解析手法として広く普及させた点である。また、自然対流研究の副産物として「熱関数」の概念が生まれた。今日では「ベジャンのヒートライン（Bejan's Heat Line Method）」や「ベジャンの熱関数（Bejan's Heat Function）」と呼ばれる、熱流の可視化方法である。「ベジャンのヒートライン」はその後、強制対流による熱移動、物質移動、燃焼などの諸分野に拡張され、活躍の場を見出している。これら自然対流を中心とした研究成果は一九八四年、著書『対流熱伝達（*Convection Heat Transfer*）』（John Wiley & Sons）にまとめられた。

これら二つの研究の柱は、コロラド大学の准教授時代（一九七八〜八四年）に開花させた。一九八四年、ベジャンは三六歳でデューク大学教授に迎えられ、ノースカロライナ州ダーラムに移る。その後の彼の旺盛な研究活動は、多数の学術論文の発表や著書の刊行などから窺い知ることができる。デューク時代の最初の顕著な業績は一九八八年の『高等工業熱力学（*Advanced Engineering Thermodynamics*）』（John Wiley & Sons）の出版であろう。この分厚い学術書は、「熱力学第二法則の闘士」と呼ばれたベジャンの、この方面における研究業績の集大成と見てよい。改訂を重ねて読み継がれるこの本は、第一版（一九八八年）と第二版以降（一九九七年）では、その性格が少しく異なる。すなわち第二版以降では、本書のテーマであるコンストラクタル法則が含まれることになり、第三版（二〇〇六年）では、この傾向が一層強まる。

また、忘れてはならないのは数々の受賞歴である。挙げるときりがないので、最も重要な二つの賞について記しておく。一つは、米国機械学会と米国化学工学会が共同で授与する「マックス・ヤコブ賞（Max Jakob Memorial Award）」の受賞（一九九九年）で、もう一つは二〇〇六年に熱物質移動国際センターが隔年で授与する「ルイコフメダル（Luikov Medal）」の受賞である。

これらは熱工学分野のノーベル賞とも言われるもので、二つの賞を受賞している研究者は少なく、いずれも熱工学の歴史に名前を残した人々である。

## コンストラクタル法則について

さて、いよいよ「コンストラクタル法則」の解説に移る。まず述べておきたいのが、この法則はなかなか厄介な代物で、古典的力学の枠組みとは異なる方向性を持っている。そのため、特に熱力学を援用する研究分野ではしばしば論争を引き起こす原因にもなっている。言い換えれば、この法則はそれだけ革命的であり、多様な自然現象の説明（認識）に驚くほどの威力を発揮する。最近では、古典的で正統な科学を自認する人たちも、コンストラクタル法則の成果をもはや無視できない状況になっている。そしてなによりも皮肉なのは、ベジャンは「熱力学第二法則の闘士」として、すでにゆるぎない名声を確立しているという事実である。コンストラクタル法則は、ここ一〇年ほどの間に、機械工学、地球物理学、生物学、都市工学などの諸分野で、その方法論が数多く試され、かつその有用性が急速に認められつつある。米国物理学協会が発行している論文誌「応用物理学（*Journal of Applied Physics*, 113, 151301(2013); doi:10.1063/1.4798429, American Institute of Physics)」に発表された最新のレヴュー論文によると、コンストラクタル法則に関して既に二〇〇編を超える学術論文が発表されている。

あらためて、コンストラクタル法則とは何か。私の思うところを一言で表せば、「熱力学第二法則では満たすことができない、ベジャンの自然認識の願望を可能にした」原理である。何度も言うように、ベジャンは当代随一の「熱力学第二法則の闘士」である。彼がMITで第二法則について語りだすと、その神憑《かみがか》り的情熱に恐れをなした周囲の僚友はみな逃げ去ってしまうという逸話すらある。第二法則の持っている、拭いきれない「抽象性」にベジャンは最後まで納得できなかったのではないか。「視覚の人」である彼には、もっと具象的な原理が必要であった。彼はほとんど動物的本能に従ってその原理に到達したのである。これは彼の研究遍歴を思い起こせば明らかである。「エントロピー生成極小化」しかり、「スケール解析」「熱関数」しかりである。いつも驚くほど単純で、常に視覚に訴える美しさを伴っている。

コンストラクタル法則を読み解くうえで、あらためて熱力学の第二法則について考えてみる必要がある。その意味するところは、「孤立した系は、内的な拘束条件を外されると、次第に別な平衡状態に達する」ということである。後に、クラウジウスにより、この「新たな平衡状態」に到達する過程で、必ずエントロピー生成が発生すると主張されることになる。これが第二法則の矢（不可逆性の矢）と呼ばれるものであり、拘束条件を外された後の系が向かうべき方向を規制している。例えば、一つの孤立した系が仕切り板で隔てられた二つの温度の異なる流体（サブシステム）からなっているとする。仕切り版を取り除いて、十分長い時間待てば、この孤立系は二つのサブシステムの初期の温度と量によって決まる新たな平衡状態に到達する。そして、その変化（混合）の過程では必ずエントロピー生成が発生しなければならない。

しかし、第二法則はその具体的なプロセス（現実のマクロなプロセス）については何一つ答えない。熱力学では平衡状態しか議論できないのである。これを解明するためには流体力学の助けが必要になる。ところが流体力学は非線形力学に分類されるから非決定論的（ここでは単に予測が困難であるということ）であり、計算してみないと結果はわからない。ベジャンはこの途中の過程に必ずある巨視的な構造（例えば流動パターン）が発生することに着目する。しかもその構造は第二法則により方向付けられた状態を出現させるため、流動抵抗を低減させるように発生し、そして進化し続けるのである。すなわち、この途中の非平衡過程について決定論的な予測を下すことが可能になる。

地球物理学では、大気や海洋の大循環を支配している基本法則は何であるかについて、しばしば白熱した議論が展開されている。基本原理として主張されているのがマルカスのエントロピー生成極大化の仮説と本書のコンストラクタル法則である。説明すると長くなるので省くが、どちらの立場を採っても同じ結論に達するのである。

それではコンストラクタル法則の優位性はどこにあるのか。それは系の中に予め構造を配置することからきている（熱力学では平衡状態を仮定するため必然的に構造は除外される）。このため、かなり複雑な移動現象を伴う問題がシステマティックに解析できるようになったことである。微小要素から出発して、流動に関する複雑な微分方程式群と複雑な境界条件を相手に格闘するという非決定論的方法に比べ、遥かに容易である。流れを最適化するという方向性を堅持するだけで、系内部の流動構造の進化を、視覚的に提示することができる。重要な点は、その作業プロセスがどこまでも決定論的であることだ。

コンストラクタル法則はノーベル賞受賞者プリゴジンの主張への反論として生まれたことは冒頭にも述べた通りである。プリゴジンが出会った散逸系の自己組織化という現象は、第二法則が指し示す方向性とは一見すると矛盾するものである。彼はこれをカオスなどの非線形力学の立場から説明しようと試みる。これは明らかに、決定論的であるべき熱力学の立場を放棄したものとベジャンの目には映ったのである。事実、プリゴジンの著書『現代熱力学――熱機関から散逸構造へ』（D・コンデプディと共著、妹尾学、岩元和敏訳、朝倉書店、二〇〇一年）は、最終章でこの問題を非線形力学の立場から論じている。しかし、それは方向が逆である。本来熱力学は力学系の振る舞いにある拘束を与えることのできる存在であるべきだ。コンストラクタル法則によれば、自己組織化（構造の発生）は必然であり、驚くに足らない。問題は生成された組織構造がどのような意味を持っており、時間とともにどのような方向に進化してゆくかということである。すなわち、本書でベジャンが繰り返し訴える通り、熱、物質、運動量、化学反応の流れをより促進する方向に常に再構成され続けなければならないということだ。

異形の衝撃的な新理論は、このような背景の下に誕生した。米国機械学会の発行する学会誌「*Mechanical Engineering*（May 2013, vol.135）」では、「伝熱工学部門75年の歴史」という特集において、「一九九七年、エイドリアン・ベジャンによるコンストラクタル法則の発表」と年表に刻んでいる。はたしてこの新たな物理法則は、これから他分野の科学者たちにどのように受け入れられるのであろうか？ 検証と議論を重ねた上での審判を仰ぐしかないのだが、私も恩師ベジャンの不肖の弟子として、その動向に注目している。


今回、本書の解説執筆の機会を与えてくれた紀伊國屋書店出版部の担当編集者、和泉仁士氏には大変感謝している。また、翻訳者の柴田裕之氏の仕事には大いに感心した。一字一句もおろそかにせず、いかに注意深く、かつ誠実にこの作業に取り組んできたかが感じられる原稿であった。ベジャンからも、信頼できる有能な翻訳者が日本に得られたと、喜びに満ちたメールが私のもとに送られてきた。

この来るべくして世に出た驚異の書が、日本で多くの人々に読まれることを祈念する。

二〇一三年六月　金沢にて

Learning Optimal?" In Bejan and Merkx, pp. 161-67.

Tiryakian, Edward A. 2007. "Sociological Theory, Constructal Theory, and Globalization." In Bejan and Merkx, pp. 147-60.

Weibel, Ewald R. 2000. *Symmorphosis: On Form and Function in Shaping Life*. Cambridge, MA: Harvard University Press.

Weinerth, G. 2010. "The Constructal Analysis of Warfare." *International Journal of Design & Nature and Ecodynamics* 5 (3): 268-76.

www.constructal.org.

www.isihighlycited.com.

www.mems.duke.edu/fds/pratt/MEMS/faculty/abejan.

Zipf, G. K. 1949. *Human Behavior and the Principle of Least Effort: An Introduction to Human Ecology*. Cambridge, MA: Addison-Wesley.

Constructal Theory of Equal Potential Distribution." *International Journal of Heat and Mass Transfer* 46: 1541-43.
Lorente, Sylvie. 2007. "Tree Flow Networks in Urban Design." In Bejan and Merkx, pp. 51-70.
Lorente, Sylvie, and Adrian Bejan. 2010. "Few Large and Many Small: Hierarchy in Movement on Earth." *International Journal of Design & Nature and Ecodynamics* 5 (3): 254-67.
Lorenzini, Giulio, and Luiz Alberto Oliveira Rocha. 2006. "Constructal Design of Y-Shaped Assembly of Fins." *International Journal of Heat and Mass Transfer* 49: 4552-57.
Manton, Kenneth G., Kenneth C. Land, and Eric Stallard. 2007. "Human Aging and Mortality." In Bejan and Merkx, pp. 183-96.
Miguel, António F. 2006. "Constructal Pattern Formation in Stony Corals, Bacterial Colonies and Plant Roots under Different Hydrodynamics Conditions." *Journal of Theoretical Biology* 242: 954-61.
———. 2010. "Natural Flow Systems: Acquiring Their Constructal Morphology." *International Journal of Design & Nature and Ecodynamics* 5 (3): 230-41.
Morroni, Franca. 2007. "Constructal Approach to Company Sustainability." In Bejan and Merkx, pp. 263-78.
Périn, Stephen. 2007. "The Constructal Nature of the Air Traffic System." In Bejan and Merkx, pp. 119-45.
Poirier, H. 2003. "Une théorie explique l'intelligence de la nature." *Science & Vie* 1034: 44-63.
Quéré, S. 2010. "Constructal Theory of Plate Tectonics." *International Journal of Design & Nature and Ecodynamics* 5 (3): 242-53.
Raja, V. Arun Prasad, Tanmay Basak, and Sarit Kumar Das. 2008. "Thermal Performance of a Multi-block Heat Exchanger Designed on the Basis of Bejan's Constructal Theory." *International Journal of Heat and Mass Transfer* 51: 3582-94.
Reis, A. Heitor, and Adrian Bejan. 2006. "Constructal Theory of Global Circulation and Climate." *International Journal of Heat and Mass Transfer* 49: 1857-75.
Reis, A. Heitor, and Cristina Gama. 2010. "Sand Size Versus Beachface Slope——An Explanation Based on the Constructal Law." *Geomorphology* 114: 276-83.
Reis, A. H., A. F. Miguel, and M. Aydin. 2004. "Constructal Theory of Flow Architecture of the Lungs." *Medical Physics* 31: 1135-40.
Rocha, L. A. O., E. Lorenzini, and C. Biserni. 2005. "Geometric Optimization of Shapes on the Basis of Bejan's Constructal Theory." *International Communications in Heat and Mass Transfer* 32: 1281-88.
Staddon, John E. R. 2007. "Is Animal

Bejan, A., and S. Lorente. 2001. "Thermodynamic Optimization of Flow Geometry in Mechanical and Civil Engineering." *Journal of Non- Equilibrium Thermodynamics* 26: 305-54.

———. 2004. "The Constructal Law and the Thermodynamics of Flow Systems with Configuration." *International Journal of Heat and Mass Transfer* 47: 3203-14.

———. 2005. *La Loi Constructale*. Paris: L'Harmattan.

———. 2006. "Constructal Theory of Generation of Configuration in Nature and Engineering." *Journal of Applied Physics* 100, article 041301.

———. 2008. *Design with Constructal Theory*. Hoboken, NJ: Wiley.

———. 2010. "The Constructal Law of Design and Evolution in Nature." *Philosophical Transactions of the Royal Society B*, 365: 1335-47.

———. 2011. "The Constructal Law and the Evolution of Design in Nature." *Physics of Life Reviews* 8: 209-40.

Bejan, A., S. Lorente, and J. Lee. 2008. "Unifying Constructal Theory of Tree Roots, Canopies and Forests." *Journal of Theoretical Biology* 254: 529-40.

Bejan, A., S. Lorente, A. F. Miguel, and A. H. Reis. 2006. "Constructal Theory of Distribution of City Sizes." In Bejan 2006, pp. 774-79.

———. 2006. "Constructal Theory of Distribution of River Sizes." In Bejan 2006, pp. 779-82.

Bejan, Adrian, and James H. Marden. 2006. "Unifying Constructal Theory for Scale Effects in Running, Swimming, and Flying." *Journal of Experimental Biology* 209: 238-48.

———. 2009. "The Constructal Unification of Biological and Geophysical Design." *Physics of Life Reviews* 6: 85-102.

Bejan, Adrian, and Gilbert W. Merkx, eds. 2007. *Constructal Theory of Social Dynamics*. New York: Springer.

Bejan, A., and S. Périn. 2006. "Constructal Theory of Egyptian Pyramids and Flow Fossils in General." In Bejan 2006, pp. 782-88.

Biserni, C., L. A. O. Rocha, G. Stanescu, and E. Lorenzini. 2007. "Constructal H-Shaped Cavities According to Bejan's Theory." *International Journal of Heat and Mass Transfer* 50: 2132-38.

Charles, Jordan D., and Adrian Bejan. 2009. "The Evolution of Speed, Size and Shape in Modern Athletics." *Journal of Experimental Biology* 212: 2419-25.

Francis, W. Nelson, and Henry Kučera. 1982. *Frequency Analysis of English Usage: Lexicon and Grammar*. Boston: Houghton Miffl in Company.

Hoppeler, Hans, and Ewald R. Weibel. 2005. "Scaling Functions to Body Size: Theories and Facts." *Journal of Experimental Biology* 208 (9): 1573-74. Special issue.

Lewins, Jeffery. 2003. "Bejan's

# 主要参考文献


Amoozegar, Cyrus. 2007. "Constructal Theory of Written Language." In *Constructal Theory of Social Dynamics*, edited by Adrian Bejan and Gilbert W. Merkx. New York: Springer, pp. 297-314.

Bejan, Adrian. 1982. *Entropy Generation Through Heat and Fluid Flow*. New York: Wiley, p. 35.

———. 1996. *Entropy Generation Minimization: The Method of Thermodynamic Optimization of Finite- Size Systems and Finite- Time Processes*. Boca Raton, FL: CRC Press.

———. 1997. "Constructal Theory of Organization in Nature." In *Advanced Engineering Thermodynamics*. 2nd ed. New York: Wiley, pp. 704-811.

———. 2000. *Shape and Structure, from Engineering to Nature*. Cambridge, UK: Cambridge University Press.

———. 2006. *Advanced Engineering Thermodynamics*. 3rd ed. Hoboken, NJ: Wiley, p. 770.

———. 2007. "Why University Rankings Do Not Change: Education as a Natural Hierarchical Flow Architecture." *International Journal of Design & Nature and Ecodynamics* 2 (4): 319-27.

———. 2008. "Constructal Self- Organization of Research: Empire Building Versus the Individual Investigator." *International Journal of Design & Nature and Ecodynamics* 3 (3): 177-89.

———. 2009a. "Two Hierarchies in Science: The Free Flow of Ideas and the Academy." *International Journal of Design & Nature and Ecodynamics* 4 (4): 386-94.

———. 2009b. "The Golden Ratio Predicted: Vision, Cognition and Locomotion as a Single Design in Nature." *International Journal of Design & Nature and Ecodynamics* 4 (2): 97-104.

———. 2010. "The Constructal- Law Origin of the Wheel, Size, and Skeleton in Animal Design." *American Journal of Physics* 78 (7): 692-99.

Bejan, A., and D. Gobin. 2006. "Constructal Theory of Droplet Impact Geometry." *International Journal of Heat and Mass Transfer* 49: 2412-19.

Bejan, A., and P. Haynsworth. 2011. "The Natural Design of Hierarchy: Basketball Versus Academia." *International Journal of Design & Nature and Ecodynamics* 6.

Bejan, A., Edward C. Jones, and Jordan D. Charles. 2010. "The Evolution of Speed in Athletics: Why the Fastest Runners Are Black and Swimmers White." *International Journal of Design & Nature and Ecodynamics* 5 (3): 199-211.

きる。両者を和解させ、正す。自然界にもコンストラクタル法則にも、「最小」や「最大」はなく、最終デザインも運命もない。より低い、あるいはより高いエントロピー生成の割合へと向かう進化について語るのがせいぜいだ。しかも、図59のどの部分について語っているのか（エンジンかブレーキか）を明確に述べる必要がある（Bejan, A., and Lorente, S., 2010, The constructal law of design and evolution in nature, *Philosophical Transactions of the Royal Society B*, vol. 365, pp. 1335-1347; Bejan, A., and Lorente, S., 2011, The constructal law and the evolution of design in nature, *Physics of Life Reviews*, vol. 8; Bejan, A., and Marden, J. H., 2009, The constructal unification of biological and geophysical design, *Physics of Life Reviews*, vol. 6, pp. 85-102）。

＊8　Sokolov, A., Apodaca, M. M., Grzybowski, B. A., and Aranson, I. S., 2010, Swimming bacteria power microscopic gears. *PNAS*, vol. 107, no. 3, pp. 969-974.

＊9　Lorente, S., and Bejan, A., 2010, Few large and many small: hierarchy in movement on Earth, *International Journal of Design & Nature and Ecodynamics*, vol. 5, no. 3, pp. 254-267.

＊10　Bejan, A., and Lorente, S., 2011, The constructal law and the evolution of design in nature, *Physics of Life Reviews*, vol. 8.

＊5　自然界には、地中海東部のメクラネズミや盲目の洞窟ザリガニといった、地下や洞窟の生き物もいる。その進化上の祖先は目が見えた。これはコンストラクタル法則や、第三章で行なった器官の大きさの予測とも一致している。流動系は失う有効エネルギーの単位当たりの運動を高めるために形を変えるはずであるというのがその予測だ。暗くて何も見えない環境に暮らす動物は、自らの移動を導く目を必要としない。

**第一〇章**

＊1　宇宙そのもののデザイン（恒星や惑星、その間にある隙間の配置）も、コンストラクタル法則に支配されていると私は確信している。それは、コンストラクタル法則を多くの尺度で、自分が興味を惹かれるじつに多様な領域で応用し、決定論的な意味合いにおいて、そのどこででも機能することを発見したからだ。コンストラクタル法則は自由に形を変えられる有限大の流動系であれば、どれにとってもあらゆる尺度で有効だ。天体とその隙間として組織化した移動する質量のデザインはひび割れする泥のデザインと同じはずだ。立体領域全体に張力のかかった固体が引き離され、質量を持つ物体と隙間から成る複合パターンに分かれるのだから（Bejan and Lorente, 2008, p. 462 参照）。

＊2　Clausse, M., Meunier, F., Reis, A. H., and Bejan, A., 2011, Climate change, in the framework of the Constructal Law, *Earth System Dynamics Discussions*, vol. 2, pp. 241-270; Reis, A. H., and Bejan, A., 2006, Constructal theory of global circulation and climate, *International Journal of Heat and Mass Transfer*, vol. 49, pp. 1857-1875.

＊3　Bejan, A., 2006, *Advanced Engineering Thermodynamics*, 3rd ed., Hoboken, NJ: Wiley; Bejan, A., and Lorente, S., 2010, The constructal law of design and evolution in nature, *Philosophical Transactions of the Royal Society B*, vol. 365, pp. 1335-1347; Bejan, A., and Lorente, S., 2011, The constructal law and the evolution of design in nature, *Physics of Life Reviews*, vol. 8.

＊4　Bejan, A., 2004, *Convection Heat Transfer*, 3rd ed., Hoboken, NJ: Wiley.

＊5　Bejan, A., 2006, *Advanced Engineering Thermodyamics*, 3rd ed., Hoboken, NJ: Wiley. $Q$の流れのエクセルギーは$Q(1 - Te / Ts)$にほぼ等しく、$Q(1 - Te / Ts) \cong Q$（ただし、TeとTsは地球と太陽の温度で、$Te << Ts$）。

＊6　同上。

＊7　生物学（動物のデザインの進化）と工学（人間と機械が一体化した種の進化）では、エントロピー生成の割合の最小化という観点で科学者は語る。一方、地球物理学では、科学者はエントロピー生成の割合の最大化について語る。「最終デザイン」に関する両陣営の言明は一面的なため、応用性が限られてきた。そして、そのせいでともに法則たりえない。互いに矛盾してしまうからだ。コンストラクタル法則は、どちらの言明も説明で

＊2　黄金比は、数学者が長年にわたって考察してきた数学的対象で、この「黄金数」にありとあらゆる種類の属性が見つかっている。フィボナッチ数列との数学的対応もその一例だ。ここではそのような数学的結びつきは取り上げず、私たちの目に入る物理的な現象を扱う。黄金数を使って行なう数学のゲームは、私たちの発見に影響されることはない。ただし、この物理的現象（そもそも数学者を魅了したもの）は今や、動物の全デザインを支えるのと同じ、コンストラクタル法則という物理的原理を基盤としているということだ。

＊3　言語は情報を行き渡らせるための流動系で、私の教え子のサイラス・アムーゼガールが「書き言葉のコンストラクタル理論（Constructal Theory of Written Language)」で探究した現象だ。書き言葉では、構成体（絵文字、さまざまな文字、記号）がこうした情報の流れが通過する流路だ。書き言葉の進化は、先史時代の洞窟壁画を含む絵文字から始まった。絵文字は動物や人間のさまざまな姿を表現しており、その意味は、そこに描かれたものの中に直接現れている。この方法では混乱は避けられた（バラが描かれていれば、それはあくまでバラだった）が、効率は悪かった。あらゆる概念がそれ専用の絵を必要としたからだ（Amoozegar, C., 2007, Constructal theory of written language, chapter 16 in Bejan and Merkx [2007]; Bejan, A., and Merkx, G. W., eds., 2007, *Constructal Theory of Social Dynamics*, New York: Verlag)。

やがて、はるかに効率的な書き言葉の形態が三つ、絵文字から進化した。シュメールの楔形《くさびがた》文字と、エジプトの象形文字と、中国の漢字だ。紀元前2100年ごろに現れたエジプトの象形文字も、同じような発達史をたどった。この書き言葉は、約700の構成体を使って約1万7000の単語を構成していた。このエジプト語の表記体系はその後、象形文字から草書体の象形文字と神官文字（簡略草書体)、さらに簡易化された民衆文字へと徐々に進化し、1世紀にはついにコプト語の発達と使用につながった。

この変化を通して、言語はいくつかのかたちで進化した。構成体の数は減っていったにもかかわらず（たとえば、コプト語には全部で32の構成体があり、そのうち24はギリシア文字から取り入れられた)、より多くの概念を伝えることができた。これは、書き言葉と話し言葉がしだいに相互依存するようになっていったことに負うところが大きい。構成体は概念を表すかわりに（英語のアルファベットのように）音を記号化するようになり、それを並べれば、発言を文書中に再現できた。さらに、構成体のデザインが単純化し、描くのに必要な画数が減った。その結果、メッセージを伝えるのにかかる時間と労力が減り、書き言葉は大規模な使用が容易になった。

＊4　Bejan, A., 2000, *Shape and Structure, from Engineering to Nature*, Cambridge, UK: Cambridge University Press.

Press; Bejan, A., and Lorente, S., 2006, Constructal theory of generation of configuration in nature and engineering, *Journal of Applied Physics*, vol. 100, article 041301.

＊3　Bejan, A., 1997, *Advanced Engineering Thermodynamics*, 2nd ed., New York: Wiley, chapter 13.

＊4　Bejan, A., 1997, *Advanced Engineering Thermodynamics*, 2nd ed., New York: Wiley, chapter 13; Bejan, A., 2000, *Shape and Structure, from Engineering to Nature*, Cambridge, UK: Cambridge University Press.

＊5　Bejan, A., and Périn, S., 2006, Constructal theory of Egyptian pyramids and flow fossils in general, Section 13.6 in Bejan, 2006.

＊6　Bejan, A. and Lorente, S., 2001, Thermodynamic optimization of flow geometry in mechanical and civil engineering, *Journal of Non-Equilibrium Thermodynamics*, vol. 26, pp. 305-354.

### 第八章

＊1　Bejan, A., 1997, *Advanced Engineering Thermodynamics*, 2nd ed., New York: Wiley, chapter 13; Bejan, A., 2000, *Shape and Structure, from Engineering to Nature*, Cambridge, UK: Cambridge University Press.

＊2　Bejan, A., 2007, Why university rankings do not change: education as a natural hierarchical flow architecture, *International Journal of Design & Nature and Ecodynamics*, vol. 2, no. 4, pp. 319-327.

＊3　ロンドンの「タイムズ」紙が2004年以来毎年まとめている世界大学ランキングも同様に変化が少ない。高等教育は地球規模の流れだ。

＊4　Bejan, A., and Haynsworth, P., 2011, The natural design of hierarchy: basketball versus academia, *International Journal of Design & Nature and Ecodynamics*, vol. 6.

＊5　Bejan, A., 2009a, Two hierarchies in science: the free flow of ideas and the academy, *International Journal of Design & Nature and Ecodynamics*, vol. 4, no. 4, pp. 386-394.

＊6　Bejan, A., 2008, Constructal self-organization of research: empire building versus the individual investigator, *International Journal of Design & Nature and Ecodynamics*, vol. 3, no. 3, pp. 177-189.

＊7　Lorente, S., and Bejan, A., 2010, Few large and many small: hierarchy in movement on Earth, *International Journal of Design & Nature and Ecodynamics*, vol. 5, no. 3, pp. 254-267.

### 第九章

＊1　Bejan, A., 2009b, The Golden Ratio predicted: vision, cognition and locomotion as a single design in nature, *International Journal of Design & Nature and Ecodynamics*, vol. 4, no. 2, pp. 97-104.

529-540; Lorente, S., Lee, J., and Bejan, A., 2010, The "flow of stresses" concept: the analogy between mechanical strength and heat convection, *International Journal of Heat and Mass Transfer*, vol. 53, pp. 2963-2968.
＊7　Bejan, A., 2009b, The Golden Ratio predicted: vision, cognition and locomotion as a single design in nature, *International Journal of Design & Nature and Ecodynamics*, vol. 4, no. 2, pp. 97-104.

## 第六章

＊1　"Language is a flow system," Bejan, A., and Merkx, G. W., eds., 2007, *Constructal Theory of Social Dynamics*, New York: Springer; Lorente, S., 2007, Tree flow networks in urban design, chapter 3 in Bejan and Merkx (2007); Morroni, F., 2007, Constructal approach to company sustainability, chapter 14 in Bejan and Merkx (2007); Périn, S., 2007, The constructal nature of the air traffic system, chapter 6 in Bejan and Merkx (2007); Staddon, J. E. R., 2007, Is animal learning optimal?, chapter 8 in Bejan and Merkx (2007); Tiryakian, E. A., 2007, Sociological theory, constructal theory, and globalization, chapter 7 in Bejan and Merkx (2007).
＊2　これは、「自然のフラクタル幾何学」の擁護者による、世間受けする主張とは相容れない。彼らは、樹木のデザインはフラクタルだ、なぜなら大きな系の一部にズームインすると、そこにも大きな系の流動構造と同じものが見つかるからと主張する。これは正しくない。庭の木にズームインしても、小さな木ではなく、二本の最も小さな枝の間の、何もない空間が見えるだけだからだ。自然界の樹状の流動は、どれ一つとしてフラクタル物体ではない。自然界の形状はフラクタルではないのだ。
＊3　Planck, Max, 1949, *Scientific Autobiography and Other Papers*, trans. Frank Gaynor, New York: Philosophical Society.
＊4　Bejan, A., Lorente, S., Miguel, A. F., and Reis, A. H., 2006a, Constructal theory of distribution of river sizes, Section 13.5 in Bejan (2006).
＊5　Bejan, A., Lorente, S., Miguel, A. F., and Reis, A. H., 2006b, Constructal theory of distribution of city sizes, Section 13.4 in Bejan (2006).
＊6　Bejan, A., and Marden, J. H., 2006, Unifying constructal theory of scale effects in running, swimming and flying, *Journal of Experimental Biology*, vol. 209, pp. 238-248.

## 第七章

＊1　Bejan, A., 2006, *Advanced Engineering Thermodynamics*, 3rd ed., Hoboken, NJ: Wiley.
＊2　Bejan, A., 2000, *Shape and Structure, from Engineering to Nature*, Cambridge, UK: Cambridge University

*Experimental Biology*, vol. 212, pp. 2419-2425.
＊5　Bejan, A., Jones, E. C., and Charles, J. D., 2010, The evolution of speed in athletics: why the fastest runners are black and swimmers white, *International Journal of Design & Nature and Ecodynamics*, vol. 5, no. 3, pp. 199-211.
＊6　Bejan, A., 2010, The constructal-law origin of the wheel, size, and skeleton in animal design, *American Journal of Physics*, vol. 78, no. 7, pp. 692-699.
＊7　予測可能なパターンが現れ、流れを促進するために一瞬にして進化する例がここにも見られる。

**第五章**

＊1　Thoreau, Henry David, 2004, *Walden: A Fully Annotated Text*, ed. Jeffrey S. Cramer, New Haven, CT, and London: Yale University Press, p. 88.［この原書ではないが、原作の邦訳には『ウォールデン森の生活』今泉吉晴訳、小学館、2004年、他がある］
＊2　Einstein, Albert, 1976, *Out of My Later Years*, New York: Citadel Press, p. 9.［『晩年に想う』中村誠太郎・南部陽一郎・市井三郎訳、講談社文庫、1971年］
＊3　Bejan, A., Lorente, S., and Lee, J., 2008, Unifying constructal theory of tree roots, canopies and forests, *Journal of Theoretical Biology*, vol. 254, pp. 529-540.
＊4　抵抗性を抵抗と混同してはならない。抵抗は流れが遭遇する現象であるのに対して、抵抗性は物質自体の特性だ。電気の伝導体の抵抗は、伝導体の長さと伝導体を作っている物質の抵抗性の積に比例する。抵抗は流動の配置、つまりデザインの特性だ。毛細管の流体流動の抵抗は、管の長さ（$L$）に流体の粘性を掛け、管の直径（$D$）の4乗で割った値に比例する。この流体流動において、粘性は抵抗性の役割を果たす物質的特性であり、一方、流動抵抗は流動の配置の特性だ。なぜならこれも、$L/D^4$ に比例しているからだ。自然界の配置は鮮明なかたちで目にできる。抵抗性の高い部分は抵抗性の低い部分と協働して流れるからだ。可視性とコントラストは、高い抵抗性が低い抵抗性と同じではないために発生する。川岸から浸透する水は川を流れていく水と混同しようがない。だが、コンストラクタル法則から、このデザイン全体を支える精妙さが明らかになる。二つの部分（濡れた川岸からの浸透と河道の流れ）は、さまざまな理由から（とくに抵抗性がまったく違うため）、非常に異なるにもかかわらず、抵抗は同じだ。
＊5　Bejan, A., Lorente, S., and Lee, J., 2008, Unifying constructal theory of tree roots, canopies and forests, *Journal of Theoretical Biology*, vol. 254, pp. 529-540.
＊6　Bejan, A., Lorente, S., and Lee, J., 2008, Unifying constructal theory of tree roots, canopies and forests, *Journal of Theoretical Biology*, vol. 254, pp.

私にとって、科学者としての在り方を示す教訓となった。支配的な定説の是非を問う最も効果的な方法は、体制側からの罰に臆することなく、より良い考えを身をもってあからさまに示すことだ。いずれ罰が下るだろうが、それは光栄なことなのだ。

**第三章**

＊1　大きな河川やトラックも小さなものより速いというのは偶然ではない。(Lorente, S. and Bejan, A., 2010, Few large and many small: hierarchy in movement on Earth, *International Journal of Design & Nature and Ecodynamics*, vol. 5, no. 3, pp. 254-267.)

＊2　抗力は広く研究されてきている。そのスケールは$F \sim \rho m V^2 L_b^{\ 2}$だ。ただし、$V$は対気速度、$\rho m$は媒体の密度(大気の場合、$\rho m \sim 1 \mathrm{kg/m^3}$)。

＊3　時間スケールtは、垂直に距離$L_b$だけ落下する(この落下は羽ばたきのサイクルの筋書きの第一歩だったことを思い出してほしい)のにかかる時間だ。自由落下の時間スケールは$(L_b/g)^{½}$で、これはガリレオの自由落下の時間スケールだ。

＊4　Bejan, A., 2000, *Shape and Structure, from Engineering to Nature*, Cambridge, UK: Cambridge University Press.

＊5　サイクロイドとは、車輪が地面を転がるときに、車輪の縁の一点が描く周期的な「跳ねる」曲線のこと。私がこの言葉を使うのは、それが動物に当てはまるからだ。動物も水平方向に転がる「車輪」であり、その縁の一点がサイクロイド曲線を描く。(Bejan, A., 2010, The constructal-law origin of the wheel, size, and skeleton in animal design, *American Journal of Physics*, vol. 78, no. 7, pp. 692-699.)

＊6　$\gamma = cx^k$という式(ただしcと$k$は定数)で表される関数は、$\log_\gamma = \log_c + k \log_x$とも表せる。これは$\log_\gamma$と$\log_x$の間の線形関係だ。したがって、元の関数である$\gamma(x)$を$\log_\gamma$対$\log_x$のグラフに描くと、傾き$k$の直線になって表れる。

＊7　Lorente, S., and Bejan, A., 2010, Few large and many small: hierarchy in movement on Earth, *International Journal of Design & Nature and Ecodynamics*, vol. 5, no. 3, pp. 254-267.

**第四章**

＊1　Bejan, A., and Lorente, S., 2008, *Design with Constructal Theory*, Hoboken, NJ.

＊2　Charles, J. D., and Bejan, A., 2009, The evolution of speed, size and shape in modern athletics, *Journal of Experimental Biology*, vol. 212, pp. 2419-2425.

＊3　Futterman, Mathew, "Behind the NFL's Touchdown Binge," *The Wall Street Journal*, September 9, 2009.

＊4　Charles, J. D., and Bejan, A., 2009, The evolution of speed, size, and shape in modern athletics, *Journal of*

カレ）にしても同じだ。第二法則は、数学の公式や、この法則を実用的なかたちで利用しやすくするためにのちに定義された特性（エントロピー）と混同してはならない。

＊5　レイノルズ数（Re）は、流れの速さ（*V*）に流れの長さスケールを掛け、その積を流体の動粘度（ν）で割って求める無次元数で、Re＝*V*×長さ／ν となる。コンストラクタル法則による乱流の予測では、*V* は流れの軸方向の速度で、長さスケールは流れの横断面の寸法（太さ）*D* を表す。つまり、Re＝*VD*／ν ということだ。

＊6　Bejan, A., 1982, *Entropy Generation Through Heat and Fluid Flow*, New York: Wiley, p. 35.

＊7　Steinbeck, John, *The Log from the Sea of Cortez*, New York: Penguin, 1986.［『コルテスの海』吉村則子・西田美緒子訳、工作舎、1992年］

＊8　孤立系を閉鎖系と混同してはならない（図8参照）。系は環境とまったく相互作用がなければ、つまり、質量流動も熱の伝達も、仕事の伝達もなければ、孤立している。閉鎖系は外界と質量流動の相互作用はないが、熱と仕事の相互作用は持ちうる。孤立系は閉鎖されているが、閉鎖系はかならずしも孤立してはいない。

**第二章**

＊1　de Hollanda, Francisco. *Four Dialogues on Painting*, trans. Aubrey F. G. Bell. London: Oxford University Press, 1928.

＊2　Lorente, S., and Bejan, A., 2010, Few large and many small: hierarchy in movement on Earth, *International Journal of Design & Nature and Ecodynamics*, vol. 5, no. 3, pp. 254-267.

＊3　たとえば、フラクタル幾何学は流路だけに焦点を絞っている（フラクタル幾何学ではよく知られているように、流路は空間を「不完全に」充塡する）。フラクタル幾何学は隙間のデザインには重きを置いていない。これではとても自然界のデザインを解明することなどできない。デザインの半分、つまり黒い線と線の間の空白を無視しているからだ。実世界では流動デザインは平面領域あるいは立体領域全体のためになるように現れる。

＊4　Chen, J.-D., Radial viscous fingering patterns, *Exp. Fluids*, vol. 5, pp. 363-371.

＊5　Bejan, A., 1997, *Advanced Engineering Thermodynamics*, 2nd ed., New York: Wiley, chapter 13.

＊6　Parker, R. S., "Experimental Study of Drainage Basin Evolution and Its Hydrologic Implications," Colorado State University, Hydrology Paper 90, Fort Collins, CO, 1977.

＊7　これは父の抗議であり抵抗だった。当時の共産党政権は、生産手段はすべて国家に帰属すべきものと主張していたからだ。父は、広く実施されていた政策の不条理と非人道性を、行動を通じて示すことで権力に疑問を呈した。これは

*ration Through Heat and Fluid Flow*, New York: Wiley, p. 35.

＊12 Turner, J. Scott, *The Tinkerer's Accomplice: How Design Emerges from Life Itself*, Cambridge, MA: Harvard University Press, 2007.［『自己デザインする生命──アリ塚から脳までの進化論』長野敬・赤松眞紀訳、青土社、2009年］

＊13 "There Is 'Design' in Nature, Brown Biologist Argues at AAAS," Brown University press release, February 17, 2008, http://news.brown.edu/pressreleases/2008/02/aaasmiller.

＊14 Dawkins, Richard, *The Blind Watchmaker: Why the Evidence of Evolution Reveals a Universe Without Design*, New York: W. W. Norton, 1986.［『盲目の時計職人──自然淘汰は偶然か？』中嶋康裕他訳、早川書房、2004年］

＊15 Bejan, A., 1997, Constructal-theory network of conducting paths for cooling a heat generating volume, *International Journal of Heat and Mass Transfer* 40 (published on November 1, 1996), 799-816.

＊16 Faulkner, William, *The Mansion*, New York: Vintage International Edition, 2011.［『館』高橋正雄訳、冨山房、1967年］

＊17 Thoreau, Henry David, *The Journal of Henry D. Thoreau: In Fourteen Volumes Bound as Two, Volumes I-VII*, Toronto: Dover Publications, 1962.

＊18 George, Henry, *Progress and Poverty*, New York: D. Appleton and Company, 1886.［『進歩と貧困』山嵜義三郎訳、日本経済評論社、1991年］

**第一章**

＊1 Reis, A. H., Miguel, A. F., and Aydin, M., 2004, Constructal theory of flow architecture of the lungs, *Medical Physics*, vol. 31, pp. 1135-1140.

＊2 ヘロドトスへの書簡。

＊3 Bejan, A., and Lorente, S., 2010, The constructal law of design and evolution in nature, *Philosophical Transactions of the Royal Society B*, vol. 365, pp. 1335-1347.

＊4 第二法則について読むと、たいていの人は次に「エントロピー」という単語を目にすることを予期するだろうが、本書は違う（エントロピーについて少しばかり知っておいても損はないだろうが）。エントロピーは、第二法則が要約している自然の傾向を言い表すのには不要だからだ。エントロピーは、第二法則を不等式として解析的に表すために、クラウジウスが（第二法則に依存して）定義せざるをえなかった系の特性だ。第二法則を巡る今日の混乱の大半は、エントロピーの数学に起因する。エントロピーの数学とはまたりっぱな名前だが、それが物理学に新たに貢献する点はまったくない。クラウジウスも、彼と同時代のケルヴィン卿も、第二法則を数学でではなく言葉で述べることを好んだし、それはそのあとに続く代々の巨人たち（たとえばマックス・プランクやアンリ・ポアン

＊2　本書は私の研究の主要な成果を一般読者に伝える最初の試みだ。私の学術的著述を読みたい方は、www.ISIhighlycited.com を見てほしい。〔このサイトは会員専用なので、
http://www.mems.duke.edu/fds/pratt/MEMS/faculty/abejan と
http://www.constructal.org も参照のこと〕

＊3　「最大化された」「最小化された」「最適化された」といった用語は広く使われているものの、自然界のデザインについての議論には入り込む余地がない。自然界の傾向は、「最も効率的な」デザインや「最も優れた」デザインを生み出すことではなく、きちんと機能し、時がたつにつれて以前より良くなることだ。自然の傾向は、進化するデザインの生成なのだ。

＊4　Bejan, A., and Gobin, D., 2006, Constructal theory of droplet impact geometry, *International Journal of Heat and Mass Transfer*, vol. 49, pp. 2412-2419.

＊5　Bejan, A., Lorente, S., Miguel, A. F., and Reis, A. H., 2006a, Constructal theory of distribution of river sizes, Section 13.5 in Bejan (2006).

＊6　Bejan, A., and Lorente, S., 2011, The constructal law and the evolution of design in nature, *Physics of Life Reviews*, vol. 8.

＊7　Weinerth, G., 2010, The constructal analysis of warfare, *International Journal of Design & Nature and Ecodynamics*, vol. 5, no. 3, pp. 268-276.

＊8　Manton, K. G., Land, K. C., and Stallard, E., 2007, Human aging and mortality, chapter 10 in Bejan and Merkx (2007).

＊9　Glazier, D. G., 2005, Beyond the 3/4-power law: Variation in the intra- and interspecific scaling of metabolic rate in animals, *Biological Reviews*, vol. 80, pp. 611-662; Hoppeler, H., and Weibel, E. R., 2005, Scaling functions to body size, *Journal of Experimental Biology*, vol. 208 (9), special issue; Mandelbrot, B. B., 1982, *The Fractal Geometry of Nature*, New York : Freeman［『フラクタル幾何学』広中平祐監訳、筑摩書房、2011年、他］; Schmidt-Nielsen, K., 1984, *Scaling (Why Is Animal Size So Important)* , Cambridge, UK: Cambridge University Press［『動物設計論——動物の大きさは何で決まるのか』下澤楯夫監訳、大原昌宏・浦野知訳、コロナ社、1995年、他］; Vogel, S., 1988, *Life's Devices*, Princeton, NJ: Princeton University Press; Weibel, E. R., 2000, *Symmorphosis: On Form and Function in Shaping Life*, Cambridge, MA: Harvard University Press.

＊10　概説に関してはBejan and Lorente 2010, 2011; Bejan, A., 1996, *Entropy Generation Minimization*, Boca Raton, FL: CRC Press; Bejan, A., 1997, *Advanced Engineering Thermodynamics*, 2nd ed., New York: Wiley, chapter 13.

＊11　Bejan, A., 1982, *Entropy Gene-*

# 原注

## 序

＊1　Bejan, A., and Lorente, S., 2004, The constructal law and the thermodynamics of flow systems with configuration, *International Journal of Heat and Mass Transfer*, vol. 47, pp. 3203-3214; Bejan, A., and Lorente, S., 2005, *La Loi Constructale*, L'Harmattan, Paris; Bejan, A., and Lorente, S., 2006, Constructal theory of generation of configuration in nature and engineering, *Journal of Applied Physics*, vol. 100, article 041301; Bejan, A., and Lorente, S., 2010, The constructal law of design and evolution in nature, *Philosophical Transactions of the Royal Society B*, vol. 365, pp. 1335-1347; Bejan, A., and Lorente, S., 2011, The constructal law and the evolution of design in nature, *Physics of Life Reviews*, vol. 8; Biserni, C., Rocha, L. A. O., Stanescu, G., and Lorenzini, E., 2007, Constructal H-shaped cavities according to Bejan's theory, *International Journal of Heat and Mass Transfer*, vol. 50, pp. 2132-2138; Lewins, J., 2003, Bejan's constructal theory of equal potential distribution, *International Journal of Heat and Mass Transfer*, vol. 46, pp. 1541-1543; Lorenzini, G., 2006, Constructal design of Y-shaped assembly of fins, *International Journal of Heat and Mass Transfer*, vol. 49, pp. 4552-4557; Miguel, A. F., 2006, Constructal pattern formation in stony corals, bacterial colonies and plant roots under different hydrodynamic conditions, *Journal of Theoretical Biology*, vol. 242, pp. 954-961; Miguel, A. F., 2010, Natural flow systems: acquiring their constructal morphology, *International Journal of Design & Nature and Ecodynamics*, vol. 5, no. 3, pp. 230-241; Poirier, H., 2003, Une théorie explique l'intelligence de la nature, *Science & Vie*, no. 1034, pp. 44-63; Quéré, S., 2010, Constructal theory of plate tectonics, *International Journal of Design & Nature and Ecodynamics*, vol. 5, no. 3, pp. 242-253; Raja, V. A. P., Basak, T., and Das, S. K., 2008, Thermal performance of a multi-block heat exchanger designed on the basis of Bejan's constructal theory, *International Journal of Heat and Mass Transfer*, vol. 51, pp. 3582-3594; Reis, A. H., and Gama, C., 2010, Sand size versus beachface slope–An explanation based on the Constructal Law, *Geomorphology*, vol. 114, p. 276; Rocha, L. A. O., Lorenzini, E., and Biserni, C., 2005, Geometric optimization of shapes on the basis of Bejan's Constructal theory, *International Communications in Heat and Mass Transfer*, vol. 32, pp. 1281-1288; www.constructal.org.

[ヤ行]



[ラ行]



[ワ行]

[ナ行]

[タ行]

# 索引

著者 エイドリアン・ベジャン Adrian Bejan

1948年ルーマニア生まれ。デューク大学特別教授(distinguished professor)。マサチューセッツ工科大学にて博士号(工学)取得後、カリフォルニア大学バークレー校研究員、コロラド大学准教授を経て、1984年からデューク大学教授。24冊の専門書と540以上の論文を発表しており、「世界の最も論文が引用されている工学系の学者100名(故人を含む)」に入っている。
1999年に米国機械学会と米国化学工学会が共同で授与する「マックス・ヤコブ賞」を受賞。2006年には熱物質移動国際センターが隔年で授与する「ルイコフメダル」を受賞。これらは熱工学分野のノーベル賞とも言われるもので、二つとも受賞している研究者は少なく、いずれも熱工学の歴史に名前を残した人物である。

J.ペダー・ゼイン J. Peder Zane

ジャーナリスト。セントオーガスティン・カレッジ准教授(ジャーナリズム)。『ニューヨークタイムズ』などへコラムを寄稿する。

訳 柴田裕之 しばた・やすし

1959年生まれ。翻訳家。早稲田大学理工学部、アーラム大学卒。訳書に『ソウルダスト』『なぜE=mc²なのか?』『ミラーニューロン』(以上、紀伊國屋書店)、『経済は「競争」では繁栄しない』(ダイヤモンド社)、『正直シグナル』『叛逆としての科学』(以上、みすず書房)、『繁栄』(共訳、早川書房)他多数。

解説 木村繁男 きむら・しげお

1950年生まれ。金沢大学環日本海域環境研究センター教授。早稲田大学理工学部機械工学科卒業後、一般企業勤務ののち、コロラド大学大学院工学研究科においてエイドリアン・ベジャンを指導教授として博士号取得(工学)。カリフォルニア大学ロサンゼルス校、通商産業省工業技術院を経て現職。専門は熱流体工学。

# 流れとかたち
## 万物のデザインを決める新たな物理法則

2013年9月20日　第1刷発行
2025年3月7日　第8刷発行

著者　エイドリアン・ベジャン
　　　J.ペダー・ゼイン
訳者　柴田裕之
解説　木村繁男

発行所　株式会社紀伊國屋書店
東京都新宿区新宿3-17-7
出版部（編集）電話 03-6910-0508
ホールセール部（営業）電話 03-6910-0519
〒153-8504 東京都目黒区下目黒3-7-10

印刷・製本　シナノ パブリッシング プレス

ISBN978-4-314-01109-9 C0040 Printed in Japan
Translation copyright ©Yasushi Shibata, 2013
定価は外装に表示してあります

# エイドリアン・ベジャン3部作

柴田裕之＝訳　木村繁男＝解説
紀伊國屋書店

## 流れといのち

**万物の進化を支配するコンストラクタル法則**

自由を我等に

「生命とは何か」という問いに新たな視座を与える本書で著者の思考は、富や資源、技術や都市、政治経済の原理にまで及び、読者を圧倒する。

**「快作！ 100冊のビジネス書を読むより本書1冊を丹念に読むほうがずっとよい」**

**——鎌田浩毅**（京都大学名誉教授）

【電子版】も好評発売中！

定価 2,420円（10％税込）
2019年刊

## 自由と進化

**コンストラクタル法則による自然・社会・科学の階層制**

流れ 予測 未来

新たな物理法則《コンストラクタル法則》を世に放った熱力学界の鬼才が、同法則の理論的根拠を解説しながら、物理学における自由と進化の概念を確立し、未来に資する科学のあり方を説く。

【電子版】も好評発売中！

定価 2,640円（10％税込）
2022年刊